U0208393

总策划：李继增

主　编：王　凡　　燕　燕
　　　　华　芬　　潘凤云　　王龙君

编委（排名不分先后）：
　　　王东祁　王　智　李唐军　柏文斌　李志宏　刘　洋
　　　唐艳风　王满春　徐海英　杨书亮　陈玉芳　桂毅然
　　　张艳云　陈海波　陈建军　陈美英　陈绍冬　陈绍利
　　　陈亚明　陈志高　戴　洛　邓家倚　桂朱文　桂　鑫
　　　何梦瑶　何云祥　何志衡　贺盖华　梁嫦娥　刘东坡
　　　刘红良　刘文建　刘文军　唐　敏　唐嫣梦　王铁锹
　　　肖顺元　伍迎宾　谢建强　杨新谱　杨志芳　曾冰琳
　　　张海燕　张永顺　周永昌　朱双明　周治平

学生健康成长
必读书系

地球奥秘

王 凡/编著

吉林大学出版社

Preface

前言

随着社会经济的逐步发展，素质教育的稳步推进，掌握丰富的科学文化知识，培养广阔的兴趣爱好和积极的创新精神，已成为21世纪学生能够真正全面发展以及更好立足社会的必由之路。

"寄蜉蝣于天地，渺沧海之一粟"，浩瀚宇宙，广袤星空，其中潜藏多少不为人知的秘密；无垠大地，茫茫沧海，历经了几番沧海桑田的变换，还有那深不见底的历史，千奇百怪的生物与令人惊叹的科学，其中蕴含着无穷的知识和魅力，等待我们去了解和探索。

本套丛书涵盖天文、地理、过去、将来，从宇宙奥秘到花鸟虫鱼，从远古文明到未来探秘包含着无穷的趣味和真知。书中精炼的文字、活泼的配图，直观而富有感染力。将你迅速地带入多彩奇妙的知识世界，使你于不知不觉间变得博学而睿智。

目录
Contents

第一章 认识丰富多彩的地球

❖ 地球成因之谜 / 012

❖ 地球究竟高寿几何 / 015

❖ 地球的结构 / 016

❖ 地球的形状和大小 / 018

❖ 地球的质量和体积 / 020

❖ 地球公转与四季变化 / 022

❖ 地球自转与昼夜更替 / 026

❖ 地球磁场的来源 / 028

❖ 地球的诞生 / 032

❖ 人类共同的家园——地球 / 034

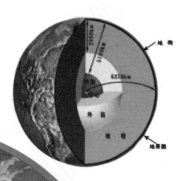

❖ 地球的"神秘外衣" / 038

❖ 地球之肺——森林 / 042

❖ 地球上的大陆 / 044

❖ 浩瀚的海洋 / 051

❖ 海洋的形成 / 052

❖ 海洋对人类的作用 / 054

❖ 漫谈大海的颜色 / 060

❖ 探索 海洋 / 062

❖ 认识地球上的四大洋 / 066

第二章 揭开地球神秘的面纱

❖ 洋流 / 070

❖ YangLiu / 070

❖ 板块 / 071

❖ 地球上的冰期 / 075

❖ 地球的聚宝盆——盆地 / 079

❖ 中国五大盆地 / 082

❖ 地球的"净化器"——沼泽 / 086

❖ 地球的"线条"——丘陵 / 093

❖ 中国的丘陵 / 097

❖ 草原 / 102

❖ 世界著名草原 / 106

❖ 地球上重力最小的地方——赤道 / 108

❖ 神奇的"厄尔尼诺"现象 / 111

目录 Contents

❖ 破解热带雨林之谜 / 114

❖ 探索 南极 / 117

❖ 地球之巅——北极 / 120

❖ 冰川 / 126

❖ 沙漠 / 128

第三章 地球的"心情"

❖ 天气的奥秘 / 132

❖ 一年四季 / 134

❖ 地球的外衣——大气 / 137

❖ 多种 多样的气候 / 140

❖ 气温 / 143

❖ 风 / 147

❖ 霾 / 150

❖ 雨 / 153

❖ 鱼雨 / 157

❖ 干旱 / 160

❖ 雷电 / 162

❖ 雪 / 165

❖ 雾与霜 / 168

❖ 云 / 172

第四章 魅力地球

❖ 生命起源之谜 / 176

❖ 生物圈 / 181

❖ 猿、猴和人类的共同祖先——艾达 / 185

❖ 恐龙灭绝之谜 / 188

❖ 古老的贝加尔湖 / 192

❖ 神奇的死海 / 195

❖ 墨西哥奈卡水晶洞 / 198

❖ 神农架 / 200

❖ 神秘的黄泉大道 / 203

❖ "佛祖显灵"——惊现"佛光" / 206

❖ 气势磅礴的巨人之路 / 209

❖ 地球上最具魅力的十大湖泊 / 211

❖ 如梦如幻——海市蜃楼 / 217

目录
Contents

第五章　地球也疯狂

❖ 火山爆发 / 220

❖ 地震袭来 / 223

❖ 白色妖魔——雪崩 / 228

❖ 地球的终极毁灭者——海啸 / 232

❖ 地球上最快最猛的风——龙卷风 / 236

❖ 飓风来临 / 240

❖ 台风 / 242

❖ 泥石流 / 246

❖ 切除地球上的"三大毒瘤" / 250

第六章　地球奥秘大猜想

❖ 百慕大三角 / 254

❖ 永不停止的"时间膨胀" / 259

❖ 米诺斯文明的猜想 / 263

❖ 通古斯大爆炸 / 267

❖ 人体漂浮之谜 / 273

❖ 鄱阳湖魔鬼三角 / 278

❖ 六盘山水怪 / 282

❖ 雪人 / 285

❖ 红海扩张之谜 / 290

❖ 古老而神奇的地中海 / 293

❖ 绿孩子之谜 / 296

❖ 神秘的骗局——尼斯湖水怪 / 298

❖ 地球上是否存在特异功能 / 303

❖ 寻找地球外的生命 / 309

第一章 认识丰富多彩的地球

　　丰富多彩的地球自诞生之日起就隐藏着太多的奥秘，沧海桑田，在不断变化中演绎着不朽的神奇。然而，人类一直都没有停止探索地球的脚步，永不满足的求知欲让世界变得美好而有趣。无论是浩瀚的宇宙、神奇的自然、蔚蓝的海洋、变化万千的气候，还是奇趣盎然的动物、生机勃勃的植物，或是奇妙的人类，每一个知识都会带给你超乎想象的神奇感受。

Di Qiu 地球 成因 Cheng Yin 之谜 >>>

自然科学的发展，拨开了千年的迷雾，扩大了人类的视野。自19世纪后半叶，人们开始对地震时观测到的各种现象进行分析和研究，得出"地震是地壳运动引起的"结论。而围绕地壳运动的问题却出现了百家争鸣的局面。

我国著名地质学家李四光

我国著名地质学家李四光将各家之说归纳成以下六种。第一种说法是，地球是由一团热质冷却固结而成的，冷却的次序是先外后里。在这样的冷却过程中，地球体积逐渐缩小，以致首先形成一个壳子，而且到处发生褶皱、断裂，因而引起地壳运动。这就像一个瘦子穿上胖子的衣服易发生褶皱那样。地壳是定型，而其内部却在不断收缩，由于外大内小，地壳不可避免地要打褶。

然而，这种论点在以下两个方面遇到了困难：一是按照这种说法发生的褶皱和断裂，应该是杂乱无章的，但事实并非如此，而是有一定的方向；二是地球内部含有大量的放射性元素，由于这些元素不断蜕变会产生热量，其不仅可以抵消地球失去的热量，而且有可能大于失去的热量。由此可见，这种由于地球冷却收缩而引起地壳运动的论点有些行不通。

第二种说法与地球冷却的观点相反。有人认为地球在其历史发展的长河中，不是不断收缩，而是不断膨胀。重力迫使地球物质趋向集中，而被压缩到一定程度的物质便拼命抵抗这种集中的趋向。是集中与反集中剧烈斗争的结果，引发了地壳运动。按照这种理论，由于地球的不断膨胀，在地球的表面必然要出现无数裂口，且这些裂口应该是普遍的、杂乱的，但事实并非如此。

另外，有些人从万有引力定律出发，把太阳和月球对地球的吸引力引起的固体潮，说成是引起地壳运动的原因。这种说法也不全面，因为固体潮的影响是很轻微的，不可能在地壳中引起强烈的运动。否则地球在自转一周的过程中，也就是说每天都要发生强烈的地壳运动，这显然与事实不符。

还有人提出地壳内部物质不断发生对流的设想，曾盛行一时。设想者认为，地球内部的物质，有的部分不断缓慢上升，另外一些部分相对缓慢下降，这样形成了对流。当对流上升到地表层下面的时候，分为两股平流朝着相反的方向流动。由于两股平流都具有相当大的能量且运动方向相反，就会发生大规模的水平运动，出现强烈的褶皱。这种观点是从假定出发的，尚待用大量的事实加以验证。

▲地球形成初期

在地壳运动问题上，还有一些人提出地壳均衡代偿的看法。他们认为，地壳上的某些地块发生了重力异常现象，重力场则要求这些地块保持原状，这一矛盾只好通过有关地块的相对升降运动来解决，从而导致地震。这种理论虽能解释地壳的垂直运动，但对地壳运动最主要的方式——水平运动，却显得无能为力。

当地球收缩说走入死胡同时，1920 年代初产生的大陆漂移说却红极一时。大陆漂移说认为：地层产生褶皱并不需要收缩。当大陆移动时，前缘如果受到阻力就可能发生褶皱。就好像船在水上行驶时，在船头前面产生波浪那样。向西推进的南北美大陆，一方面在其东面形成了大西洋，另一方面在其西岸形成连绵不断的落基山和安第斯山脉。另外，随着冈瓦纳大陆的分裂而向北推动的印度大陆和亚洲大陆相撞，就形成了喜马拉雅山。

1930 年代，大陆漂移说的赞成派与反对派经过激烈地争论之后，大陆漂移说宣告失败。其失败的原因：一是缺少对大陆漂移的原动力的说明；二是认为地球不是坚硬的；三是根据正统派的高温起源说，地球在很久以前才是软的，如果产生大陆漂移的话，也应是在地球形成的初期。1950 年代末，古地磁研究证实，南北磁极的位置始终在移动。照理，这样的移动路线只有一条。奇怪的是，在北美和欧洲大陆上分别测定的北磁极迁移路线却有两条，它们不相重合，但形状相似、处处平行。要使它们合并成一条，除非把北美大陆向东移动 3000 公里。然而，这样就挤走了大西洋的位置，并使北美大陆和欧洲大陆连在一起，这正与大陆漂移说不谋而合。因此，被正统派打败的大陆漂移说又重新活跃起来。

然而，地球磁场的问题至今尚未有定论，大陆漂移说在解释一些实际问题的时候遇到了困难。到了 20 世纪 60 年代，有人注意到各大洋中间海岭两侧的古地磁异常带，且正向、逆向带都呈对称分布，两侧岩石的年龄也大致对称排列，于是明确提出了"海底扩张假说"。这个假说认为：地壳运动最主要的动力是由于地幔物质的对流。地球上最上层约 70 ～ 100 公里厚的地方叫岩石层，其强度很大；岩石层以下几百公里厚的强度较小的一层叫软流层，对流就发生在软

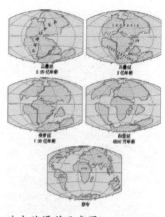

▲大陆漂移示意图

流层内。他们设想，海岭是地幔对流上升的地方，也是新大洋地壳诞生的所在。地幔中玄武岩浆不断从海岭顶部的巨大裂缝中溢出，冷却后凝固成新的大洋地壳。以后陆续上升的岩浆又把早先形成的大洋地壳推向两边，使海底不断更新和扩张，所以造成古地磁和年龄数据的对称分布。当扩张的大洋地壳到达大陆边缘，使俯冲到大陆壳下的地幔逐渐熔化而消亡，因此找不到古老的大洋地壳。

这个假说在初提出时，根据并不充分，但经过观测研究证明它是可信的。

到了 20 世纪 70 年代，在漂移说和扩张说的基础上，诞生了"板块构造"学说。

板块构造说强调，全球岩石圈并非一块整体，而是由欧亚、非洲、美洲、太平洋、印度洋和南极洲 6 大板块组成。这些板块伏在地幔顶部的软流层上，随着地幔的对流而不停漂移。板块内部地壳比较稳定，板块交界处是地壳比较活动的地带；大地构造活动的基本原因是几个巨大的岩石层板块的相互作用。由于地震是大地构造活动的表现之一，所以板块的相互作用也是地震的基本成因。

▼地球

板块构造说是综合许多学科的最新成果而建立起来的学说，被认为是地球科学的又一次革命，它为地震成因和矿产资源富集的理论提出了一个崭新的研究方向，因此在当今地理学界占有统治地位。不过，可以用来解释地壳构造运动的还有地质力学等多种学派。

地球 *Di Qiu* 究竟 *Jiu Jing* 高寿几何 >>>

中国古人推测："自开辟至于获麟（指公元前481年），凡三百二十六万七千年。"17世纪西方国家的一个神父宣称，地球是上帝在公元前4004年创造的。如此等等说法，纯属臆想，毫无科学根据。

▲地球形成初期和现状

最早尝试用科学方法探究地球年龄的是英国物理学家哈雷。他提出，研究大洋盐度的起源，可能提供解决地球年龄问题的依据。1854年，德国伟大的科学家赫尔姆霍茨根据他对太阳能量的估算，认为地球的年龄不超过2500万年。1862年，英国著名物理学家汤姆生说，地球从早期的炽热状态冷却到如今的状态，需要2000万至4000万年。这些数字远远小于地球的实际年龄，但作为早期尝试还是有益的。

到了20世纪，科学家发明了同位素地质测定法，这是测定地球年龄的最佳方法，是计算地球历史的标准时钟。根据这种办法，科学家找到的最古老的岩石，有38亿岁。然而，最古老岩石并不是地球出世时留下来的最早证据，不能代表地球的整个历史。这是因为，婴儿时代的地球是一个炽热的熔融球体，最古

▼地球气候的变化

老岩石是地球冷却下来形成坚硬的地壳后保存下来的。

1960年代末，科学家测定取自月球表面的岩石标本，发现月球的年龄在44至46亿年之间。于是，根据目前最流行的太阳系起源的星云说——太阳系的天体是在差不多时间内凝结而成的观点，便可以认为地球是在46亿年前形成的。然而，这是依靠间接证据推测出来的。事实上，至今人们还没有在地球自身上发现确凿的"档案"，来证明地球活了46亿年。

大约40亿年前处于熔化状态的地球

闪电

大约35亿年前，原始地球表冷，无任何生物，地球外围大气呈暗黑色。

▲原始地球

Di Qiu 的 结构 >>>
地球 De

人类在地球上已经生活了二三百万年，它的内部到底是个什么样子呢？有人说，如果我们向地心挖洞，把地球对直挖通，不就可以到达地球的另一端了吗？然而，这是不可能的。因为目前世界上最深的钻孔也仅为地球半径的1/500，所以人类对地球内部的认识还是很不准确的。随着科学的发展，人们从火山喷发出来的物质中了解到地球内部的物理性质和化学组成，同时利用地震波揭示了地球内部的许多秘密。

◀地球结构

1910年，前南斯拉夫地震学家莫霍洛维奇契意外地发现，地震波在传到地下50公里处时有折射现象发生。他认为，这个发生折射的地带，就是地壳和地壳下面不同物质的分界面。1914年，德国地震学家古登堡发现，在地下2900公里深处，存在着另一个不同物质的分界面。后来，人们为了纪念他们，就将两个面分别命名为"莫霍面"和"古登堡面",并根据这两个面把地球分为地壳、地幔和地核三个圈层。

地壳是地球最外面的一层,一般厚33公里(大陆)或7公里(海洋)。地壳分为上下两层,其间是康拉德面,在10公里左右。上部地壳只有大陆有,海洋基本缺失。上部地壳主要为花岗岩层,下部地壳主要为玄武岩层。

介于地壳和地核之间的部分是地幔,平均厚度为2870公里左右。地幔也分为上下两层,分界面约在1000公里左右。上地幔主要由超基性岩组成。下地幔主要由超高压矿物组成的超基性岩构成。

▲地幔是岩浆的发源地

在上地幔分布着一个呈部分熔融状态的软流圈,其深度在60~400公里左右,是液态岩浆的发源地。由于莫霍面上下物质都是固态,其力学性质区别不大,所以将地壳和软流圈以上的地幔部分统称为岩石圈。

地球的中心部分为地核,半径为3473公里左右。地核又可分为外核和内核。根据对地震波传播速度的测定,外核可能是液态物质,内核则是固体物质。地核的物质成分同铁陨石相似,所以有时又叫做"铁镍核心"。

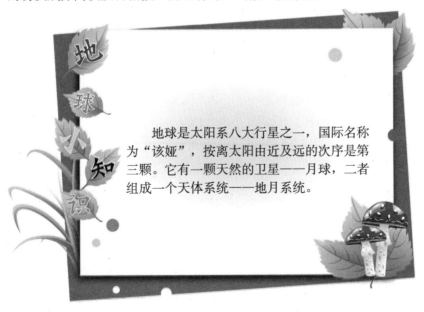

地球小知识

地球是太阳系八大行星之一,国际名称为"该娅",按离太阳由近及远的次序是第三颗。它有一颗天然的卫星——月球,二者组成一个天体系统——地月系统。

地球的 *Di Qiu De* 形状 *Xing Zhuang* 和大小 >>>

近年来经过精确测量和一批人造地球卫星轨道资料的分析，表明地球实际上为一近似的三轴椭球体。地球的实际形状很不规则，很难用简单的几何形状准确地表示它的真实形态。为了便于对地球进行测量，根据不同精度需要把地球形状作不同处理。在制作地球仪、绘制小比例尺全球性地图时，常把地球当作正球体看待。为了突出地球形状的总体特征，用大地水准面来表示地球的形状。这个大地水准面所表示的地球形态并不是一个规则的椭球体，所以通常又把规则的椭球体作为参考椭球体，用各地的大地水准面对照参考椭球体的偏离来反映地球的真实形状。在测绘大比例尺地图时常把地球作为参考椭球体看待，在发射人造卫星和计算轨道时，就要考虑不同地方与参考椭球体的偏差值。

▲ 地球是一个两极略扁的不规则椭球体

精确测量结果表明，地球的赤道不是正圆，而是椭圆，长轴与短轴最大相差430米。地球也不是以赤道面为对称的，北半球稍尖而凸出，较参考椭球面凸出18.5米；南半球稍肥而凹入，比参考椭球面凹入25.8米。南纬45°稍隆起，北纬45°稍微凹陷。

关于地球的大小很早就有人进行过测算。早在公元前200多年，古希腊地理学家、天文学家埃拉托色尼，根据几何学原理，把地球看作正球体，对地球圆周进行了直接的测算。在近代的大地测量中仍然采用相似的方法，只是用测量恒星代替了埃拉托色尼测太阳的方法，测量精度更提高了。近年来，从人造地球卫星获得的有关地球数据更加精确。1979年大地测量和地球物理学会决定，有关地球大小采用如下数据：

地球赤道半径 a ＝ 6378.137 公里

地球极半径 b ＝ 6356.752 公里

地球的赤道周长 $2\pi R$ ＝ 40075.7 公里

地球的表面积 $4\pi R^2$ ＝ 510100934 平方公里

地球的体积约为 10832 亿立方公里

地球的质量 5.976×10^{27} 克约为 60 万亿亿吨。

▼地球的形状 –G 变卵形体的复合体

地球表面有海洋也有陆地，海洋面积为 36100 万平方公里，约占地球总面积的 70.8％；而陆地面积是 14900 万平方公里，只占地球总面积的 29.2％。陆地多集中于北半球（占北半球面积的 39％），海洋多集中在南半球（占南半球总面积的 81％）。地球表面高低不平，陆地平均高度为 875 米。陆地最高点是珠穆朗玛峰，8844.43 米（每年增长 1.2 厘米），最低点是死海，-399 米。海洋平均深度为 -3729 米，最深的海沟马里亚纳海沟深为 -11033 米。地球表面的最大距离差将近 20 公里。

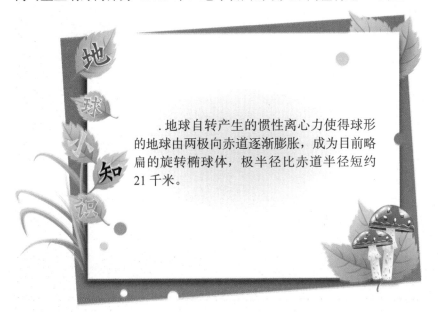

地球小知识

．地球自转产生的惯性离心力使得球形的地球由两极向赤道逐渐膨胀，成为目前略扁的旋转椭球体，极半径比赤道半径短约 21 千米。

地球的 *Di Qiu De* 质量 *Zhi Liang* 和体积 >>>

地球上的任何物体都受到重力作用，因而重力使物体产生的加速度称为重力加速度。重力是由于地球对物体的吸引而产生的。吸引力的大小与物体到地心的距离有关，离地心越远，受到的吸引力就越小。现在我们知道，地球是一个赤道略鼓、两极稍扁的椭圆体，所以物体在赤道上受到的重力比在两极小。而我们测得的重力加速度也会因纬度的不同而不同。赤道上是 9.78 米／秒^2，纬度越高，重力加速度越大，到了两极就变为 9.83 米／秒^2 了。而我们在物理上通常用的 9.80 米／秒^2，则取的是纬度 45° 上的重力加速度值。

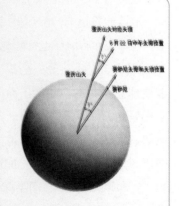

▲埃拉托塞尼测量地球大小的方法

▼广袤的地球

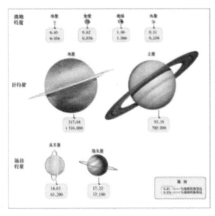

▲八大行星的质量和体积

那么地球本身的质量有多大呢？在牛顿发现万有引力之前，这可是个大难题。因为地球实在是太大了，测量起来十分困难。

1750年，英国19岁的科学家卡文迪许向这个难题发出挑战。那么，他是怎样称出地球的质量的呢？卡文迪许是运用牛顿的万有引力定律称出地球质量的。

根据万有引力定律，两个物体间的引力与他们之间的距离的平方成反比，与两个物体的质量成正比。这个定律为测量地球提供了理论根据。卡文迪许想，如果知道了两个物体之间的引力和距离，知道了其中一个物体的质量，就能计算出另一个物体的质量。这在理论上完全成立。但是，在实际测定中，必须先了解万有引力的常数K。

卡文迪许通过两个铅球测定出它们之间的引力，然后计算出引力常数。两个普通物体之间的引力是很小的，不容易精确地测出，必须使用很精确的装置。当时人们测量物体之间引力的装置用的是弹簧秤，这种秤的灵敏度太低，不能达到实验要求。卡文迪许利用细丝转动的原理，设计了一个测定引力的装置：细丝转过一个角度，就能计算出两个铅球之间的引力。然后，计算出引力常数。但是，这个方法还是失败了。因为两个铅球之间的引力太小了，细丝扭转的灵敏度还不够大。灵敏度问题成了测量地球重量的关键。卡文迪许为此伤透了脑筋。有一天，他正在思考这个问题，突然看到几个孩子在做游戏。有个孩子拿着一块小镜子对着太阳，把太阳反射到墙壁上，产生了一个白亮的光斑。小孩子用手稍稍移动一个角度，光斑就相应地移动了距离。卡文迪许猛然醒悟，这不是距离的放大器吗？灵敏度不可以通过它来提高吗？

于是，卡文迪许在测量装置上装上一面小镜子。细丝受到另一个铅球微小

▼地球内部示意图

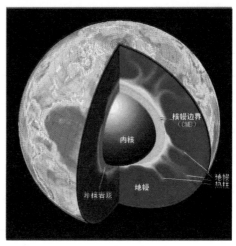

的引力，小镜子就会偏转一个很小的角度，小镜子反射的光就转动一个相当大的距离，很精确地知道引力的大小。利用这个引力常数，再测出一个铅球与地球之间的就可以。根据万有引力公式，计算出了地球的质量，即为60万亿亿吨。现代测量的结果为59.76万亿亿吨。

知道了地球的质量，有人可能还会问：地球到底有多大，它的体积是多少呢？这太容易了！现在我们已经知道地球是个椭圆球体，同时，也比较精确地测出了赤道半径和极半径的大小。那么，将它们代入椭球体积公式，不就得出了它的体积大小吗？粗略地说，地球的体积大约为1.1万亿立方千米。

Di Qiu 公转 *Gong Zhuan* 地球 与四季变化 >>>

地球好比一只陀螺，它绕着自转轴不停地旋转，每转一周就是一天。自转产生了昼夜交替的现象，朝着太阳的一面是白天，背着太阳的一面是夜晚。当我们中国这里是白天的时候，处在地球另一侧的美国正好是夜晚。地球自转的方向是自西向东的，所以我们看到日月星辰从东方升起，逐渐向西方降落。

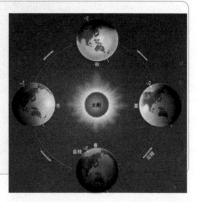

▲地球公转示意图

地球不但自转，同时也围绕太阳公转。地球公转的轨道是椭圆形的，公转轨道的半径为149,597,870千米，轨道的偏心率约为0.0167，公转一周为一年，公转平均速度为每秒29.79千米，公转轨道面与赤道面的交角约为23°27′，且存在周期性变化。

地球绕太阳公转一周所需要的时间，就是地球公转周期。笼统地说，地球公转周期是一"年"。因为太阳周年视运动的周期与地球公转周期是相同的，所以地球公转的周期可以用太阳周年视运动来测得。地球上的观测者，观测到太阳在黄道上连续经过某一点的时间间隔，就是一"年"。由于所选取的参考点不同，则"年"的长度也不同。常用的周期单位有恒星年、回归年和近点年。

地球公转的恒星周期就是恒星年。这个周期单位是以恒星为参考点得到的。在一个恒星年期间，从太阳中心上看，地球中心从以恒星为背景的某一点出发，环绕太阳运行一周，然后回到天空中的同一点；从地球中心上看，太阳中心从黄道上某点出发，这一点相对于恒星是固定的，运行一周，然后回到黄道上的同一点。因此，从地球中央的角度来讲，一个恒星年的长度就是视太阳为中心，在黄道上连续两次通过同一恒星的时间间隔。

▲ 地球公转产生四季变化

恒星年是以恒定不动的恒星为参考点而得到的，所以，它是地球公转 360°的时间，是地球公转的真正周期。用日的单位表示，其长度为 365.2564 日，即 365 日 6 小时 9 分 10 秒。

地球公转的春分点周期就是回归年。这种周期单位是以春分点为参考点得到的。在一个回归年期间，从太阳中心上看，地球中心连续两次过春分点；从地球中心上看，太阳中心连续两次过春分点。从地球中央的角度来讲，一个回归年的长度就是视太阳中心在黄道上，连续两次通过春分点的时间间隔。

春分点是黄道和赤道的一个交点，它在黄道上的位置不是固定不变的，每年西移 50″.29，也就是说春分点在以"年"为单位的时间里，是个动点，移动的方向是自东向西的，即顺时针方向。而视太阳在黄道上的运行方向是自西向东的，即逆时针。这两个方向是相反的，所以，视太阳中心连续两次春分点所走的角度不足 360°，而是 360° 50″.29 即 359° 59′ 9″.71，这就是在一个回归年期间地球公转的角度。因此，回归年不是地球公转的真正周期，只表示地球公转了 359° 59′ 9″.71 的角度所需要的时间，用日的单位表示，其长度为 365.2422 日，即 365 日 5 小时 48 分 46 秒。

▼ 地球公转与四季变化

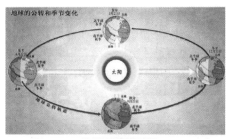

炽热的夏天

地球公转的近日点周期就是近点年。这种周期单位是以地球轨道的近日点为参考点而得到的。在一个近点年期间，地球中心（或视太阳中心）连续两次过地球轨道的近日点。由于近日点是一个动点，它在黄道上的移动方向是自西向东的，即与地球公转方向（或太阳周年视运动的方向）相同，移动的量为每年 11″，所以，近点年也不是地球公转的真正周期，一个近点年地球公转的角度为 360°11″，即 360°0′11″。用日的单位来表示，其长度为 365.2596 日，即 365 日 6 小时 13 分 53 秒。

只有恒星年才是地球公转的真正周期。在下面章节中，我们将学习到回归年是地球寒暑变化周期，即四季变化的周期、它与人类的生活生产关系极为密切。回归年略短于恒星年，每年短 20 分 24 秒，在天文学上称为岁差。

为什么春分点每年西移 50.29″ 会造成岁差现象呢？这是地轴运动的结果。

地轴的运动同地球的自转、地球的形状、黄赤交角的存在以及月球绕地球公转轨道的特征，有着密切的联系。

地轴的运动类似于陀螺的旋转轴环绕铅垂线的摆动。当急转的陀螺倾斜时，旋转轴就绕着与地面垂直的轴线画圆锥面，陀螺轴发生缓慢的晃动。这是因为地球引力有使它倾倒的趋势，而陀螺本身旋转运动的惯性作用又使它维持不倒，于是便在引力作用下发生缓慢的晃动。这就是陀螺的运动。

地球的自转，就好像是一个不停旋转着的庞大无比的"陀螺"，由于惯性作用，地球始终在不停地自转着。地球自身的形状类似于一个椭球体，赤道部分是凸出的，即有一个赤道隆起带。同时由于黄赤交角的存在，太阳中心与地球中心的连线，不是经常通过赤道隆起带的。所以，太阳对地球的吸引力，尤其是对于赤道隆起带的吸引力，是不平衡的。另外，月球绕地球公转的轨道平面，与黄道面和天赤道面都不重合，与黄道面呈 5°9′ 的夹角。也

▼嫩绿的春天

就是说，地球中心与月球中心的连线，也不是经常通过赤道隆起带的。所以，月球对地球的吸引力，尤其是对赤道隆起带的吸引力，也是不平衡的。

日月的这种不平衡吸引力，力图使赤道面与地球轨道面相重合，达到平衡状态。但是，地球自转的惯性作用，使其维持这种倾斜状态。于是，地球就在月球和太阳的不平衡的吸引力共同作用下产生了摆动，这种摆动表现为地轴以黄轴为轴做周期性的圆锥运动，圆锥的半径为 $23°26'$，即等于黄赤交角。地轴的这种运动，称为地轴运动。地轴运动方向为自东向西，即同地球自转和公转方向相反，而陀螺的运动方向与自转方向是一致的。

这是因为陀螺有"倾倒"的趋势，而地轴有"直立"的趋势。

地轴运动的速度非常缓慢，每年运动 $50.29''$，运动的周期是 25800 年。

由于地轴的运动，造成地球赤道面在空间的倾斜方向发生了改变，引起天赤道相应的变化，致使天赤道与黄道的交点——春分点和秋分点，在黄道上相应地移动。移动的方向是自东向西的，即与地球公转方向相反，每年移动的角度为 $50.29''$。因此，年的长度，以春分点为参考点周期单位要比以恒定不动的恒星为参考点的周期单位略短，这就是产生岁差的原因。

▼火红金秋

由于地轴的运动，造成地球的南北两极的空间指向发生改变，使天极以 25800 年为周期绕黄道运动。所以，天北极和天南极在天球上的位置也是在缓慢地移动着。北极星在公元前 3000 年曾是天龙座 α 星，目前的北极星在小熊座 α 星附近，到了公元 7000 年，移到仙王座 α 星附近，到公元 14000 年，织女星将成为北极星。

由于地轴运动造成天极和春分点在天球上的移动，以其为依据而建立起来的天球坐标系也必然相应地变化。对赤道坐标系来说，恒星的赤经和赤纬要发生变化；对黄道坐标系来说，恒星的黄经要发生改变。但是，地轴的运动不改变黄赤交角，即地轴在运动时，地轴与地球轨道面的夹角始终是 $66°34'$。

在这里还要说明一下，由于地轴运动而造成的天极、春分点的移动角度相对来讲是很微小的，在较长的时间里不会有很大的移动。所以，我们仍然可以说天

极和春分点在天球上的位置不变，恒星的赤经、赤纬和黄经也可以粗略地认为是不变的，以此为依据而建立的星表、星图仍是可以长期使用的。

◀ 洁白的冬雪

地球自转和公转运动的结合产生了地球上的昼夜交替、四季变化和五带（热带、南北温带和南北寒带）的区分。

由于地球自转轴与公转轨道平面斜交成约 66°33′的倾角，因此，在地球绕太阳公转的一年中，有时地球北半球倾向太阳，有时南半球倾向太阳。总之太阳的直射点总是在南北回归线之间移动，于是产生了昼夜长短的变化和四季的交替。

在天文学中，四季分别以春分、夏至、秋分、冬至开始，但这样划分的季节，不能完全反映出各个地方每个季节的气候特征。因此，我们祖先把一年分为24节气，每一节气又分成3候。气候还常用候（5天为一候）平均气温来划分四季：候平均气温 < 10℃为冬季；> 22℃时为夏季；平均气温在 10～22℃时为春、秋季。

Di Qiu 自转
地球 Zi Zhuan 与昼夜更替 >>>

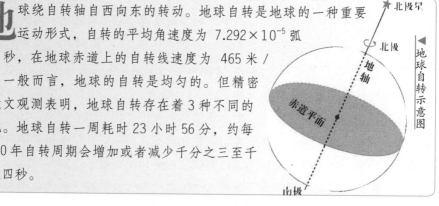

◀ 地球自转示意图

地球绕自转轴自西向东的转动。地球自转是地球的一种重要运动形式，自转的平均角速度为 $7.292×10^{-5}$ 弧度／秒，在地球赤道上的自转线速度为 465 米／秒。一般而言，地球的自转是均匀的。但精密的天文观测表明，地球自转存在着3种不同的变化。地球自转一周耗时 23 小时 56 分，约每隔 10 年自转周期会增加或者减少千分之三至千分之四秒。

　　"地球自转"，只是在描述地球自身绕日运行的姿态，它相对于太阳的位置而言，每24小时旋转一周。相对于恒星的位置而言，每23小时56分旋转一周，这是现行时间标量的依据，是太阳日和恒星日日长的由来，也是地球出现朝、昼、暮、夜的原因。"地球自转"这一概念揭示的是"地球在自转"这一自然现象。

　　其实，古希腊的费罗劳斯、海西塔斯等人早已提出过地球自转的猜想，中国战国时代《尸子》一书中就已有"天左舒，地右辟"的论述，而对这一自然现象的证实和它被人们所接受，则是在1543年哥白尼"日心说"提出之后。

　　然而，地球为什么会自转？自转的原因是什么？自转的动力从哪里获得？为什么选择现在的方向、姿态、速度自转？这些都是现代科学至今没有解决的问题。它不是要求去重复说明"地球在自转"这种已被证实的自然现象，而是要求弄清地球自转现象背后的原因，要求弄清地球自转的动力来源及其制约因素。

▼地球自转产生昼夜交替

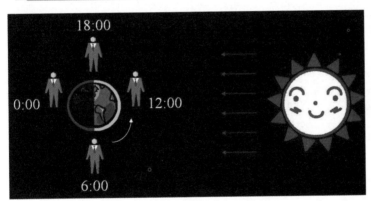

　　"地球自己转"已经是在说明地球自转的原因，它要肯定的是：地球自转的动力在于"自己"，在于地球内部而不是外部，在于自身具有的内力而不是外力。否定"地球自己转"并不是否定"地球在自转"这一现象，而是否定地球内部有推动自己旋转的动力，如同水磨旋转的动力并不在于磨体内部一样。故"地球在自转"不等于"地球自己转"，它们是两个不同的概念；若把两者等同起来，便是一种"误等"。

　　所有的行星都是会自转的。

　　如果说地球的公转产生了四季的交替。那么，地球的自转，是形成昼夜更替的主要原因。

　　地球是一个近于正圆形的大球体。当它绕着太阳公转时，同时又绕着自己的地轴不停地自转。地球自转时，总是半面对着太阳，半面背着太阳。对着太阳的

半面接受阳光照射，成为白天（昼）；背着太阳的半面见不到太阳，成为黑夜（夜）。于是，白天→黑夜→白天……交替出现，就形成了昼夜更替。

地球自转与昼夜更替在天文学上，把地球昼夜更替的分界线叫做"晨昏圈"。晨昏圈把地球分为两部分，地球上的纬圈也被分为两部分。位于昼半球（即被太阳光照射的部分）的叫"昼弧"，位于夜半球（即见不到太阳光的部分）的叫"夜弧"。当昼弧长于夜弧时，则昼长于夜；当昼弧短于夜弧时，则昼短于夜。显然，在地球上，一年中只有春分和秋分两个节气，昼弧与夜弧相等，因而昼夜也相等。

当夏季来临时，太阳直射北半球，赤道以北所有的昼弧都长于它的夜弧。因此，这时的北半球就昼长于夜；而且，越往北昼夜长短的差别越明显。越过北极圈再往北，就几乎只有白昼而无黑夜了。

相反，当冬季来临时，太阳直射南半球，赤道以南所有的昼弧都长于夜弧。这时南半球出现昼长于夜，而北半球则夜长于昼。

地球 Di Qiu 磁场的 Ci Chang De 来源 >>>

关于地球磁场的来源，早期历史上曾有来自北极星的传说，但是到公元17世纪初就已经认识到地球本身就是一个巨大的磁体，不过当时仍不清楚地球磁场是怎样产生的。随着科学的发展，对于地球磁场观测和地球结构的研究不断增多和深入，对地球磁场的来源先后提出了10多种学说。这里按照历史的先后，对一些有一定根据或设想的地球磁场来源学说作简单地介绍：

▲地球上的磁场图

永磁体学说是最早提出的一种学说，认为地球内部存在巨大的永磁体，由永磁体产生地球磁场。但后来认识到地球内部温

▲地球磁场

度很高，不可能存在永磁体。

内部电流学说，认为地球内部存在巨大的电流，形成巨大电磁体产生地球磁场。但是既未观测到这种巨大电流，而且巨大电流也会很快衰减，不会长期存在。

电荷旋转学说（公元1900年，简写作1900），认为地球表面和内部分别分布着符号相反、数量相等的电荷，由地球自转而形成闭合电流，由此电流产生磁场。但这学说缺乏理论和实验基础。

压电效应学说 (1929)，认为在地球内部，物质在超高压力下使物质中的电荷分离，电子在这样的电场中运动而产生电流和磁场。但理论计算出这样的磁场仅有地磁场的约千分之一。

旋磁效应学说 (1933)，认为地球内的强磁物质旋转可以产生地球磁场。但这种旋磁效应产生的磁场只有地球磁场的大约千亿分之一。

温差电效应学说 (1939)，认为地球内部的放射性物质产生的热量，使熔融物质发生连续的不均匀对流，这样产生温差电动势和电流，由此电流产生地球磁场。但理论估计也同地球磁场不符合。

发电机学说 (1946~1947)，认为是地球内部的导电液体在流动时产生稳恒的电流，由这电流产生地球磁场。

▼地球磁场

旋转体效应学说 (1947)，是根据少数天体观测得到的经验规律，认为具有角动量的旋转物体都会产生磁矩，因而产生磁场。这一学说需要使用一个无科学根据的常数，5年后又被提出这一学说的科学家根据精密的实验结果加以否定了。

磁力线扭结学说 (1950)，认

为地球磁场磁力线的张力特性和地核的较差自转，会使原始微弱的地球磁场放大，由此产生地球磁场。

霍尔效应学说 (1954)，认为在地球内部由于温度不均匀产生的温差电流和原始微弱磁场的共同作用下，会因霍尔效应产生霍尔电动势和霍尔电流，由此产生地球磁场。

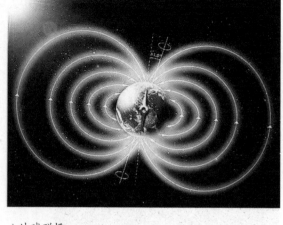

▲地球磁场

电磁感应学说 (1956)，认为太阳的强烈磁活动通过带电粒子的太阳风到达地球后，会通过地球内部的电磁感应和整流作用产生地球内部的电流，由此产生地球磁场。在这些学说中，只有发电机学说 (又称磁流体发电机学说) 在观测、实验和理论研究上得到较多的证实，是目前研究和应用较多的地球磁场学说。

自由电子旋转说，是民间地球科技爱好者王金甲根据分子原子学提出的。我们知道物质是由分子原子组成的，原子由原子核和电子组成。

火山爆发使我们知道地球内部是一个高温世界。19 世纪末，著名物理学家居里在自己的实验室里发现磁石的一个物理特性，就是当磁石加热到一定温度时，原来的磁性就会消失。后来，人们把这个温度叫"居里点"。按照"居里点"的结论，地球内部不可能有一个永磁体。

▼模拟地球磁场

按照物理学研究的结果，高温、高压中的物质，其原子的核外电子会被加速而向外逃逸，所以地核在 6000K 的高温和 360 万个大气压的环境中会有大量的电子逃逸出来，在内核与地

幔间形成一个汽液态的、充满自由电子的负电球层（液体外核）。

按照麦克斯韦的电磁理论，可以总结出这样一句话"电动生磁，磁动生电"。所以，要形成地球磁场必须有电子移动。

地球磁场像一个直流电磁场。地球的高温、高压使地球内核原子失去电子而强金属化，从而不易流动，呈固体状态。地球内核逸出的大量电子集中在相对内核压力小的液体外核球层，外核球层由于得到大量自由电子而呈非金属状的汽液态。自由电子随地球自转，与直流线圈的电子运动相仿，所以地球在空间上建立了一个强大的磁场。

地球自转，使液体外核呈现一个扁球体，地球倾斜自转使天体引力倾斜。倾斜的引力使液体外核赤道面也发生倾斜。液体外核的赤道面，既受内核自转控制，又受天体引力拖拽，导致磁极既不与地球自转轴重合，又不与黄道面垂直。

自由电子旋转说是否正确，还有待于深入研究。

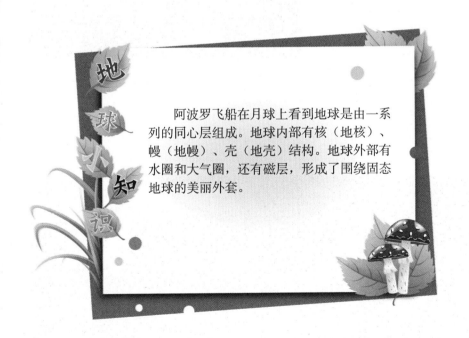

地球小知识

阿波罗飞船在月球上看到地球是由一系列的同心层组成。地球内部有核（地核）、幔（地幔）、壳（地壳）结构。地球外部有水圈和大气圈，还有磁层，形成了围绕固态地球的美丽外套。

地球的 诞生 *Di Qiu De Dan Sheng* >>>

地球的起源、地球上生命的起源和人类的起源，被喻为地球科学的三大难题，尤其是地球的起源。长期以来信奉上帝创造世界的宗教观念，哥白尼、伽利略、凯普勒和牛顿等人的发现彻底推翻了神创说，之后开始出现各种关于地球和太阳系起源的假说。德国哲学家康德1755年设想，因较为致密的质点组成凝云且相互吸引而成为球体、因排斥

▲地球诞生初期

而使星云旋转，这是关于地球起源的第一个假说，尽管今天已失去科学意义。

▼地球诞生初期

法国数学家兼天文学家拉普拉斯 1796 年提出，行星由围绕自己的轴旋转的气体状星云形成说。星云因旋转而体积缩小，其赤道部分沿半径方向扩大而成扁平状，之后从星云分离出去而成一个环、颇像土星的光环。环的性质是不均一的，物质可聚集成凝云，发展为行星。按相同的原理和过程，从行星脱离出来的物质形成卫星。拉普拉斯的假说既简单动人，又解释了当时所认识的太阳系的许多特点，以至竟统治了整个 19 世纪。

▲地球形成

前苏联的天文学家费森柯夫认为太阳因高速旋转而成梨形和葫芦形，最后在细颈处断开，被抛出去的物质就成了行星。抛出物质后太阳缩小，旋转变慢。一旦旋转加快，又可能成梨形而抛出一个行星，逐渐形成行星系。旋密特设想太阳在参加银河系的转动中，在穿越黑暗物质云时俘获了一部分尘埃和流星的固体物质，在其周围形成粒子群。后者在太阳引力作用下围绕太阳作椭圆运动，并与太阳一起继续其在银河系的行程，最后从这些粒子群发展为行星和彗星（一部分成了流星和陨星）。

当然还有其它形形色色的假说，如英国天文学家金斯。他认为地球也是太阳抛出的。抛出的机制，在于某个恒星从太阳旁边经过，两者间的引力在太阳上拉出了雪茄状的气流，气流内部冷却，尘埃物质集中，凝聚成陨石块，逐步凝聚成行星。由于被拉出的气流是中间粗两头细（雪茄状），故大行星在中间，小行星在两端。

人类进入宇宙时代以来，发现行星和卫星上有大量的撞击坑。1977 年，肖梅克提出：固态物体的撞击是发生在类地行星上所有过程中最基本的。在此基础上提出了宇宙撞击和爆炸的假说。这种撞击是分等级的，第四级的撞击形成月亮这样的卫星。具体过程是：一个撞击体冲击原始地球，引起爆炸，围绕地球形成一个气体、液体、尘埃和"溅"出来的固态物质组成的带，最初是碟状的，因旋转的向心力作用而成球状，失去了部分物质的地球也重新成为球状。

人类 *Ren Lei* 共同的 *Gong Tong De* 家园——地球 >>>

从地球诞生之日起，已历经 46 亿年。按离太阳由近及远的次序是第三颗，位于水星和金星之后；在八大行星中大小排行是第四。在英语里，地球是唯一一个不是从希腊及罗马神话中得到的名字。英语的地球 Earth 一词来自于古英语及日耳曼语。这里当然有许多其他语言的命名。在罗马神话中，地球女神叫 Tellus——肥沃的土地（希腊语：Gaia，大地母亲）。地球目前是人类所知道的唯一一个存在已知生命体的星球。

▲我们赖以生存的家园——地球

地球自西向东自转，同时围绕太阳公转。地球自转与公转运动的结合产生了地球上的昼夜交替和四季变化。地球自转的速度是不均匀的。同时，由于日、月、行星的引力作用以及大气、海洋和地球内部物质的各种作用，使地球自转轴在空间和地球本体内的方向都要产生变化。地球自转产生的惯性离心力使得球形的地球由两极向赤道逐渐膨胀，成为目前的略扁的旋转椭球体，极半径比赤道半径约短 21 千米。

阿波罗飞船曾看到，地球升起在月球的地平线上，地球可以看作由一系列的同心

▼地球在太阳系中的位置

层组成。地球内部有核、幔、壳结构。地球外部有水圈和大气圈，还有磁层，形成了围绕固态地球的外套。

地球并非是很规则的正球体。它的表面可以用一个扁率不大的旋转椭球面来形容更为贴切。扁率 e 为椭球长短轴之差与长轴之比，是表示地球形状的一个重要参量。经过多年的几何测量、天文测量以及人造地球卫星测量，它的数值已经达到很高的精度。这个椭球面不是真正的地球表面，而是对地面的一个更好的科学概括，用来作为全球各地大地测量的共同标准，所以也叫做参考椭球面。按照这个参考椭球面，子午圈上一平均度

▲地球卫星照片

是 111.1 千米，赤道上一平均度是 111.3 千米。在参考椭球面上重力势能是相等的，所以在它上面各点的重力加速度是可以计算的。

地球绕地轴的旋转运动，叫做地球的自转。地轴的空间位置基本上是稳定的。它的北端始终指向北极星附近，地球自转的方向是自西向东；从北极上空看，呈逆时针方向旋转。地球自转一周的时间，约为 23 小时 56 分，这个时间称为恒星日；然而在地球上，我们感受到的一天是 24 小时，这是因为我们选取的参照物是太阳。由于地球自转的同时也在公转，这 4 分钟的差距正是地球自转和公转叠加的结果。天文学上把我们感受到的这 1 天的 24 小时称为太阳日。地球自转产生了昼夜更替。昼夜更替使地球表面的温度不至于太高或太低，适合人类生存。

▼地球内部图

地球自转的平均角速度为每小时转动 15 度。在赤道上，自转的线速度是每秒 465 米。天空中各种天体东升西落的现象都是地球自转的反映。人们最早就是利用地球自转来计量时间的。研究表

▲地球环境逐渐恶化

明，每经过一百年，地球自转速度减慢近2毫秒，它主要是由潮汐摩擦引起的。潮汐摩擦还使月球以每年3～4厘米的速度远离地球。地球自转速度除长期减慢外，还存在着时快时慢的不规则变化，引起这种变化的真正原因目前尚不清楚。

地球绕太阳的运动，叫做公转。从北极上空看是逆时针绕日公转。地球公转的路线叫做公转轨道。它是接近正圆形的椭圆轨道。太阳位于椭圆的两焦点之一。每年1月3日，地球运行到离太阳最近的位置，这个位置称为近日点；7月4日，地球运行到距离太阳最远的位置，这个位置称为远日点。地球公转的方向也是自西向东，运动的轨道长度是9.4亿千米，公转一周所需的时间为一年，约365.25天。地球公转的平均角速度约为每日1度，平均线速度每秒钟约为30千米。在近日点时公转速度较快，在远日点时较慢。地球自转的平面叫赤道平面，地球公转轨道所在的平面叫黄道平面。两个面的交角称为黄赤交角，地轴垂直于赤道平面，与黄道平面交角为66°34'，或者说赤道平面与黄道平面间的黄赤交角为23°26'，由此可见地球是倾斜着身子围绕太阳公转的。

▼地球卫星图

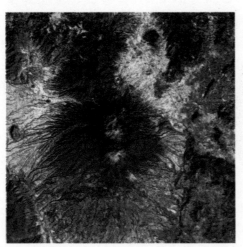

我们能够用钻探了解地球内部，可现在最先进的钻探也不过能穿透10千米。如果把地球比作一个苹果的话，那就连表皮也没穿透。后来，科学家们终于知道了打开地心之门的钥匙——地震波。20世纪初，南斯拉夫地震学家莫霍洛维奇忽然醒悟：原来地震波就是我们探察地球内部的"超声波探测器"！地震波就是地震时发出的震波，它有横波和纵波两种。横波只能穿过固体物质，纵波却能在固体、液体和气体任一种物质中自由通行。通过的物质密度大，地震波的传播速度就快；物质密度小，传播速度就慢。莫霍洛维奇发现，在地下 33 千米的地方，地震波的传播速度猛然加快，这表明这里的物质密度很大，物质成分也与地球表面不同。地球内部这个深度，就被称为"莫霍面"。

1914 年，美国地震学家古登堡又发现，在地下 2900 千米的地方，纵波速度突然减慢，横波则消失了。这说明，这里的物质密度变小了，固体物质也没有了，地球之心在这里，只剩下了液体和气体。这个深度，就被称为"古登堡面"。

▼旱灾

地球之心之谜终于搞清楚了：地球从外到内，被莫霍面和古登堡面分成三层，分别是地壳、地幔和地核。地壳主要是岩石；地幔主要是含有镁、铁和硅的橄榄岩；地核，也就是真正的地球之心，主要是铁和镍，那里的温度可能高达 4982 摄氏度。

地球是人类的共同家园，然而，随着科学技术的发展和经济规模的扩大，全球环境状况在过去 30 年里持续恶化。有资料表明：自 1860 年有气象仪器观测记录以来，全球年平均温度升高了 0.6 摄氏度，最暖的 13 个年份均出现在 1983 年以后。20 世纪 80 年代，全球每年受灾害影响的人数平均为 1.47 亿。而到了 20 世纪 90 年代，这一数字上升到 2.11 亿。目前世界上约有 40％的人口严重缺水，如果这一趋势得不到遏制，在 30 年内，全球 55％以上的人口将面临水荒。自然环境的恶化也严重威胁着地球上的野生物种。如今全球 12％的鸟类和四分之一的哺乳动物濒临灭绝，而过度捕捞已导致三分之一的鱼类资源枯竭。

Di Qiu 的 *De* "神秘外衣" >>>
地球

地球圈层分为地球外圈和地球内圈两大部分。地球外圈可进一步划分为四个基本圈层，即大气圈、水圈、生物圈和岩石圈；地球内圈可进一步划分为三个基本圈层，即地幔圈、外核液体圈和固体内核圈。此外，在地球外圈和地球内圈之间还存在一个软流圈，它是地球外圈与地球内圈之间的一个过渡圈层，位于地面以下平均深度约150公里处。这样，整个地球总共包括八个圈层，其中岩石圈、软流圈和地球内圈一起构成了所谓的固体地球。对于地球外圈中的大气圈、水圈和生物圈，以及岩石圈的表面，一

▲ 蓝色的星球

般用直接观测和测量的方法进行研究。而地球内圈，目前主要用地球物理的方法，例如地震学、重力学和高精度现代空间测地技术观测的反演等进行研究。地球各圈层在分布上有一个显著的特点，即固体地球内部与表面之上的高空基本上是上下平行分布的；而在地球表面附近，各圈层则是相互渗透甚至相互重叠的。其中生物圈表现最为显著，其次是水圈。

▼ 大气层

大气圈

大气圈是地球外圈中最外部的气体圈层，它包围着海洋和陆地。大气圈没有确切的上界，在2000～16000公里高空仍有稀薄的气体和基本粒子。

在地下、土壤和某些岩石中也会有少量空气，它们也可认为是大气圈的一个组成部分。地球大气的主要成分为氮、氧、氩、二氧化碳和不到 0.04% 比例的微量气体。地球大气圈气体的总质量约为 5.136×10^{21} 克，相当于地球总质量的百万分之 0.86。由于地心引力作用，几乎全部的气体都集中在离地面 100 公里的高度范围内，其中 75% 的大气又集中在地面至 10 公里高度的对流层范围内。根据大气分布特征，在对流层之上还可分为平流层、中间层、热成层等。

水圈

水圈包括海洋、江河、湖泊、沼泽、冰川和地下水等，它是一个连续但不很规则的圈层。从离地球数万公里的高空看地球，可以看到地球大气圈中水汽形成的白云和覆盖地球大部分的蓝色海洋，它使地球成为一颗"蓝色的行星"。地球水圈总质量为 1.66×10^{24} 克，约为地球总质量的 3600 分之一，其中海洋水质量约为陆地（包括河流、湖泊和表层岩石孔隙和土壤中）水的 35 倍。如果整个地球没有固体部分的起伏，那么全球将

▲地球 70% 被水覆盖

被深达 2600 米的水层均匀覆盖。大气圈和水圈相结合，组成地表的流体系统。

生物圈

由于存在地球大气圈、地球水圈和地表的矿物，在地球这个合适的温度条件下，形成了适合生物生存的自然环境。人们通常所说的生物，是指有生命的物体，包括植物、动物和微生物。据估计，现有生存的植物约有 40 万种，动物约有 110 多万种，微生物至少有 10 多万种。据统计，在地质历史上曾生存过的生物约有 5~10 亿种之多。然而，在地球漫长的演化过程中，绝大部分都已经灭绝了。现存的生物生活在岩石圈的上层部分、大气圈的下层部分

▼原始森林

和水圈的全部，构成了地球上一个独特的圈层，称为生物圈。生物圈是太阳系所有行星中仅在地球上存在的一个独特圈层。

岩石圈

对于地球岩石圈，除表面形态外，是无法直接观测到的。它主要由地球的地壳和地幔圈中上地幔的顶部组成，从固体地球表面向下穿过地震波在近33公里处所显示的第一个不连续面（莫霍面），一直延伸到软流圈为止。岩石圈厚度不均一，平均厚度约为100公里。由于岩石圈及其表面形态与现代地球物理学、地球动力学有着密切的关

▲地球上的岩石

系，因此，岩石圈是现代地球科学中研究得最多、最详细、最彻底的固体地球部分。由于洋底占据了地球表面总面积的2/3之多，而大洋盆地约占海底总面积的45%，其平均水深为4000～5000米，大量发育的海底火山就是分布在大洋盆地中，其周围延伸着广阔的海底丘陵。因此，整个固体地球的主要表面形态可认为是由大洋盆地与大陆台地组成。对它们的研究，构成了与岩石圈构造和地球动力学有直接联系的"全球构造学"理论。

软流圈

▼软流圈

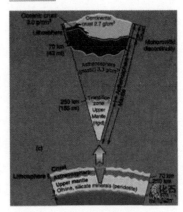

在距地球表面以下约100公里的上地幔中，有一个明显的地震波的低速层，这是由古登堡在1926年最早提出的，称之为软流圈，它位于上地幔的上部。在洋底下面，它位于约60公里深度以下；在大陆地区，它位于约120公里深度以下，平均深度约位于60～250公里处。现代观测和研究已经肯定了这个软流圈层的存在。也正是由于这个软流圈的存在，将地球外圈与地球内圈区别开

来了。

地幔圈

地震波除了在地面以下约 33 公里处有一个显著的不连续面（称为莫霍面）之外，在软流圈之下，直至地球内部约 2900 公里深度的界面处，属于地幔圈。由于地球外核为液态，在地幔中的地震波 S 波不能穿过此界面在外核中传播。P 波曲线在此界面处的速度也急剧降低。这个界面是古登堡在 1914 年发现的，所以也称为古登堡面，它构成了地幔

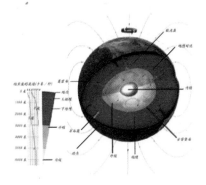

▲地球各层

圈与外核流体圈的分界面。整个地幔圈由上地幔（33 ～ 410 公里）、下地幔的 D′ 层（1000 ～ 2700 公里深度）和下地幔的 D″ 层（2700 ～ 2900 公里深度）组成。地球物理的研究表明，D″ 层存在强烈的横向不均匀性，其不均匀的程度甚至可以和岩石层相比拟。它不仅是地核热量传送到地幔的热边界层，而且极可能是与地幔有不同化学成分的化学分层。

外核液体圈

地幔圈之下就是所谓的外核液体圈，它位于地面以下约 2900 公里至 5120 公里深度。整个外核液体圈基本上可能是由动力学粘度很小的液体构成的，其中 2900 至 4980 公里深度称为 E 层，完全由液体构成。4980 公里至 5120 公里深度层称为 F 层，它是

▲太空看地球

外核液体圈与固体内核圈之间一个很薄的过渡层。

固体内核圈

地球八个圈层中最靠近地心的就是所谓的固体内核圈了，它位于 5120 至

6371 公里地心处，又称为 G 层。根据对地震波速的探测与研究，证明 G 层为固体结构。地球内层不是均质的，平均地球密度为 5.515 克／厘米^3，而地球岩石圈的密度仅为 2.6～3.0 克／厘米^3。由此，地球内部的密度必定要大得多，并随深度的增加，密度也出现明显的变化。地球内部的温度随深度而上升。根据最近的估计，在 100 公里深度处温度为 1300℃，300 公里处为 2000℃，在地幔圈与外核液态圈边界处，约为 4000℃，地心处温度为 5500～6000℃。

地球在太阳系中并不居显著的地位，而太阳也不过是一颗普通的恒星。但由于人类定居和生活在地球上，因此对它不得不寻求深入的了解。

地球 Di Qiu 之 Zhi 肺——森林 >>>

森林，是树祖祖辈辈生存的地方，也是各种动物、鸟类的天堂。它是一个神秘的国度，有许多人类无法探知的秘密。

森林资源不仅包括森林、林木、林地，也包括依靠森林、林木、林地生存的野生动物、植物、微生物等。森林是可再生自然资源，具有经济、生态和社会三大功能。森林是"地球的肺"，是氧气生产基地，每一棵树木都是二

▲地球的未来令人担忧

氧化碳吸收器。森林也是"野生动植物的天堂"。科学家推测，早在 6 亿年前植被已经出现。世界现存的 530 多万种动植物，半数以上在森林中。森林不仅可以防风固沙、涵养水源、调节空气和雨水，还有保持水土、净化空气、降低噪音、美化环境等作用。

森林是地球表面最为壮观的景观，按其在陆地上的分布，可分为针叶林、针叶落叶阔叶混交林、落叶阔叶林、常绿阔叶林、热带雨林、热带季雨林、红树林、珊瑚岛常绿林、稀树草原和灌木林。中国的原生性森林主要集中在东北、西南地区。森林的再生能力虽然很强，但是它的再生速度远远跟不上人类砍伐

森林的速度，森林正以每年 1303 公顷的速度消失。为了保护森林资源，保护我们美好的家园，每年的 3 月 21 日被定为世界森林日。

▲森林

现代森林的形成和发展，大约经历了 6 亿年的演化过程，从简单到复杂，从低级到高级阶段的演变过程分为蕨类古裸子植物阶段、裸子植物阶段及被子植物阶段三个阶段。

蕨类古裸子植物阶段，根据已发现的古植物化石推断，蕨类古裸子植物大约出现于晚古生代的石炭纪和二叠纪，是当时地球植被的主角。包括从高不到 5 毫米的草本植物，到高可达 20 米的乔木状植物，这些草本植物、灌木、乔木共同组成大面积的滨海和内陆沼泽森林。现在热带地区还可偶见孓遗树蕨的身影。蕨类古裸子植物是石炭纪重要的造煤植物。

裸子植物阶段，二叠纪末期，由于天气酷热、气候干旱，蕨类古裸子植物

▼远古森林

不能适应气候的变化而逐渐灭亡，裸子植物开始粉墨登场。到了中生代的晚三叠纪、侏罗纪和白垩纪，裸子植物达到全盛。一些已经灭绝的特殊类型植物，如苏铁、本内苏铁分布广泛，几乎遍及全球。据最新统计，全世界共有裸子植物850种，占被子植物的 0.36%。

▲森林手绘图

被子植物阶段，在中生代的晚白垩纪及新生代的第三纪，被子植物由衰到盛，有无到有，乔木、灌木、草本相继大量出现，遍及地球陆地，形成各种类型的森林。经新近纪更新世冰川时期而保存到现在，仍是最大优势、最稳定的植物群落。世界上的被子植物约有 1 万多属，约 30 万种，占植物界的一半。

地球 Di Qiu 上 Shang 的大陆 >>>

大陆一般是指面积大于格陵兰岛的陆地。地球上最大的大陆是欧亚大陆，最小的大陆是澳洲大陆。地球上共有六块大陆：欧亚大陆、非洲大陆、北美大陆、南美大陆、南极洲大陆、澳洲大陆。

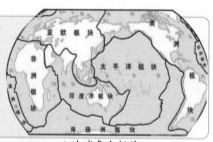

▲地球各大板块

世界最大的大陆——欧亚大陆

欧亚大陆是欧洲大陆和亚洲大陆的合称。因为，欧洲大陆和亚洲大陆是连在一起的。从板块构造学说来看，欧亚大陆由欧亚板块、印度板块、阿拉伯板块和东西伯利亚所在的北美板块所组成。

另外，欧亚大陆亦有其他意思。它也可以是前苏联解体后各个加盟共和国所在的地域的雅称。而传统上，欧亚大陆这一块大陆地有不同的种族居住，组成了欧洲、西亚、南亚、东南亚及东亚等多个不同的文化圈。

传统上以乌拉尔山和高加索山为界，欧亚大陆欧洲部分的西部，北濒北冰洋，西临大西洋，南隔地中海与非洲相望。欧洲东部从文化上来划分，以乌拉尔山脉、乌拉尔河、里海、高加索山脉、博斯普鲁斯海峡、马尔马拉海和达达尼尔海峡作为亚欧大陆的分界线。欧洲大陆处于中高纬度，最南点是伊比利亚半岛的马罗基角（北纬36°），最北点是挪威北部诺尔辰角（北纬71°08′），最西点为伊比利亚半岛的罗卡角（西经9°30′），最东点在乌拉尔山北端（东经66°10′）。大陆东宽西窄，略呈三角形。欧亚大陆亚洲部分的东部，东、南、北3面分别濒临太平洋、印度洋和北冰洋，西南亚的西北部濒临地中海和黑海。大陆最北点在泰梅尔半岛的切柳斯金角（北纬77°44′），最南点为马来半岛的皮艾角（北纬1°15′）；

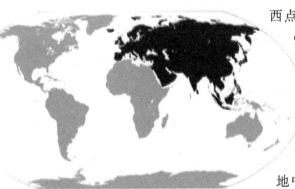

▲ 亚欧大陆在地球上的位置

岛屿的最北点在北地群岛（北纬81°），最南点在努沙登加拉群岛的罗地岛（南纬10°45′）。亚洲在各洲中所跨纬度最广，具有从赤道带到北极带几乎所有的气候带和自然带。大陆最东点为楚科奇半岛上的杰日尼奥夫角（西经169°45′），最西点为小亚细亚半岛的巴巴角（东经26°10′）。所跨经度亦最广，东西时差11小时。

欧洲大陆的形成是以前寒武纪古陆块为核心，通过不同地质时期与相邻陆块结合、分离的漫长过程，伴随多次地壳构造运动，古陆块外围相继形成加里东、海西、乌拉尔、阿尔卑斯等褶皱带，逐步地奠定了大陆的构造基础。

亚洲和欧洲陆地相连，形成全球最大的陆块——亚欧大陆。在地质构造上亚欧大陆原来并不是一个整体构造的陆块。早在二叠纪乌拉尔洋的最终闭合，使俄罗斯地台与西伯利亚地台壤接，其间形成南北走向的乌拉尔褶皱带，从此欧亚大陆连为一体。

世界最小的大陆——澳大利亚大陆

澳大利亚大陆是位于南半球大洋洲的一个大陆。澳大利亚大陆面积为769万平方公里，在世界的6个大陆中是面积最小的一个大陆。在政治上，澳大利亚大陆属澳大利亚。澳大利亚大陆四面被海所包围，与南极大陆并列为世界上仅有的两块完全被海水所包围的大陆。新西兰并不属于澳大利亚大陆。与其他大陆相比，澳大利亚大陆上的生物具有很大的不同。

▲世界上最小的大陆——澳洲

澳大利亚大陆可分为三个地形区：第一，东部山地。大分水岭纵贯南北，海拔约800～1000米，东坡较陡，西坡平缓；第二，西部高原。是一片低矮广阔的高原，面积约占全国面积1/2以上，沙漠和半沙漠面积很大；第三，中部平原。海拔在200米以下，最低处是埃尔湖（-12米）。地面河流很少，但地下水丰富，形成世界著名的大自流井盆地。

澳大利亚大陆东部沿海是亚热带季风气候，东北部有少量热带雨林气候地区。由于大分水岭的雨影效应，东部内陆不受季风影响，成为热带草原气候，并成半环状分布包围。中部由于维多利亚大沙漠，形成热带沙漠气候。澳大利亚东南部因常年受暖湿海风的影响，是温带海洋性气候。在25'S到30'S的澳大利亚西海岸分布少量地中海气候，它的成因是受副热带高压和西风带的轮流控制。总体特点是成半环状分布。

▼澳大利亚袋鼠

澳大利亚大陆的动植物，与其他大陆相比，具有明显的古老性和特有性。植物种类丰富，约有12000

多种，其中四分之三为特有种，桉树和金合欢是两个代表种类。澳大利亚的动物多珍禽异兽，多特有种，原始性明显，缺少其他大陆占统治地位的有胎盘类哺乳动物，但有原始的单孔目和有袋目哺乳动物、澳大利亚肺鱼、爬行类中的鳞脚蜥，以及各种各样的特有鸟类等。

澳大利亚具有古老性和特有性的动植物，是同澳大利亚大陆形成演变历史和现代自然地理环境密切关联的。在距今约2.2亿年以前的三叠纪时期，澳大利亚尚属于冈瓦纳古陆的一部分。当时气候温暖，各地差异也不明显，形成比较相似的植物群，同时开始出现原始的哺乳动物。中生代末期古陆开始分裂，澳大利亚大陆与其他大陆逐渐分离和漂移开来，孤立于大洋之上，动植物缓慢独立地向前发展。从现代自然地理环境来看，生态环境多样，发育了森林、草原和荒漠，也为各类动物提供了较为多样的生存环境，又没有大型有胎盘类哺乳动物的竞争，所以形成许多特有的动植物种类。

最炎热的大陆——非洲大陆

非洲大陆约3000万平方千米，约占世界陆地总面积的20.2%。

大陆海岸线全长30500千米。海岸比较平直，缺少海湾与半岛。

非洲大陆北宽南窄，呈不等边三角形状。南北最长约8000千米，东西最宽约7500千米。地势比较平坦。海拔500~1000米的高原占全洲面积60%以上。海拔2000米以上的山地和高原约占全洲面积5%。海拔200米以下的平原多分布在沿海地带。地势大致以刚果民主共和国境内的刚果河河口至埃塞俄比亚高原北部边缘一线为界，东南半部较高，西北半部较低。东南半部被称为高非洲，海拔多在1000米以上，有埃塞俄比亚高原（海拔在2000米以上，有"非洲屋脊"之称）、东非高原和南非高原，在南非高原上有卡拉哈迪盆地。西北半部被称为低非洲，海拔多在500米以下，大部分为低高原和盆地，有尼罗河上游盆地、刚果盆地和乍得盆地等。非洲较高大的山脉多矗立在高原的沿海地带，西北沿海有阿特拉斯山脉，东南沿海有德拉肯斯

▼非洲板块

山脉，东部有肯尼亚山和乞力马扎罗山。乞力马扎罗山是座活火山，海拔5895米，为非洲最高峰。

非洲东部有世界上最大的裂谷带，裂谷带东支南 起希雷河河口，经马拉维湖，向北纵贯东非高原中部和埃塞俄比亚高原中部，经红海至死海北部，长约6400千米；裂谷带西支南起马拉维湖西北端，经坦噶尼喀湖、基伍湖、爱德华湖、艾伯特湖，至艾伯特尼罗河河谷，长约1700千米，宽几十千米到300千米，形成一系列狭长而深陷的谷地和湖泊，其中阿萨勒湖的湖面在海平面以下156米，为非洲陆地最低点。

▲非洲热带草原和乞力马扎罗山

非洲的沙漠面积约占全洲面积1/3，为沙漠面积最大的一洲。撒哈拉沙漠是世界上最大的沙漠，面积777万平方千米。西南部还有纳米布沙漠和卡拉哈迪沙漠。

非洲的外流区域约占全洲面积的68.2%。大西洋外流水系多为源远流长的大河，有尼罗河、刚果河、尼日尔河、塞内加尔河、沃尔特河、奥兰治河等。尼罗河全长6671千米，是世界最长的河流。刚果河的流域面积和流量仅次于亚马孙河，位居世界第二位。印度洋外流水系包括赞比西河、林波波河、朱巴河及非洲东海岸的短小河流等。非洲的内流水系及无流区面积为958万平方千米，约占全洲总面积的31.8%。其中河系健全的仅有乍得湖流域。奥卡万戈河流域和撒哈拉沙漠十分干旱，多间歇河，沙漠中多干谷。内流区还包括面积不大的东非大裂谷

▼非洲最大湖维多利亚湖

带湖区，河流从四周高地注入湖泊，湖区雨量充沛、河网稠密，不同于其他干旱内流区。非洲湖泊集中分布于东非高原，少量散布在内陆盆地。高原湖泊多为断层湖，狭长水深，呈串珠状排列于东非大裂谷带，其中维多利亚湖是非洲最大湖泊和世界第二大淡水湖，坦噶尼喀湖是世界第二深湖。

位于埃塞俄比亚高原上的塔纳湖是非洲最高的湖泊，海拔1830米。乍得湖为内陆盆地的最大湖泊，面积时常变动。非洲有"热带大陆"之称，其气候特点是高温、少雨、干燥，气候带分布呈南北对称状。赤道横贯中央，气候一般从赤道随纬度增加而降低。全洲年平均气温在20℃以上的地带约占全洲面积95%，其中一半以上的地区终年炎热，有将近一半的地区有着炎热的暖季和温暖的凉季。埃塞俄比亚东北部的达洛尔年平均气温为34.5℃，是世界年平均气温最高的地方之一。

最寒冷大陆——南极大陆

南极大陆是指南极洲除周围岛屿以外的陆地，是世界上发现最晚的大陆，它孤独地位于地球的最南端。南极大陆95%以上的面积为厚度惊人的冰雪所覆盖，素有"白色大陆"之称。在全球六块大陆中，南极大陆大于澳大利亚大陆，排名第五。南极大陆四周有太平洋、大西洋、印度洋，形成一个围绕地球的巨大水圈，呈完全封闭状态，是一块远离其他大陆、与文明世界完全隔绝的大陆，至今仍然没有常住居民，只有少量的科学考察人员轮流在为数不多的考察站居住和工作。

由于海拔高，空气稀薄，再加上冰雪表面对太阳能量的反射等，使得南极大陆成为世界上最为寒冷的地区，其平均气温比北极要低20度。南极大陆的年平均

▼南极大陆

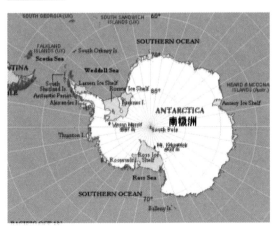

气温为零下25度。南极沿海地区的年平均温度为零下17~20度左右；而内陆地区年平均温度则为零下40～50度；东南极高原地区最为寒冷，年平均气温低

达零下 57 度。到现在为止，地球上所观测到的最低气温为零下 89.6 度，这是 1983 年 7 月在新西兰的万达站记录到的。在这样的低温下，普通的钢铁会变得像玻璃一般脆，如果把一杯开水泼向空中，落下来的竟然是一片冰晶。

▲冰天雪地的南极大陆

　　南极的寒冷首先是与它所处的高纬度地理位置有关，由于高纬度地理位置，导致了在一年中漫长的极夜期间没有太阳光。同时，与太阳光线入射角有关。纬度越高，阳光的入射角越大，单位面积所吸收的太阳热能越少。南极位于地球上纬度最高的地区，太阳的入射角最小，阳光只能斜射到地表，而斜射的阳光热量又最低。再者，南极大陆地表 95% 被白色的冰雪覆盖，冰雪对日照的反射率为 80%~84%，只剩下不足 20% 到达地面，而这可怜的一点点热量又大部分被反射回太空。南极的高海拔和相对稀薄的空气又使得热量不容易被保存，所以南极异常寒冷。

▼酷寒的南极大陆

浩瀚的海洋 >>>
Hao Han De 海洋

海 洋面积约 362,000,000 平方公里，近地球表面积的 71 %。海洋中含有十三亿五千多万立方千米的水，约占地球上总水量的 97%。全球海洋一般被分为数个大洋和面积较小的海。四个主要的大洋为太平洋、大西洋、印度洋、北冰洋（有科学家又加上第五大洋，即南极洲附近的海域），大部分以陆地和海底地形线为界。

▲地球 71% 为海洋所覆盖

连绵不绝的盐水水域，分布于地表的巨大盆地中。四大洋在环绕南极大陆的水域即南极海（又称南部海）大片相连。传统上，南极海也被分为三部分，分别隶属三大洋。将南极海的相应部分包含在内，太平洋、大西洋和印度洋分别占地球海水总面积的46％、24％和20％。重要的边缘海多分布于北半球，它们部分为大陆或岛屿包围。最大的是北冰洋及其近海、亚洲的地中海（介于澳大利亚与东南亚之间）、加勒比海及其附近水域、地中海（欧洲）、白令海、鄂霍次克海、黄海、东海和日本海。

广阔的海洋，从蔚蓝到碧绿，美丽而又壮观。海洋，海洋，人们总是这样说，但好多人却不知道，海和洋不完全是一回事，它们彼此之间是不相同的。那么，它们有什么不同，又有什么关系呢？洋，是海洋的中心部分，是海洋的主体。世界大洋的总面积，约占海洋面积的89%。大洋的水深，一般在 3000 米以

▼浩瀚无边的大海

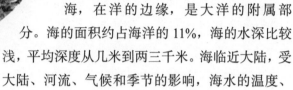

▲五彩缤纷的海底生物

上，最深处可达 1 万多米。大洋离陆地遥远，不受陆地的影响。它的水温和盐度的变化不大。每个大洋都有自己独特的洋流和潮汐系统。大洋的水色蔚蓝，透明度很大，水中的杂质很少。世界共有 4 个大洋，即太平洋、印度洋、大西洋、北冰洋。

海，在洋的边缘，是大洋的附属部分。海的面积约占海洋的 11%，海的水深比较浅，平均深度从几米到两三千米。海临近大陆，受大陆、河流、气候和季节的影响，海水的温度、盐度、颜色和透明度，都受陆地影响，有明显的变化。夏季海水变暖，冬季水温降低；有的海域，海水还要结冰。在大河入海的地方，或多雨的季节，海水会变淡。由于受陆地影响，河流夹带着泥沙入海，近岸海水混浊不清，海水的透明度差。海没有自己独立的潮汐与海流。海可以分为边缘海、内陆海和地中海。边缘海既是海洋的边缘，又临近大陆前沿。这类海与大洋联系广泛，一般由一群海岛把它与大洋分开。我国的东海、南海就是太平洋的边缘海。内陆海，即位于大陆内部的海，如欧洲的波罗的海等。地中海是几个大陆之间的海，水深一般比内陆海深些。世界主要的海接近 50 个。太平洋最多，大西洋次之，印度洋和北冰洋差不多。

Hai Yang 的 海洋 De 形成 >>>

海 洋是怎样形成的？海水是从哪里来的？目前对这个问题科学还不能作出最后的答案，这是因为，它们与另一个具有普遍性的、同样未彻底解决的太阳系起源问题相联系着。

▼浩瀚的海洋

现在的研究证明，大约在 50 亿年前，从太

▲ 海浪礁石

阳星云中分离出一些大大小小的星云团块。它们一边绕太阳旋转，一边自转。在运动过程中互相碰撞，有些团块彼此结合，由小变大，逐渐成为原始的地球。星云团块碰撞过程中，在引力作用下急剧收缩，加之内部放射性元素蜕变，使原始地球不断受到加热增温；当内部温度达到足够高时，地内的物质包括铁、镍等开始熔解。在重力作用下，重的下沉并趋向地心集中，形成地核；轻者上浮，形成地壳和地幔。在高温下，内部的水分汽化与气体一起冲出来，飞升入空中。但是由于地心的引力，它们不会跑掉，只在地球周围，成为气水合一的圈层。

位于地表的一层地壳，在冷却凝结过程中，不断地受到地球内部剧烈运动的冲击和挤压，因而变得褶皱不平，有时还会被挤破，形成地震与火山爆发，喷出岩浆与热气。开始，这种情况发生频繁，后来渐渐变少，慢慢稳定下来。这种轻重物质分化，产生大动荡、大改组的过程，大概是在 45 亿年前完成的。

地壳经过冷却定形之后，地球就像一个久放而风干了的苹果，表面皱纹密布，凹凸不平。高山、平原、河床、海盆，各种地形一应俱全了。

在很长的一个时期内，天空中水汽与大气共存于一体，浓云密布，天昏地暗。随着地壳逐渐冷却，大气的温度也慢慢地降低，水汽以尘埃与火山灰为凝结核，变成水滴，越积越多。由于冷却不均，空气对流剧烈，形成雷电狂风，暴雨浊流，雨越下越大，一直下了很久很久。滔滔的洪水，通过千川万壑，汇集成巨大的水体，这就是原始的海洋。

原始的海洋，海水不是咸的，而是带酸性、又是缺氧的。水分不断蒸发，反复地成云致雨，重又落回地面，把陆地和海底岩石中的盐分溶解，不断地汇集于海水中。经过亿万年的积累融合，才变成了大体均匀的咸水。同时，由于大气中当时没有氧气，也没有臭氧层，紫外线可以直达地面，靠海水的保护，生物首先在海洋里诞生。大约在 38 亿年前，即在海洋里产生了有机物，先有低等的单细胞生物。在 6 亿年前的古生代，有了海藻类，在阳光下进行光合作用，产生了氧气，慢慢积累的结果，形成了臭氧层。此时，生物才开始登上陆地。

总之，经过水量和盐分的逐渐增加，以及地质历史上的沧桑巨变，原始海洋逐渐演变成今天的海洋。

海里的水总是依照有规律的明确形式流动，循环不息，称为洋流。其中比较有名的是墨西哥湾流，最狭窄处也宽达 50 里，流动时速可达 4 里，沿北美洲海岸北上，横过北大西洋，调节北欧的气候。北太平洋海流是一道类似的暖流，从热带向北流，提高北美洲西岸的气温。

▲滔天的海浪

盛行风是使海流运动不息的主要力量。海水密度不同，也是海流成因之一。冷水的密度比暖水高，因此冷水下沉，暖水上升。基于同样原理，两极附近的冷水也下沉，在海面以下向赤道流去。抵达赤道时，这股水流便上升，代替随着表面海流流向两极的暖水。

岛屿与大陆的海岸，对海流也有影响，不是使海流转向，就是把海流分成支流。不过一般来说，主要的海流都是沿着各个海洋盆地四周环流的。由于地球自转影响，北半球的海流以顺时针方向流动，南半球的则相反。

海洋对 *Hai Yang Dui* 人类 *Ren Lei* 的作用 >>>

海洋是地球上决定气候发展的主要因素之一。海洋本身是地球表面最大的储热体。海流是地球表面最大的热能传送带。海洋与空气之间的气体交换（其中最主要的有水汽、二氧化碳和甲烷）对气候的变化和发展有极大的影响。

◀海藻

海洋是许多动植物的生活环

境。海洋中的绿藻是大气层氧气的主要生产者之一。热带珊瑚礁是地球上物种最丰富的生态系统（甚至比热带雨林还丰富）。人类对于深海生物的了解至今仍知之甚少。

海洋——21世纪的药库

据有关医学专家预测，人类将在21世纪制服癌症。那么，人类靠的是何种灵丹妙药？近年来，科学家们研究后发现，海洋将成为21世纪的药库。

目前，一些制药业的研究人员正在进行从海藻和微小海洋生物中提取有毒化合物的实验，以作为医治某些疾病的有效手段。初步实验表明，从某种海绵状生物中提取的有毒物质，有抑制癌细胞发展的作用；从灌肠鱼体内提取的某种物质有助于治疗糖尿病。美国一位海洋问题专家形象地说："海洋生物犹如一个可提供有关健康问题解决办法的咨询中心。"

在考虑从海洋中采药的时候，医学专家们十分重视对珊瑚的开发和利用。实验表明，从珊瑚礁中提取的有毒物质，和某种海绵状生物中提取的毒物一样，也具有抑制癌细胞发展的作用，而从珊瑚礁中提取的其他物质对关节炎和气喘病可起到减轻炎症的作用。有一种产于夏威夷的珊瑚，它含有剧毒，可用于制成治疗白血病、高血压及某些癌症的特效药。中

▲美丽的珊瑚礁

国南海一种软珊瑚的提纯物，具有降血压、抗心率失常及解痉等作用。

鲨鱼是一种古老的海洋性鱼类，在全世界分布较广，共有250多种。20世纪80年代中期以来，国际上许多科学家对鲨鱼身体各部分的药理、化学、生物、化学及应用等方面进行了悉心地研究，特别是对鲨鱼体内抗肿瘤活性物质的研究更加引人注目。据有关资料报道，美国生物学家对鲨鱼进行了几十年的调查研究后，发现鲨鱼几乎不患任何病变，更极少得癌症，似乎对癌症有天然的免疫力。有些科学家将一些病原菌和癌细胞接种于鲨鱼体内，也不能使它们致病。看来，在鲨鱼体内有某种特殊的防护性化学物质。

中国的有关专家对鲨鱼的研究，几乎与国际上同步。1985年，上海水产学

院和上海肿瘤研究所的专家们，首次发现鲨鱼血清在体外对人类红血球性白血病肿瘤细胞具有杀伤作用。这一科研成果为人类从海洋生物资源中寻找抗肿瘤药物开辟了广阔的天地。

海洋——矿物资源的聚宝盆

海洋是矿物资源的聚宝盆。经过 20 世纪 70 年代"国际 10 年海洋勘探阶段"，人类进一步加深了对海洋矿物资源的种类、分布和储量的认识。

●油气田

人类经济、生活的现代化，对石油的需求日益增多。在当代，石油在能源中发挥第一位的作用。但是，由于比较容易开采的陆地上的一些大油田，有的业已告罄，有的濒于枯竭。为此，近 20～30 年来，世界上不少国家正在花大力气来发展海洋石油工业。

▲海上油气田

探测结果表明，世界石油资源储量为 10,000 亿吨，可开采量约 3000 亿吨，其中海底储量为 1300 亿吨。

中国有浅海大陆架近 200 万平方千米。通过海底油田地质调查，先后发现了渤海、南黄海、东海、珠江口、北部湾、莺歌海以及台湾浅滩等 7 个大型盆地。其中东海海底蕴藏量之丰富，堪与欧洲的北海油田相媲美。

▼海上油气田

东海平湖油气田是中国东海发现的第一个中型油气田，位于上海东南 420 千米处。它是以天然气为主的中型油气田，深 2000～3000 米。据有关专家估计，天然气储量为 260 亿立方米，凝析油 474 万吨，轻质原油 874 万吨。

●金属矿源

锰结核是一种海底稀有金属矿源，它

是 1973 年由英国海洋调查船首先在大西洋发现的。但是世界上对锰结核正式而有组织的调查，始于 1958 年。调查表明，锰结核广泛分布于 4000 ～ 5000 米的深海底部。它们是未来可利用的最大的金属矿资源。令人感兴趣的是，锰结核是一种生矿物，它每年约以 1000 万吨的速率不断地增长着，是一种取之不尽、用之不竭的矿产。

世界上各大洋锰结核的总储藏量约为 3 万亿吨，其中包括锰 4000 亿吨，铜 88 亿吨，镍 164 亿吨，钴 48 亿吨，分别为陆地储藏量的几十倍乃至几千倍。以当今的消费水平估算，这些锰可供全世界用 33,000 年，镍用 253,000 年，钴用 21,500 年，铜用 980 年。

目前，随着锰结核勘探调查更加深入，技术更加成熟，预计到 21 世纪，可以进入商业性开发阶段，正式形成深海采矿业。

● 海底热液矿藏

20 世纪 60 年代中期，美国海洋调查船在红海首先发现了深海热液矿藏。而后，一些国家又陆续在其他大洋中发现了三十多处这种矿藏。

▲ 海底热液生物

热液矿藏又称"重金属泥"，是由海脊 (海底山) 裂缝中喷出的高温熔岩，经海水冲洗、析出、堆积而成的，并能像植物一样，以每周几厘米的速度飞快地增长。它含有金、铜、锌等几十种稀贵金属，而且金、锌等金属品位非常高，所以又有"海底金银库"之称。饶有趣味的是，重金属五彩缤纷，有黑、白、黄、蓝、红等各种颜色。

▼ 海底矿藏

在当今技术条件下，虽然海底热液矿藏还不能立即进行开采，但是，它却是一种具有潜力的海底资源宝库。一旦能够进行工业性开采，那么，它将同海底石油、深海锰结核和海底砂矿一起，成为 21 世纪

海底四大矿种之一。

海洋——未来的粮仓

　　有些读者可能会想，海洋中不能长粮食，怎么能成为未来的粮仓呢？是的，海洋里不能种水稻和小麦。但是，海洋中的鱼和贝类却能够为人类提供滋味鲜美、营养丰富的蛋白食物。

　　大家知道，蛋白质是构成生物体最重要的物质，它是生命的基础。现在人类消耗的蛋白质中，由海洋提供的不过5%～10%。令人焦虑的是，20世纪70年代以来，海洋捕鱼量一直徘徊不前，有不少品种已经呈现枯竭现象。用一句民间的话来说，现在人类把黄鱼的孙子都吃得差不多了。要使海洋成为名副其实的粮仓，鲜鱼产量至少要比现在增加十倍才行。美国某海洋饲养场的实验表明，大幅度地提高鱼产量是完全可能的。

▲海底鱼类

　　在自然界中，存在着数不清的食物链。在海洋中，有了海藻就有贝类，有了贝类就有小鱼乃至大鱼……海洋的总面积比陆地要大一倍多，世界上屈指可数的渔场，大抵都在近海。这是因为，海藻生长需要阳光和硅、磷等化合物，这些条件只有接近陆地的近海才具备。海洋调查表明，在1000米以下的深海水中，硅、磷等含量十分丰富，只是它们浮不到温暖的表面层。因此，只有少数

▼海底鱼类

范围不大的海域，由于自然力的作用，深海水自动上升到表面层，从而使这些海域海藻丛生，鱼群密集，成为不可多得的渔场。

海洋学家们从这些海域受到了启发，他们利用回升流的原理，在那些光照强烈的海区，用人工方法把深海水抽到表面层，而后在那儿培植海藻，再用海藻饲养贝类，并把加工后的贝类饲养龙虾。令人惊喜的是，这一系列试验都取得了成功。

有关专家乐观地指出，海洋粮仓的潜力是很大的。目前，产量最高的陆地农作物每公顷的年产量折合成蛋白质计算，只有 0.71 吨。而科学试验同样面积的海水饲养产量最高可达 27.8 吨，具有商业竞争能力的产量也有 16.7 吨。

当然，从科学实验到实际生产将会面临许许多多困难。其中最主要的是从1000 米以下的深海中抽水需要相当数量的电力。这么庞大的电力从何而来？显然，在当今条件下，这些能源需要量还无法满足。

美丽的海洋鱼类

不过，科学家们还是找到了窍门：他们准备利用热带和亚热带海域表面层和深海的水温差来发电。这就是所谓的海水温差发电。也就是说，设计的海洋饲养场将和海水温差发电站联合在一起。

据有关科学家计算，由于热带和亚热带海域光照强烈，在这一海区，可供发电的温水多达 6250 万亿立方米。如果人们每次用 1% 的温水发电，再抽同样数量的深海水用于冷却，将这一电力用于饲养，每年可得各类海鲜 7.5 亿吨。它相当于 20 世纪 70 年代中期人类消耗的鱼、肉总量的 4 倍。

通过这些简单的计算不难看出，海洋成为人类未来的粮仓，是完全可行的。

漫谈 *Man Tan* 大海的 *Da Hai De* 颜色 >>>

翻开世界地图集，黄海、红海、黑海、白海会映入我们的眼帘。海的颜色为什么不同？彩色的海是谁的杰作呢？

太阳光线眼看是白色，可它是由红、橙、黄、绿、青、蓝、紫七种可见光所组成。这七种光线波长各不相同，而不同深度的海水会吸收不同波长的光束。波长较长的红、橙、黄等光束射入海水后，先后被逐步吸收；

▲黑海

而波长较短的蓝、青光束射入海水后，遇到海水分子或其他细微的、悬在海洋里的浮体，便向四面散射和反射。特别是海水对蓝光吸收的少，而反射的多，越往深处越有更多的蓝光被折回到水面上来。因此，我们看到的海洋里的海水便是蔚蓝色一片了。

▼白海

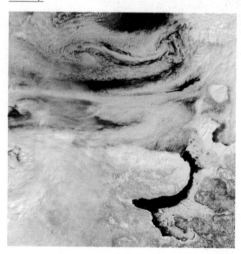

既然海水散射蓝色光，那么无论哪个大海都应该是蔚蓝色的。但实际上，海洋却是红、黄、蓝、白、黑五色俱全。这是由于某种海水变色的因素强于反射所产生的蓝色时，海水就会改头换面、五色缤纷了。

影响海水颜色的因素有悬浮质、离子、浮游生物等。大洋中悬浮质较少，颗粒也很微小，其水色主要取决于海水的光学性质，因此，大洋海水多呈蓝色。近海海水，由于悬浮物质增多，颗粒较大，所以，近海海水多呈浅蓝色。近岸或河口地域，由于泥沙颜色使海水发黄。某些海区当淡红色的浮游生物大量繁殖时，海水常呈淡红色。

我国黄海，特别是近海海域的海水多呈土黄色且混浊，主要是从黄土高原上流进的又黄又浊的黄河水而染黄的，因而得名黄海。

不仅泥沙能改变海水的颜色，海洋生物也能改变海水的颜色。介于亚、非两洲间的红海，其一边是阿拉伯沙漠，另一边有从撒哈拉大沙漠吹来的干燥的风，海水水温及海水中含盐量都比较高。因而海内红褐色的藻类大量繁衍，成片的珊瑚以及海湾里的红色的细小海藻都为之镀上了一层红色的色泽，所以看到的海是淡红色的，因而得名红海。

由于黑海里跃层所起的障壁作用，使海底堆积大量污泥，这是促成黑海海水变黑的因素。另外，黑海多风暴、阴霾，特别是夏天狂暴的东北风，在海面上掀起灰色的巨浪，海水乌黑一片，故得名黑海。

白海是北冰洋的边缘海，深入俄罗斯西北部内陆，气象异常寒冷，结冰期达六个月之久。白海之所以得名是因为掩盖在海岸的白雪不化，厚厚的冰层冻结住它的港湾，海面被白雪覆盖。由于白色冰面上的强烈反射，致使我们看到的海水是一片白色。

▼蔚蓝的大海

彩色的海，是大自然的杰作。

Tan Suo 海洋
探索 Hai Yang >>>

海洋，这个至今没有被人类征服的地方，占地球表面的 3/4，海水量达到 140 亿立方千米，平均深度有 3700 米。大洋错综复杂的食物网养育了种类繁多的海洋生物，它比陆地上的任何生态系统都要复杂得多。从生活在洋底火山口边的吃硫磺的微生物、细菌，到各种深海鱼类，它们放出的荧光能照亮很远的地方，吸引了众多供它们食用的生物。在有些地方，甚至还可能潜藏着有待于发现的被称之为"海怪"的动物新种。

▲海怪

科学研究告诉我们，在这个海底世界里，潜在的经济价值同样是不可估量的：能量巨大的漩涡洋流，影响着世界上大部分地区的气象，若能了解它们的形成机理和规律，可预报气候灾害的发生，免于损失数万亿美元的经济损失。大洋还有巨大的、有商业开发价值的镍、锰、铁、钴、铜等；深海的细菌、鱼类和植物，有可能成为保护人类健康与长寿的神奇药物之源。有人估计，在今后几十年里，从大洋获得的利益会远远超过人类目前探测太空的收益。如果人们能自由安全地出入洋底，其经济效益是立竿见影的。

但是，到达洋底和到达外层空间一样，没有特殊的装备，人是不可能到达洋底的。常识告诉我们，若没有氧气筒的帮助，人不能长时间地下

▼海底探险

▲海底探险

潜到 3 米以下的水里——这只不过是大洋平均深度的三千分之一！随着不断地潜入水下，压力也在不断增加。人的内耳、肺和一些孔道就会感到压力，令人痛苦。水下温度低，会很快吸走人体的热量。使得人难以在 3 米以下的水里坚持 2 ～ 3 分钟。

由于以上这些原因，当代深海的探险，不得不坐等两项关键技术的发展：深海球形潜水器和深潜铁链拴系钢球深潜器。会游泳的人一直在寻思，如何在水下得到氧气？千百年来，一直如此。古代希腊的潜水者是从充满气的瓶子里获得氧气；近代潜水者则多用压缩空气的办法，进入潜水。通常人可以潜入到 30 米的深度。甚至最有经验的使用水下呼吸器的人也不敢冒险潜到 45 米以下，因为深潜压力的增加和上浮水面过程的压力变化，会造成减压病甚至死亡。使用密封的潜水服，也只能潜入到 440 米的深处。

▼海底探险

球形深海潜水器创造了下潜 923 米的深度，但操作十分困难。后来又发明了体积很小的深海潜艇，但它只能供科学研究用。先进的深海潜艇配备有水下摄影机、收集标本筐和具有人手功能的操作机械臂。深潜器的实践做出了肯定的回答。美国、法国、日本、俄罗斯等国都出于不同目的研制出深水潜艇，收集到大海深处的动物、植物、岩石、水样等资料标本。这就开辟了一个深海探测的新时代。人们获得了大量的深海世界里的信息，从而改变了生物学、地质学和大洋地理学某些传统的看法。科学家们用新的目光来看待风海流的变化规律。太平洋的厄尔尼诺现象，对具有商业价值的鱼群有极大的危害，并且还会诱发地球上气候的奇特变化。大洋环流的不稳定性，可能导致全球性的气候改变，或使现在地球上稳定的气候慢慢消失。

科学家们还认识到，大洋底的海床并不是平坦的，它高低起伏，比我们的陆地地形更复杂，它的峡谷能装得下喜马拉雅山山脉。更令人惊异的是，大洋底还有一条独特的、全球范围的、长达 60000 千米的大山脉。它像一条巨蛇一样，蜿蜒

▲海底地貌

穿过大西洋、太平洋、印度洋和北冰洋，科学家们称这条洋底大山为"大洋中脊"。

到 20 世纪 70 年代末，当地质学家们仔细研究了大洋中部的诸山脉后，使他们更坚信了大地板块结构的理论。根据这一理论，地球的表面不是单一的石头外壳，它是由若干块巨大板块构造组成的，这些板块构造最小的也有数千平方千米，它们漂浮在地幔之上。大洋中脊的隆起部分，可能是最初创造地壳的地方；新的板块构造也许是在海床形成之前就因受到它下面地壳内的引力作用而成的。从大西洋中脊上采来的岩样已证明了这一点。这正是板块结构理论正确性的惊人证据。洋底不断流出的炽热的、富有矿物质的海水原来来自洋底像烟囱一样的山峰，这又是一个证据。它表明岩石下仍有巨大的热量，它来自相对年轻的地质构造。在这里，被称之为热液喷出口，其平均深度为 2225 米。海洋地质学家们已仔细研究了洋底热液喷出口。观察后发现，这些喷出口，实际上是洋底的间歇喷泉，就像美国的黄石公园的"忠实泉"一样。炽热的海水从洋底裂缝里流出来，虽然温度高达 400℃，但因为这里的压力太大了，所以不会沸腾。热水喷出后，很快冷却。喷出的水含有大量的矿物质，包括锌、铜、铁、硫磺混合物和硅，它们集落在海床上。这些东西越积越厚，最后形成烟囱状的山峰，像个"黑色吸烟人"。

▼海沟

这些热喷口处的化学反应，回答了困扰科学家多年的问题。在其成分不断地被腐蚀时，为什么海水中存在的大量的镁能保持相对稳定？现在认识到，镁是在热水流过岩石时从海水中被剥离下来的。

当科学家们把这些热喷口看成是研究海底世界的化学实验室时，有商业头脑的企业家却把它看成是金属冶炼厂，因为它们能从地球的内部获得巨大的有价值的各种金属。海洋地质学家很早就知道，在 4300 米到 5200 米深的洋底，铺了一层锰结核。这些土豆大小的锰核，含有铁、镍、钴以及其他金属。从 20

世纪 70 年代始，已有不少采矿公司用先进的设备来采集它们。

如果说洋底的热喷口令人惊奇，那么更令科学家们感到吃惊的是，在这些含硫的间歇泉四周竟会有生命！这真是大大地出人意料之外。1977 年，科学家们在这些热喷口的水里发现不少微生物，而且还发现一条 20 厘米长的管状蠕虫，一条红皮肤、蓝眼睛的怪鱼！这个事实被新闻报道后，起初许多人不

▲海底世界

相信这个事实，但这种"不信"很快被"好奇"所代替。人们自然又提出这样的疑问：若真有生物，它们靠吃什么为生呢？那里根本没有光，它们又是怎么生存的？令人奇怪的是，在 100 多年前，俄国的一个科学家就发现了上述的事实。他说水下的细菌，是靠硫化物生存的，而这种化合物对多数生命是有剧毒的！现在科学家们已弄清了这些细菌与地面上光合成的细菌正好相反，是从化学物质中获得生存能量。

近些年来，围绕着人们要不要进入更深洋底的问题，争论十分激烈。科学家和政治家在辩论：继续向更深的洋底进军值得不值得？大多数人承认，探测大洋底是一项极有理论与实用价值的事业，但花费太大，因此犹豫不决。有人则持反对态度，他们认为，这是白白浪费金钱。美国、法国就有人反对再建造更为先进的深海探测器。但赞成者仍是多数，他们把探测世界大洋底的实践比作是当今的哥伦布发现新大陆，其理由是"那肯定是一个无法想象的神奇世界"；探测这个未知"新大陆"，肯定会改变人类许多传统的观点，并为人类带来巨大的利益。在探测洋底事业中，美国、日本、法国等国的科学家们工作最出色，其中日本投资最大，成就也最显著。日本人总是对新的市场抱有极大的兴趣，他们把世界大洋也看成一个新的市场，所以他们对海洋抱有极大的热情。日本的科学家们发现，太平洋板块构造的边沿，从东向西，在挤压日本陆块。日本的深海探测器可达到 1 万多米深的洋底，研究人

▼海底山峰示意图

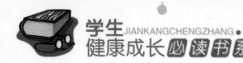
员能从屏幕上看到机器人仅用了 35 分钟就下潜到 10911.4 米的深度。在这个深度，人们发现了一条海蛞蝓、蠕虫和小虾。这再次证明在地球环境最恶劣的地方，也有多种生命形式存在。

1996 年，一个崭新的、革命性的海底探测船在美国加利福尼亚中部的海岸城市蒙特里下水，开始她的处女航。这条深海探测船的名字叫深飞 1 号，它长 4 米，重 1315 千克，外形像一个胖鼓鼓的、有翼的鱼雷。它在水下航行时，很像一只轻捷迅速的飞鸟。与那些正绕着大洋航行，拖着深海探测器的动作迟缓的潜艇相比，深飞 1 号就像一架水中的 F16 战斗机。它能做特技飞行，比如横滚等，还能与快速游动的鲸群赛跑，或垂直跳出水面，驾驶人员可以从舱中看到舱外的一切。它可以在水面上飞行，也可以潜到 1000 米以下做各种科学考察活动。

总之，海洋是 21 世纪的希望。在科技发达的今天，人类应该将目光放在海洋上。当然，只有保护海洋、珍惜海洋以及资源，海洋才乐意做出它的贡献。

认识 Ren Shi 地球上的 Di Qiu Shang De 四大洋 >>>

地球上的陆地广布四方、彼此隔开。而海水则是四通八达、连成一体，这一接连不断的水体便构成了世界海洋。世界海洋是以大洋为主体，与围绕它所附属的大海共同组成。全世界共有四大洋：太平洋、大西洋、印度洋和北冰洋。主要的大海共有 54 个之多，如地中海、加勒比海、波罗的海、红海、南海等等。现在，就让我们对世界的四大洋作一番巡视吧！

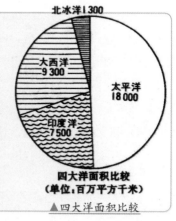

▲四大洋面积比较

太平洋

太平洋是世界海洋中面积最阔、深度最大、边缘海和岛屿最多的大洋。据较多资料介绍，最早是由西班牙探险家巴斯科发现并命名的，"太平"一词即"和平"之意。16 世纪，西班牙航海学家麦哲伦从大西洋经麦哲伦海峡进入太平洋

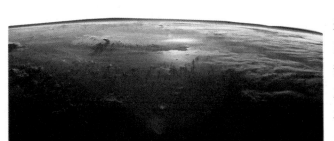

▲从太空看太平洋

并到达菲律宾。航行其间，天气晴朗，风平浪静，于是也把这一海域不约而同地取名为"太平洋"。太平洋位于亚洲、大洋洲、美洲和南极洲之间，北端的白令海海峡与北冰洋相连，南至南极洲，并与大西洋和印度洋连成环绕南极大陆的水域。太平洋南北的最大长度约15900千米，东西最大宽度约为109900千米。总面积17868万平方千米，占地球表面积的三分之一，是世界海洋面积的二分之一。平均深度3957米，最大深度11034米。全世界有6条万米以上的海沟全部集中在太平洋。太平洋海水容量为70710万立方千米，居世界大洋之首。太平洋中蕴藏着非常丰富的资源，尤其是渔业水产和矿产资源，其捕获量以及多金属结核的储量和品位均居世界各大洋之首。

大西洋

大西洋是世界第二大洋。位于南、北美洲和欧洲、非洲、南极洲之间，呈南北走向，似"s"形的洋带。南北长大约1.5万千米，东西窄，其最大宽度为2800千米。总面积约为9166万平方千米，比太平洋面积的一半稍多一点。平均深度3626米，最深处达9219米，位于波多黎各海沟处。海洋资源丰富，盛产鱼类，捕获量约占世界的五分之一以上。大西洋的海运特别发达，东、西分别经苏伊士运河和巴拿马运河沟通印度洋和太平洋，其货运量约占世界货运总量的三分之二以上。

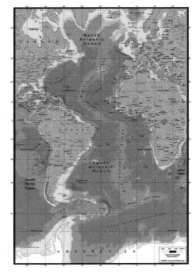

▲大西洋

印度洋

印度洋是世界第三大洋。位于亚洲、大洋洲、非洲和南极洲之间。面积约为7617万平方千米，平均深度3397米，最大深度的爪哇海沟达7450米。洋底中部有大致呈南北向的海岭。大部分处于热带，水面平均温度20~27℃。其边缘海红海是世界上含盐量最高的海域。

海洋资源以石油最丰富，波斯湾是世界海底石油最大的产区。印度洋是世界最早的航海中心，其航道是世界上最早被发现和开发的，是连接非洲、亚洲和大洋洲的重要通道。海洋货运量约占世界的10%以上，其中石油运输居于首位。

北冰洋

北冰洋位于地球的最北面，大致以北极为中心，介于亚洲、欧洲和北美洲北岸之间，是四大洋中面积和体积最小、深度最浅的大洋。面积约为1479万平方千米，仅占世界大洋面积3.6%；体积1698万立方千米，仅占世界大洋体积的1.2%；平均深度1300米，仅为世界大洋平均深度的三分之一，最大深度也只有5449米。北冰洋又是四大洋中温度最低的寒带洋，终年积雪，千里冰封，覆盖于洋面的坚实冰层足有3～4米厚。每当这里的海水向南流进大西洋时，随时随处可见一簇簇巨大的冰山随波飘浮，逐流而去，就像是一些可怕的庞然大物，给人类的航运事业带来了一定的威胁。而且，北冰洋还

▼壮丽的北冰洋

有两大奇观。第一大奇观就是，那里一年中几乎一半的时间，连续暗无天日，恰如漫漫长夜难见阳光；而另一半日子，则多为阳光普照，只有白昼而无黑夜。由于这样，北冰洋上的一昼一夜，仿佛是一天而不是一年。此外，置身大洋中，常常可见北极天空的极光现象，飘忽不定、变幻无穷、五彩缤纷，甚是艳丽。这是北冰洋第二大奇观。

第二章 揭开地球神秘面纱

追溯了地球的历史，揭示了宇宙的奥秘，绘制了山川河流，寻觅了洞穴奇观，穿越了戈壁沙漠，勘测了地下河流。从森林而来，往海洋而去。这不仅是一个奇趣变幻、具有无限魅力的科学世界，更是一个广阔的知识海洋，又蕴藏着无穷的宝藏。

洋流
YangLiu

洋流又称海流，指海洋中除了由引潮力引起的潮汐运动外，海水沿一定途径的大规模流动。引起海流运动的因素可以是风，也可以是热盐效应造成的海水密度分布的不均匀性。前者表现为作用于海面的风应力，后者表现为海水中的水平压强梯度力。加上地转偏向力的作用，便造成海水既有水平流动，又有铅直流动。由于海岸和海底的阻挡和摩擦作用，海流在近海岸和接近海底处的表现和在开阔海洋上有很大的差别。

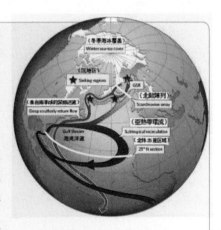

▲洋流示意图

洋流可以分为暖流和寒流。若洋流的水温比到达海区的水温高，则称为暖流；若洋流的水温比到达海区的水温低，则称为寒流。一般由低纬度流向高纬度的洋流为暖流，由高纬度流向低纬度的洋流为寒流。洋流还可以按成因分为风海流、密度流和补偿流。盛行风吹拂海面，推动海水随风漂流，并且使上层海水带动下层海水流动，形成规模很大的洋流，叫做风海流。

世界大洋表层的海洋系统，按其成因来说，大多属于风海流。

▼世界洋流分布

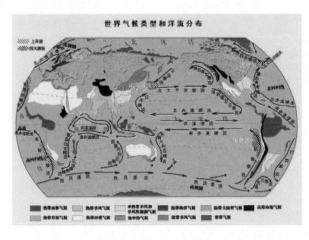

不同海域海水温度和盐度的不同会使海水密度产生差异，从而引起海水水位的差异。在海水密度不同的两个海域之间便产生了海面的倾斜，造成海水的流动，这样形成的洋流称为密度流。

▲洋流影响气候

当某一海区的海水减少时，相邻海区的海水便来补充，这样形成的洋流称为补偿流。补偿流既可以水平流动，也可以垂直流动。垂直补偿流又可以分为上升流和下降流，如秘鲁寒流属于上升补偿流。

综上所述，产生洋流的主要原因是风力和海水密度差异。实际发生的洋流总是多种因素综合作用的结果。

板块
Ban Kuai >>>

板块是板块构造学说所提出来的概念。板块构造学说认为，岩石圈并非整体一块，而是分裂成许多块，这些大块岩石称为板块。板块之中还有次一级的小板块。

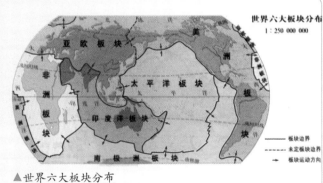

世界六大板块分布
1 : 250 000 000

——— 板块边界
------- 未定板块边界
→ 板块运动方向

▲世界六大板块分布

板块构造学说

板块构造学说是在大陆漂移学说和海底扩张学说的基础上提出的。1910年，德国气象学家魏格纳（Alfred Lothar Wegener,1880~1930）偶然发现大西洋两岸的轮廓极为相似。此后经研究、推断，他在 1912 年发表《大陆的生成》，1915年发表《海陆的起源》，提出了大陆漂移学说。该学说认为在古生代后期（约三亿年前）地球上存在一个"泛大陆"，相应地也存在一个"泛大洋"。后来，在地球自转离心力和天体引潮力作用下，泛大陆的花岗岩层分离并在分布于整个地壳中的玄武岩层之上发生漂移，逐渐形成了现代的海陆分布。

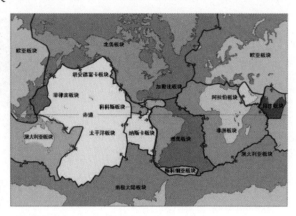

▲ 板块构造

该学说成功解释了许多地理现象，如大西洋两岸的轮廓问题；非洲与南美洲发现相同的古生物化石及现代生物的亲缘问题；南极洲、非洲、澳大利亚发现相同的冰碛物；南极洲发现温暖条件下形成的煤层等等。但它有一个致命弱点：动力。根据魏格纳的说法，当时的物理学家立刻开始计算，利用大陆的体积、密度计算陆地的质量。再根据硅铝质岩石（花岗岩层）与硅镁质岩石（玄武岩层）摩擦力的状况，算出要让大陆运动，需要多么大的力量。物理学家发现，日月引力和潮汐力实在是太小了，根本无法推动广袤的大陆。因此，大陆漂移学说在兴盛了十几年后就逐渐销声匿迹了。

上世纪五十年代，海洋探测的发展证实海底岩层薄而年轻（最多二、三亿年，而陆地有数十亿年的岩石），另有 1956 年开始的海底磁化强度测量发现，大洋中脊两侧的地磁异常是对称的。据此，美国学者赫斯（H.H.Hess）提出海底扩张学说，认为地幔软流层物质的对流上升使海岭地区形成新岩石，并推动整个海底向两侧扩张，最后在海沟地区俯冲沉入大陆地壳下方。

正是海底扩张学说的动力支持，加上新的证据（古地磁研究等）支持大陆确实很可能发生过漂移，从而使复活的大陆漂移学说（板块构造学说也称新大陆漂移学说）开始形成。

全球所有板块都在移动，板块运动通常指一个板块相对于另一板块的相对运动。即符合欧勒定律，就是岩石圈板块作为统计均匀的物体在球面（即地球地面）绕一个极点发生转动（见转动极），其运动轨迹为小圆。板块构造学认为岩石圈与软流圈在物性上有明显的差别。软流圈相当于上地幔中的低速层，该层圈中地震横波波速降低、介质品质因素 Q 值亦明显降低，但导电率却显著升高。这些都表明软流圈物质可能较热、较软、较轻，具有一定的塑性，是上覆岩石圈板块发生水平方向上的大规模运动的基本前提。

引起板块运动的机制是未解决的难题。一般认为板块运动的驱动力来自地球内部，可能是地幔中的物质对流。新生的洋壳不断离开洋中脊向两侧扩张，在海沟处大部分洋壳变冷而致密，沿板块俯冲带潜没于地幔之中。

板块的移动

随着软流层的运动，各个板块也会发生相应的水平运动。据地质学家估计，大板块每年可以移动 1~6 厘米距离。

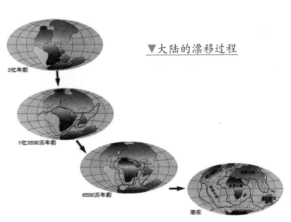

▼大陆的漂移过程

这个速度虽然很小，但经过亿万年后，地球的海陆面貌就会发生巨大的变化。当两个板块逐渐分离时，在分离处即可出现新的凹地和海洋，大西洋和东非大裂谷就是在两块大板块发生分离时形成的。当两个大板块相互靠拢并发生碰撞时，就会在碰撞合拢的地方挤压出高大险峻的山脉。位于我国西南边疆的喜马拉雅山，就是三千多万年前由南面的印度板块和北面的亚欧板块发生碰撞挤压而形成的。有时还会出现另一种情况：当两个坚硬的板块发生碰撞时，接触部分的岩层还没来得及发生弯曲变形，其中有一个板块已经深深地插入另一个板块的底部。由于碰撞的力量很大，插入部位很深，以至把原来板块上的老岩层一直带到高温地幔中，最后被熔化了。而在板块向地壳深处插入的部位，即形成了很深的海沟。西太平洋海底的一些大海沟就是这样形成的。

板块运动

根据板块学说，大洋也有生有灭，它可以从无到有，从小到大；也可以从大到小，从小到无。大洋的发展可分为胚胎期（如东非大裂谷）、幼年期（如

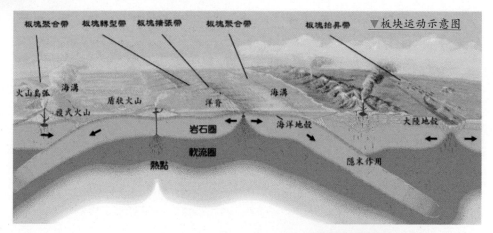

板块聚合带　板块转型带　板块挤张带　　板块聚合带　　　板块抬升带　▼板块运动示意图

火山岛弧　海沟　盾状火山　洋脊　海沟
复式火山　　　　　　　　海洋地壳　大陆地壳
岩石圈
软流圈　　　　隐末作用
热点

红海和亚丁湾）、成年期（如目前的大西洋）、衰退期（如太平洋）与终了期（如地中海）。大洋的发展与大陆的分合是相辅相成的。在前寒武纪时，地球上存在一块泛大陆。以后经过分合过程，到中生代早期，泛大陆再次分裂为南北两大古陆，北为劳亚古陆，南为冈瓦那古陆。到三叠纪末，这两个

▲板块运动

古陆进一步分离、漂移，相距越来越远，其间由最初一个狭窄的海峡，逐渐发展成现代的印度洋、大西洋等巨大的海洋。到新生代，由于印度已经北漂到亚欧大陆的南缘，两者发生碰撞，青藏高原隆起，造成宏大的喜马拉雅山系，古地中海东部完全消失；非洲继续向北推进，古地中海西部逐渐缩小到现在的规模；欧洲南部被挤压成阿尔卑斯山系；南、北美洲在向西漂移过程中，它们的前缘受到太平洋地壳的挤压，隆起为科迪勒拉——安第斯山系，同时两个美洲在巴拿马地峡处复又相接；澳大利亚大陆脱离南极洲，向东北漂移到现在的位置。于是海陆的基本轮廓发展成现在的规模。

地球 *Di Qiu* 上 *Shang* 的冰期 >>>

冰期是指地球表面覆盖有大规模冰川的地质时期，又称为冰川时期。两次冰期之间为相对温暖时期，称为间冰期。地球历史上曾发生过多次冰期，最近一次是第四纪冰期。

地球在 40 多亿年的历史中，曾出现过多次显著降温变冷，形成冰期。特别是在前寒武

▲冰川

纪晚期、石炭纪至二叠纪和新生代的冰期都是持续时间很长的地质事件，通常称为大冰期。大冰期的时间尺度达 107~108 年。大冰期内又有多次大幅度的气候冷暖交替和冰盖规模的扩展或退缩时期，这种扩展和退缩时期即为冰期和间冰期。其时间尺度一般为 105 年，有人曾主张把这个时间尺度的冰期称为亚冰期，以对应于大冰期。

具有强烈冰川作用的地质时期，又称冰川期。冰期有广义和狭义之分，广义的冰期又称大冰期，狭义的冰期是指比大冰期低一层次的冰期。大冰期是指地球上气候寒冷，极地冰盖增厚、广布，中、低纬度地区有时也有强烈冰川作用的地质时期。大冰期、冰期和间冰期都是依据气候划分的地质时间单位。大冰期的持续时间相当地质年代单位的世或大于世，两个大冰期之间的时间间隔可以是几个纪，有人根据统计资料认为，大冰期的出现有 1.5 亿年的周期。冰期。间冰期的持

▼冰川

续时间相当于地质年代单位的期。

冰川活动过的地区，所遗留下来的冰碛物是冰川研究的主要对象。第四纪冰期冰碛层保存最完整，分布最广，研究也最详尽。在第四纪内，依冰川覆盖面积的变化，可划分为几个冰期和间冰期，冰盖地区分别约占陆地表面积的30%和10%。但各大陆冰期的冰川发育程度有很大差别，如欧洲大陆冰盖曾达北纬48°，而亚洲只达到北纬60°。由于气候变化随地区的差异和研究方法的不同，各地冰期的划分有所不同。1909年，德国的A.彭克和E.布吕克纳研究阿尔卑斯山区第四纪冰川沉积，划分和命名了4个冰期和3个间冰期。

大冰期的成因，有各种不同说法，但许多研究者认为可能与太阳系在银河系的运行周期有关。有的认为太阳运行到近银心点区段时的光度最小，使行星变冷而形成地球上的大冰期；有的认为银河系中物质分布不均，太阳通过星际物质密度较大的地段时，降低了太阳的辐射能量而形成地球上的大冰期。

"冰川是气候的产物"，这是冰川学界的流行说法。那么，气候又是什么的产物呢？笔者的说法是"气候变化是地球系统的变化在大气圈中的反映"。冰冻圈是地球系

▲茫茫冰川

统的一部分，所以人们可以说"气候的一部分是冰川的产物"。当然，气候的主要部分应该是地圈（包括壳、幔、核）的产物，因为地圈占地球系统总质量的99.9%。冰川与气候的关系紧密，它们同时受地圈变化的制约，人们甚至可以说"冰川和气候同是地圈变化的产物"。地圈的变化又受宇宙因素的制约，笔者经过长期研究，提出如下观点：宇宙磁场与地核磁流体的电磁耦合作用，可能是地球表层各系统变化的根本原因，也是冰川与气候变化的根本原因。

冰期时期最重要的标志是全球性大幅度气温变冷，在中、高纬（包括极地）及高山区广泛形成大面积的冰盖和山岳冰川。由于水分由海洋向冰盖区转移，大陆冰盖不断扩大增厚，引起海平面大幅度下降。所以，冰期盛行时的气候表现为干冷。冰盖的存在和海陆形势变化，导致气候带也相应移动，大气环流和洋流都发生变化，这均直接影响动植物生长、演化和分布。

▲冰川

第四纪冰期以后，距今约1万年以来的时期叫冰后期。此期气候仍有过多次低量级的冷暖波动，如距今4000～6000年期间曾出现的较明显的寒冷期，使全球冰川一度扩展前进，被称为新冰期。最近一次较明显的小规模的冰川推进出现在13～14世纪至20世纪初（有的文献主要指16～19世纪），约在18世纪中期至19世纪中期达到最盛，统称为小冰期。

新生代以前的大冰期因时代古老，可辨认的冰川遗迹零散残缺，研究程度也较差，多依据地层中所含带冰川擦痕的混碛岩、页岩中的燧石结核和带冰川擦痕的基岩底盘等。新生代大冰期的冰川遗迹保存普遍、较为完整，尤以晚新生代冰期的研究较为深入，如沉积连续性好的深海沉积岩芯、黄土等，能较完整地记录全球气候和环境的变化。20世纪70年代以来，各国学者用氧同位素分析、放射性年代测定及古地磁等方法力图恢复和重建晚新生代的全球气候变化和沉积环境，作为划分冰期的重要依据。此外，包含海洋生物、哺乳动物、植物孢粉化石的生物地层学、地貌分析、沉积岩石学以及古土壤等方法也常作为研究晚新生代环境和冰期划分的依据。

冰期对全球的影响是显著的。①大面积冰盖的存在改变了地表水体的分布。晚新生代大冰期时，水圈水分大量聚集于陆地而使全球海平面大约下降了100米。如果现今地表冰体全部融化，则全球海平面将会上升80～90米，世界上众多大城市和低地将被淹没。②冰期时的大冰盖厚达数千米，使地壳的局部承受着巨大压力而缓慢下降。有的被压降100～200米，南极大陆的基底就被降于海平面以下。北欧随着第四纪冰盖的消失，地壳则缓

▼寒冷冰川

▲冰川

慢在上升。这种地壳均衡运动至今仍在继续着。③冰期改变了全球气候带的分布，大量喜暖性动植物种灭绝。

对于冰期的成因，学者们提出过种种解释，但至今没有得到满意的答案。归纳起来，主要有天文学和地球物理学成因说。天文学成因说主要考虑太阳、其他行星与地球间的相互关系。①太阳光度的周期变化影响地球的气候。太阳光度处于弱变化时，辐射量减少，地球变冷，乃至出现冰期气候。米兰科维奇认为，下半年太阳辐射量的减少是导致冰期发生的可能因素。②地球黄赤交角的周期变化导致气温的变化。黄赤交角指黄道与天赤道的交角，它的变化主要受行星摄动的影响。当黄赤交角大时，冬夏差别增大，年平均日射率最小，使低纬地区处于寒冷时期，有利于冰川生成。

地球物理学成因说影响因素较多，有大气物理方面的，也有地理地质方面的。①大气透明度的影响。频繁的火山活动等使大气层饱含着火山灰，透明度低，减少了太阳辐射量，导致地球变冷。②构造运动的影响。构造运动造成陆地升降、陆块位移、两极移动，改变了海陆分布和环流形式，可使地球变冷。云量、蒸发和冰雪反射的反馈作用，进一步使地球变冷，促使冰期来临。③大气中CO_2的屏蔽作用。CO_2能阻止或减低地表热量的损失。如果大气中CO_2含量增加到今天的$2\sim3$倍，则极地气温将上升$8\sim9℃$；如果今日大气中的CO_2含量减少$55\sim60\%$，则中纬地带气温将下降$4\sim5℃$。在地质时期火山活动和生物活动使大气圈中CO_2含量有很大变化，当CO_2屏蔽作用减少到一定程度时，则可能出现冰期。

▼冰川

Di Qiu De 聚宝盆
地球的 *Ju Bao Pen* ——盆地 >>>

盆地，四周高、中部低的盆状地形称为盆地。地球上最大的盆地在东非大陆中部，叫刚果盆地或扎伊尔盆地，面积约相当于加拿大的1/3。这是非洲重要的农业区，盆地边缘有着丰富的矿产资源。中国有五个十分有名的盆地，分别为四川、塔里木、吐鲁番、准噶尔、柴达木等盆地，面积都在10万平方千米以上。

🌀 盆地基本概况

▲ 盆地卫星图

盆地，顾名思义，就像一个放在地上的大盆子。所以，人们就把四周高（山地或高原）、中部低（平原或丘陵）的盆状地形称为盆地。

特征为盆地四周地形的水平高度要比盆地自身高，在中间形成一个低地，常为一地形（平原、高原）。被山所围绕也是盆地，因此是盆地是地形分支的一种。

盆地主要有两种类型。一种是地壳构造运动形成的盆地，称为构造盆地，如我国新疆的吐鲁番盆地、江汉平原盆地。另一种是由冰川、流水、

▼ 盆地风光

风和岩溶侵蚀形成的盆地，称为侵蚀盆地，如我国云南西双版纳的景洪盆地，主要由澜沧江及其支流侵蚀扩展而成。

盆地形成原因

盆地主要是由于地壳运动形成的。在地壳运动作用下，地下的岩层受到挤压或拉伸，变得弯曲或产生了断裂，就会使有些部分的岩石隆起，有些部分下降。如下降的那部分被隆起的那些部分包围，盆地的雏形就形成了。

许多盆地在形成以后还曾经被海水或湖水淹没过，像四川盆地、塔里木盆地、准噶尔盆地等，都遭遇了这样的经历。后来，随着地壳的不断抬升，加上泥沙的淤积，盆地内部的海、湖慢慢地退却干涸，只剩下一些河水或小溪了。但是，那些曾经存在过的海、湖河流中曾经生活过的大量生物死亡以后，被埋入淤泥中，就会形成石

▲四川盆地

油、煤炭的物质基础，这就是科学家们非常关注盆地研究的重要原因。盆地中的岩石沉积大多相对比较完整而连续，生活在那里的动物、植物死后也比较容易保存成化石，所以盆地也是古生物学家们寻找化石的好去处。

还有一些盆地，主要是由地表外力，比如风力、雨水等破坏作用而形成的。河流沿着地表岩石比较软弱的地方向下侵蚀、切割形成各种不同大小的河谷盆地。在我国西北部广大干旱地区，风力特别强，把地表的沙石吹走以后，形成了碟状的风蚀盆地。甘肃、内蒙古和新疆等地区的一些盆地就是这样形成的。

▼柴达木盆地

另外，在一些地下有石灰岩发育的地区，常年流动的地下水会使那里的岩石溶解，引起地表的岩石塌陷，也会形成盆地。地质学家们把这类成因的盆地称为岩溶盆地。我国西南云贵高原和广西等地就有很多这种类型的盆地。

在强烈的挤压或拉伸作用下，一些大型盆地的基底会发生断裂，形成一些"断陷盆地"。在我国华北渤海湾、西南地区的横断山区等地壳活动剧烈的地区，这类盆地多见。

沉积盆地在发展过程中经常受到地壳构造活动的影响，这种活动性可以被盆地不断接受的沉积物记录下来。通过对这些沉积物的地质和地球化学研究，人们能够描述、反演出这些地域中诸如气候变化、海平面变化、对气候有重大影响的温室气体与大气圈发生交换作用、以及由构造活动决定的地形变化等地球演化历史过程。

石油和天然气的形成和富集成藏也与构造运动有十分密切的关系。油气通常形成并赋存在沉积岩中，相对独立、连片分布的沉积岩往往被油气勘探者称为"含油气盆地"。这种含油气盆地的形成与分布是构造运动的必然产物。我国已故地质学家黄汲清早就指出："找油的一个前提是按地质构造特点进行构造分区，然后按构造单元讨论生油、储油和含油气远景。"石油和天然气作为地壳中流体的部分，其形成、运移和保存受控于地质体的发展变化。大地构造、构造地质等基础科学对地质体的构成和演化认识越深刻，油气地质的特殊性也越容易被掌握。

▼盆地风光

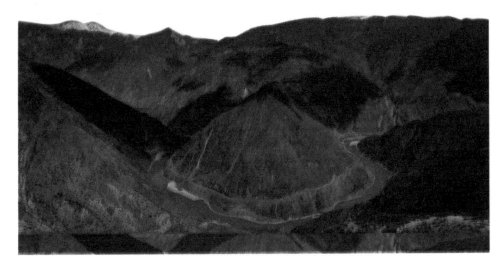

中国 *Zhong Guo* 五大 *Wu Da* 盆地 >>>

中国有五个十分有名的盆地，分别为四川、塔里木、吐鲁番、准噶尔、柴达木等盆地，面积都在10万平方千米以上。塔里木盆地、准噶尔盆地、柴达木盆地和四川盆地又被称为"中国四大盆地"。

▲塔里木盆地卫星图

塔里木盆地

位于新疆省南部的塔里木盆地，是中国最大的盆地。"塔里木盆地"为维吾尔语的汉译名，意为"无缰之马"的大盆地。盆地西起帕米尔高原，东至甘肃、新疆边境，东西长约1600公里左右，南北最宽处约为600公里左右，面积约为53万多平方公里，平均海拔约1000米，约占新疆总面积的二分之一。较四川盆地大2.6倍，较北疆准噶尔盆地大1.4倍，较吐鲁番盆地大10多倍，是我国最大的内陆盆地。

塔里木盆地深居欧亚大陆腹地，四周高山海拔均在4000～6000米，距海遥远、气候干旱少雨，昼夜温差和季节变化很大，是典型的大陆性荒漠气候。冬季寒冷，夏季炎热，元月份平均温度在零下10℃，7月份均温到25℃，同一地方冬夏温差可达50℃~60℃，昼夜温差达15℃~20℃之间。每当春夏和秋冬之交，早晚寒冷，常常

▼塔里木风光

要穿棉衣；而中午气温却很高，穿着单衣还热。所以人们用"早穿皮袄午穿纱，怀抱火炉吃西瓜"来形容这里的气候特点。盆地的降雨量除西部相对稍多以外，大部分地区年降雨量都在50毫米以下，东部地区只有10毫米左右，有的地方甚至终年滴雨不降。

从盆地边缘到中心，依次出现戈壁滩、冲积扇平原和沙丘地区，整个盆地呈环状结构。河

▲塔里木盆地风景

流从周围高山流下所造成的冲积平原，一般都是绿洲。大的绿洲有喀什、莎东、和田、阿克苏和库车等。绿洲内农业发达，水渠纵横，田连阡陌，绿树成荫，盛产小麦、玉米、水稻、棉花和瓜果。这里是我国粮食、长绒棉和蚕丝的重要产区。盆地中部是我国最大的塔克拉玛干大沙漠，面积约33.4万平方公里，也是世界上著名的大沙漠。由于沙漠面积大，又极端缺水，在旧社会很少有人能进入沙漠的中心地区，故将这个大沙漠命名为"塔克拉玛干"，维吾尔语意为进去出不来。盆地东部有著名的游移湖泊——罗布泊。还有许多条内陆河，水源不是靠天雨，主要靠高山融化的雪水来补给。

塔里木盆地内主要居住的是维吾尔族人。在旧社会由于交通不便等多种原因，这里处于自然封闭状态，很少有人前来。解放后，随着社会的进步，科学的发展，人民相互间的交往加速，来的人日渐增多。特别是人民政府多次派科学考察队到此考查自然情况和资源，已发现这里不仅矿产资源丰富，有多种有色金属与石油，还有大量的盐盆地矿等。随着中国建设的发展，这些宝贵的资源都将得到合理开发和利用。

准噶尔盆地

准噶尔盆地位于天山以北，天山与阿尔泰山之间，西北、东北和南面均为高山所包围，呈一个不等边的三角形，面积约38万平方公里，是中国第二大盆地。盆地地势由东向西微微倾斜，东端海拔高度可达千米，而西部的湖沼洼地已下降到200～400米。艾比湖水面高程仅189米，是盆地最低部位。

准噶尔盆地的地形结构与塔里木盆地相似，但四周的山岭有许多缺口，所以盆地形状不如塔里木完整。盆地东西两端较为开展，成为中国通往中亚的孔道。盆地的平均海拔约为 500 米，向东地势渐高，与内蒙古高原相连接。盆地内部景色较为复杂，有草原、沙漠、盐湖、沼泽。其中沙漠仅限于中部及东部，即玛纳斯河以东，统称为古尔班通古特沙漠，这里气候干燥，沙丘比较小，高度也较低。玛纳斯河以西，降水量较多，大部分为草原和沼泽地带。盆地西部有高达2000 米的山岭，但是有几个缺口，西北风吹入盆地内，因而冬季气候寒冷。

▲准噶尔盆地

准噶尔盆地有着丰富的石油、煤和各种金属矿藏。盆地西部的克拉玛依是中国较大的油田之一。北部阿尔泰山区自古以来以盛产黄金著名。准噶尔盆地的绿洲较少，主要分布在天山北侧。盆地东缘因没有高大山脉为绿洲的发育提供水源，所以基本上没有什么绿洲。

柴达木盆地

柴达木盆地是青藏高原上陷落最深的一个巨大盆地，略呈一不等边的三角形。位于青海省阿尔金山、祁连山、昆仑山间，东西长 800 公里，南北最宽处350 公里，面积约 22 万平方公里，由许多小型的山间盆地所组成。盆地西高东低，海拔 2,500～3,000 米，比塔里木盆地高 2～3 倍，是一个高原型盆地。从盆地边缘至中心依次为戈壁、丘陵、平原、湖泊。

"柴达木"蒙古语即"盐泽"的意思。两三亿年前这里还是一个大湖，后来

▼柴达木盆地

盆地西部上升，湖面逐渐缩小，留下 5,000 多个咸水湖。位于盆地中央的察尔汗盐池是中国最大的盐湖，面积约 1,600 平方公里，储盐量达 250 亿吨，可供全国人民食用 8000 年之久。盐湖表面结成大面积坚硬深厚的盐盖，最厚处达 15 米。贯穿盆地南北的公路，有 31 公里长的路面就是建筑在察尔汗盐湖的盐盖上。这里的不少房屋也是用盐块砌成的。盆地上还有五光十色的盐结晶，其中水晶盐块可以雕刻成各种艺术品。柴达木不仅是盐的世界，而且还具有丰富的石油、石棉以及各种金属矿藏，曾被人们誉为"聚宝盆"。如今，这个沉睡千年的"聚宝盆"，正在建设成为中国西北的重要工业基地之一，其东部和东南部已成为新垦农业区。

四川盆地

四川盆地与上述 3 个盆地的自然景色迥然不同。这里江水滔滔终年不息，葱郁的山林、翠绿的田野衬托着紫红色的土壤，红绿相映成趣，使这个被誉为"天府之国"的盆地显得分外妖娆。

四川盆地属丘陵状盆地，面积约 20 万平方公里。不但形式完整，而且是一个标准的构造盆地。四周邛崃山、龙门山、大巴山、巫山及大娄山环绕，海拔 1000～3000

▲四川盆地

米，多紫红色砂页岩，故有"紫色盆地"、"红色盆地"之称。大约距今 1.35 亿年前，四川盆地还是一个内陆大湖。后因地壳运动，周围上升为山地，东缘的巫山地形较低，湖水从巫山溢出，湖底逐渐干涸成为盆地。在地壳水平运动的作用下，盆地山脉都成西南——东北方向排列，以川东一带地势最高，华蓥山最高峰海拔约 1800 米，成为盆地中的最高点。盆地中部丘陵和缓起伏，面积几乎占盆地一半以上，形成一个丘陵性盆地。

四川盆地除了成都平原的冲积土以

▼美丽的四川盆地

外，在广大丘陵地区，满山遍野都是一片紫红色的土壤。这种土壤是从紫红色的砂页岩风化而来的，含有植物所需要的磷、钾等矿物养料，是中国南方最肥沃的土壤之一。但因这种土壤质地比较疏松，而盆地中的降水又十分丰沛，再加上多丘陵地形，在缺乏植被保护的地方，容易造成水土流失。长期以来，四川人民为了保持水土修筑了许多梯田。

▲四川盆地风光

四川盆地由于经历过由陆地到海盆、由海盆到湖盆、然后又由湖盆转变成为陆盆的历史，所以在盆地中沉积了丰富的煤、铁、盐、天然气和石油等矿藏。再加上盆地内温暖湿润的气候，精耕细作的肥沃土壤，使得被誉为"天府之国"的四川盆地不仅是中国重要的稻、麦、玉米等粮食丰产区，还盛产甘蔗、棉花、蚕丝、茶叶、油菜、药材和水果。新中国成立后，这里的钢铁、机器制造、化工等重工业和许多轻工业也得到了迅速发展。如今，四川盆地正在建设成为中国内地一个重要的现代化的工农业生产基地。

地球 Di Qiu 的 De "净化器"——沼泽 >>>

沼泽是指地表过湿或有薄层，常年或季节性积水，土壤水分已达饱和，生长有喜湿性和喜水性沼生植物的地段。

▼沼泽

广义的沼泽泛指一切湿地；狭义的沼泽则强调泥炭的大量存在。中国的沼泽主要分布在东北三江平原和青藏高原等地，俄罗斯的西伯利亚地区有大面积的沼泽，欧洲和北美洲北部也有分布。地球上最大的泥炭沼泽区

▲沼泽

在西伯利亚西部低地，它南北宽800公里，东西长1800公里，这个沼泽区堆积了地球全部泥炭的40％。

沼泽由于水多，致使沼泽地土壤缺氧。在厌氧条件下，有机物分解缓慢，只呈半分解状态，故多有泥炭的形成和积累。又由于泥炭吸水性强，致使土壤更加缺氧，物质分解过程更缓慢，养分也更少。因此，许多沼泽植物的地下部分都不发达，其根系常露出地表，以适应缺氧环境。沼生植物有发达的通气组织，有不定根和特殊的繁殖能力。沼泽植被主要由莎草科、禾本科及藓类和少数木本植物组成。沼泽地是纤维植物、药用植物、蜜源植物的天然宝库，是珍贵鸟类、鱼类栖息、繁殖和育肥的良好场所。沼泽具有湿润气候、净化环境的功能。

沼泽的类型

在高纬度地区，典型的沼泽常呈现一定的发育过程：随着泥炭的逐渐积累，基质中的矿质营养由多而少，而地表形态却由低洼而趋向隆起，植物也相应发生改变。沼泽发育过程由低级到高级阶段，因此有富养沼泽（低位沼泽）、中养沼泽（中位沼泽）和贫养沼泽（高位沼泽）之分。其中，低位沼泽、中位沼泽、高位沼泽是根据沼泽土壤中水的来源划分的。

富养沼泽（低位沼泽）：是沼泽发育的最初阶段。沼泽表面低洼，经常成为地表径流和地下水汇集的所在。水源补给主要是地下水，随着水流带来大量矿物

▼大沼泽

▲林中的沼泽

质，营养较为丰富，灰分含量较高。水和泥炭的 pH 值呈酸性至中性，有的受土壤底部基岩影响呈碱性。如中国川西北若尔盖沼泽的泥炭呈碱性反应，就是因为该区基岩多为灰质页岩与灰岩夹层，pH 值多在 8 左右。富养沼泽中的植物主要是苔草、芦苇、嵩草、木贼、桤木、柳、桦、落叶松、落羽松、水松等等。

贫养沼泽（高位沼泽）：往往是沼泽发育的最后阶段。随着沼泽的发展，泥炭藓增长，泥炭层增厚，沼泽中部隆起，高于周围，故称为高位沼泽或隆起沼泽。水源补给仅靠大气降水，水和泥炭呈强酸性，pH 值为 3～4.5。灰分含量低，营养贫乏，故名。沼泽植物主要是苔藓植物和小灌木杜香、越橘以及草本植物棉花莎草，尤其以泥炭藓为优势，形成高大藓丘，所以贫养沼泽又称泥炭藓沼泽。

中养沼泽（中位沼泽）：属于上述两者之间的过渡类型，由雨水与地表水混合补给，营养状态中等。有富养沼泽植物，也有贫养沼泽植物。苔藓植物较多，但尚未形成藓丘，地表形态平坦，称为中位沼泽或过渡沼泽。由于沼泽地的土壤有泥炭土与潜育土之分，沼泽可分为泥炭沼泽和潜育沼泽两大类。另外，按植被生长情况，可以将沼泽分为草本沼泽、泥炭藓沼泽和木本沼泽。木本沼泽即中位沼泽：主要分布于温带，植被以木本中养分植物为主，有乔木沼泽和灌木沼泽之分，优势植物有杜香属、桦木属和柳属。草本沼泽：典型的低位沼泽，类型多，分布广，常年积水或土壤透湿，以苔草及禾本科植物占优势，几乎全为多年生植物，很多植物具根状茎，常交织成厚的草根层或浮毡层，如芦苇和一些苔

▼沼泽地带

草沼泽，优势植物有苔草，其次有芦苇、香蒲。泥炭藓沼泽即高位沼泽，主要分布在北方针叶林带，由于多水、寒冷和贫营养的环境，泥炭藓成为优势植物，还有少数的草本、矮小灌木及乔木能生活在泥炭藓沼泽中，例如羊胡子草、越橘、落叶松等，优势植物是泥炭藓属。

沼泽的分布

全世界沼泽（按泥炭层30厘米计）面积约5亿公顷，占陆地总面积的3.35%。沼泽在世界上的分布，北半球多于南半球，而且多分布在北半球的欧亚大陆和北美洲的亚北极带、寒带和温带地区。南半球沼泽面积小，主要分布在热带和部分温带地区。

欧亚大陆沼泽分布有明显的规律性。因受气候的影响，在温凉湿润的泰加林地带沼泽类型多，面积大；第四纪冰川分布区，沼泽分布尤为广泛，而且以贫养沼泽为主，泥炭藓形

▲森林沼泽

成高大藓丘。泰加林带向北向南，沼泽类型减少，多为富养沼泽，泥炭层薄。泰加林带以北的森林冻原和冻原，气候寒冷，为连续永久冻土区。冻原的地表因被冻裂、变形而分割为多边形沼泽。冻原的南半部和森林冻原的北半部有平丘状沼泽。在森林冻原带的南半部有高丘状沼泽，丘的高度可达数米。冻原带的沼泽面积较大，但泥炭层薄、不足0.5米，多为苔草沼泽。泰加林带以南的森林草原和草原地带，气候较干，没有隆起的贫养泥炭藓沼泽，有富养苔草沼泽、芦苇

▼雪山沼泽

▲草地沼泽

沼泽和小面积桤木沼泽。

北美洲寒温带的针叶林带，也有贫养沼泽，自纽约以北至加拿大纽芬兰的南部向西呈楔形延伸到五大湖以西至明尼苏达州。森林带以北的冻原带，有冻结的"丘状沼泽"和"多边形沼泽"。针叶林带以南只有富养沼泽。墨西哥湾和大西洋海滨平原以及密西西比河冲积平原上分布有富养的森林沼泽和高草沼泽。美国弗吉尼亚州东南部至佛罗里达有较多的滨海沼泽，其间北卡罗来纳州东北部到维尔日尼沿海平原上有著名的迪斯默尔沼泽，其中森林茂密，由第三纪残遗植物落羽松组成，泥炭层薄或不明显。在太平洋沿岸，山脉阻挡了潮湿海风，沼泽呈狭带状分布在沿海。从温哥华到阿拉斯加南部有贫养沼泽。阿拉斯加以北，主要是莎草科的藨草和棉花莎草组成的沼泽。北美中部草原地带，气候干旱，沼泽分布极少。热带地区，如印度尼西亚、文莱、沙捞越、马来西亚半岛、东新几内亚、印度、圭亚那、刚果河和亚马孙河流域、菲律宾等地也有相当数量的沼泽分布。有的沼泽中泥炭层也较厚，如在沙捞越和文莱有龙脑香科微白婆罗双为优势种组成的森林沼泽。泥炭可达15米，而且沼泽地表层呈穹状突起。南半球陆地面积小，除热带地区沼泽外，仅在火地岛和新西兰、智利以及安地斯山有沼泽。

沼泽是如何形成的

水分状况是沼泽形成与发展的主要因素。气候和地貌条件直接或间接决定了地表水的数量和分布。年降水量大于蒸发量的地区，空气湿度大，于是在一些平坦的低地上或第四纪冰川作用形成的湖区（如北美、北欧、西欧）和低地或新构造运动缓慢沉降区、冻土区，由于排水不畅，地表可常年处于过湿状态。这种过湿状态改变了土壤通气状况，抑制了土壤中动物和微生物的生命活动能力，破坏了土壤和大气、植物之间的正常物质交换，使得在这种缺氧条件下，土壤中矿物质的潜育化过程和有机物质的泥炭化过程得到发展，因而形成了沼泽。热带地区气温高，植物残体分解快，不利于泥炭的积累。但在雨量多、湿度大、植物的生产量高、常年积水的低洼地也能形成泥炭。因此，水分条件是形成沼泽的首要条件，地貌是形成沼泽的基础。沼泽化过程包括：

1、水体沼泽化一般发生在风浪小的浅水湖泊和流速缓慢的小河中。从丛生植物开始，其形成过程有两种方式：一种方式是植物呈带状从湖岸向湖心侵移，这种沼泽化过程发生在浅水湖或河道中。初期在湖底有藻类和浮游生物的残体与泥沙一起沉积在湖底形成腐泥。腐泥不断加厚使湖泊渐浅，带状分布的高等植物也依次从湖岸向湖心推进。大量的植物残体积聚在湖底，在水下缺氧条件下，形成了泥炭。泥炭一层层增厚，湖水变得更浅，最后整个湖盆变成沼泽。另一种方式是植物呈浮毯状从湖岸向湖水面蔓延，这种情况常发生在风平浪静的陡岸湖泊或流速缓慢的河流。在湖岸或湖底生长着浮水植物，如睡菜、漂筏苔草、毛果苔草等等。其根状茎

▲沼泽

浮于水面，交织成网状，向湖面蔓延增厚，形成"浮毯"。有时"浮毯"被风吹散变成"浮岛"，"浮岛"相接时湖面缩小，残留的水面，称为"湖窗"。"浮毯"底部的植物残体脱落于湖底形成泥炭，泥炭与"浮毯"之间，常有静水层，最后静水层消失，整个湖盆被泥炭填满。

2、森林沼泽化林区的河谷和缓坡山麓或平缓的分水岭，常有潜水以泉或慢流方式渗出，造成地表过湿。其上生长苔草等喜湿植物，随后地面枯枝落叶和草丘拦截并保持大量地面径流，水分下渗，致使钾、氮、钙、镁等元素被淋溶而铅、铁、锰物质在土层下积聚，形成不透水层，造成土壤过湿。植物残体在缺氧

▲草原沼泽

条件下，形成泥炭，发育为沼泽。森林附近的湖泊沼泽化或草甸沼泽化过程扩大了地表积水面积或抬高了林地地下水位，使土壤过湿；在地形平坦的采伐迹地或火烧迹地，由于森林被毁而蒸腾减少，破坏了土壤和水分平衡，造成地表积水，这些都会引起森林沼泽化。

3、草甸沼泽化。关于草甸沼泽化有两种观点：一种认为是植被的天然演替（由禾本科的根状茎植物经过疏丛型植物到密丛型苔草）的必然结果，另一种认为是土壤缺氧条件造成的。地表常年过湿，是草甸形成沼泽的必备条件。由于地表过湿，大量的植物残体得不到充分分解。植物残体和腐殖质阻塞了土壤孔隙，缺氧的土壤条件导致泥炭的形成。禾本科植物逐渐被密丛型苔草所代替，于是出现了沼泽。

沼泽的利用与保护

沼泽既是土地资源，又有宝贵的泥炭和丰富的生物资源，此外它在保持地区生态平衡等方面，也具有一定意义。不能将沼泽看成"荒地"，盲目进行开垦。应根据沼泽类型和分布地区的特点，把合理开发利用与保护结合起来。分布在河源区的大面积沼泽，是水的贮藏体，具有蓄水保水作用，对涵养水源，调节河川径流和河流补给起一定作用。它可以减少一次降雨对河流的补给量、削弱河流洪峰值和延缓洪峰出现时间，还使当年水不至完全流出，延长汇水时间。因此应加以保护。沼泽是天然的大水库，它通过水面蒸发和植物的蒸腾作用，增加大气湿度，调节降雨，有利于森林和农作物生长、促进农、林、牧业的发展，同时对人体健康也有良好作用。因此，开发沼泽必须十分小心，防止因开发破坏地区的生态平衡。

▼沼泽具有蓄水作用

地球 Di Qiu 的 De "线条" ——丘陵 >>>

丘陵是指地球表面形态起伏，绝对高度在500米以内、相对高度不超过200米，由各种岩类组成的坡面组合体。坡度一般较缓，切割破碎，无一定方向。世界上最大的丘陵为哈萨克丘陵。

丘陵的定义

丘陵各地对丘陵的定义不十分一样。相对而言，比较平坦

▲丘陵地带

的地方高度差50米就可以被称为丘陵；而在山地附近，可能在高度差100米到200米以上（也有指海拔在200米以上，500米以下，相对高度一般不超过200米的范围地带）才会被称为丘陵。

结构丘陵的形态和结构相当"偶然"，它没有非常明显的地形构造。这反映了丘陵形成时风化过程的因素。丘陵中的河流很少象山脉那样流向平行。这是因为丘陵的形成原因往往与山脉的形成原因不同。山脉一般是通过地壳运动造成的褶皱和断层，河流一般沿这些断层流行，因此一般与山脉平行。

▼草原丘陵

丘陵一般没有明显的脉络。顶部浑圆，是山地久经侵蚀的产物。习惯上把山地、丘陵和崎岖的高原称为山区。

丘陵在陆地上的分布很广，一般是分布在山地或高原与平原的过渡地带，在欧亚大陆和南北美洲，都有大片的丘陵地带。丘陵地区降水量较充沛，适合各种经济树木和果树的栽培生长，对发展多种经济十分有利。

丘陵中的居民点既有在高处的，也有在低处的，很少有一致的特征（其主要原因在于过去人类建立居民点时考虑日照时间、水源、背风等因素，而丘陵地区这些因素非常混杂，因此成立的居民点也非常多样）。同样地，丘陵地区的田野的排布也非常多样。在善于耕作的丘陵地区，丘陵的小结构就更加明显了：丘陵地区内的田野面积一般比较小，每块田野里的作物也不同，往往粮食、蔬菜、果园和树林混合。

▲丘陵

丘陵形成原因

丘陵有多种形成原因：

1、山脉受长期风化侵蚀而成

2、不稳定的山坡的滑动和下沉

3、风造成的堆积

4、冰川造成的堆积

5、植被造成的堆积

6、河流造成的侵蚀

7、火山和地震

8、史前陨石

9、人造丘陵

比如露天开矿造成的堆积和古代居民点造成的堆积等等，此外还有园林工艺

▼哈萨克丘陵

故意造成的丘陵地区，比如高尔夫球场等。

▲丘陵梯田

丘陵的分类

丘陵梯田按相对高度分为：200 米以上为高丘陵，200 米以下为低丘陵；

按坡度陡峻程度分为：＞ 25°以上称陡丘陵，＜ 25°称缓丘陵；

按不同岩性组成可分为：花岗岩丘陵、火山岩丘陵、各种沉积岩丘陵，如红土丘陵、黄土梁峁丘陵等；

按成因又可以分为：构造丘陵、剥蚀夷平丘陵、火山丘陵、风成沙丘丘陵、荒漠丘陵、岩溶丘陵及冻土丘陵等；

按分布位置可分为：山间丘陵、山前丘陵、平原丘陵，在洋底，称为海洋丘陵等。

丘陵地区，尤其是靠近山地与平原之间的丘陵地区，往往由于山前地下水与地表水由山地供给而水量丰富，自古就是人类依山傍水，防洪、农耕的重要栖息之地，也是果树林带丰产之地。因其风景别致，可辟为旅游胜地。

世界最大的丘陵

哈萨克丘陵，亦称"哈萨克褶皱地"。哈萨克斯坦中、东部丘陵，位于哈萨克斯坦中部。北接西伯利亚平原，东缘多山地，西南部为图兰低地和里海低地。东西长约 1200 千米，南北宽约 400~900 千米。海拔 300~500 米。西部较

▼丘陵风光

▲哈萨克丘陵

平坦，平均海拔300~500米，宽达900公里；东部较高，平均海拔500~1,000米，宽400公里，地表受强烈切割。

哈萨克丘陵面积约占哈萨克斯坦的五分之一。有克孜勒塔斯（海拔1566米）、卡尔卡拉雷（海拔1403米）、乌卢套、肯特（海拔1469米）和科克切塔夫等山。为古老的低山台地。经过长时间的风化侵蚀，地表较平坦，多沙丘和盐沼。由于深居内陆，地面又坦荡单调，年降水量仅200毫米左右。7月平均气温24℃。冬季由于北部没有高山屏障，北方冷气团长驱直入，气温可降至-30℃以下，气温年较差大，是典型的大陆性干旱半干旱气候，属荒漠、半荒漠地带。自北向南分属草原带（已开辟大片耕地）、半荒漠带。东南部在巴尔喀什湖附近为荒漠带。山区有松林，生荒地用作牧场。矿产资源主要有铜、铅、锌、铬、煤、铁、石油、天然气和铝土矿等。

地球小知识

地球作为一个行星，远在56亿年以前产生于原始太阳星云。

中国的丘陵
Zhong GuoDe 丘陵 Qiu Ling >>>

> 中国的丘陵约有100万平方公里，占全国总面积的十分之一。自北至南主要有辽西丘陵、淮阳丘陵和江南丘陵等。黄土高原上有黄土丘陵，长江中下游河段以南有江南丘陵。辽东、山东两半岛上的丘陵分布也很广。

东南丘陵

东南丘陵是北至长江，南至两广，东至大海，西至云贵高原的大片低山和丘陵的总称。它包括安徽省、江苏省、江西省、浙江省、湖南省、福建省，广东省、广西壮族自治区的部分或全部。海拔多在200至600米之间，其中主要的山峰超过1500米。丘陵多呈东北——西南走向，丘陵与低山之间多数有河谷盆地，适宜发展农业。

东南丘陵地处亚热带，降水充沛，热量丰富，是中国林、农、矿产资源开发、利用潜力很大的山区。

▲东南丘陵

江南丘陵

江南丘陵由一系列东北——南西走向的雁行式排列的中山、低山和位于其间的一系列丘陵盆地组成。平均海拔500～1000米，高峰可超过1500米。主要山地有雪峰山、幕阜山、九岭山、武功山、九华山、黄山、怀玉山等。盆地主要由

红色砂页岩或石灰岩组成，海拔 100～400 米。规模较大的有湘潭盆地、衡阳攸县盆地、吉（安）泰（和）盆地、金（华）衢（县）盆地等。本区属典型的亚热带景观，夏季高温，年降水量 1200～1900毫米。天然植被为典型的亚热带常绿阔叶林，地带性土壤是红壤和黄壤。这里是重要的农业生产基地，除水稻外，棉花、苎麻、甘薯、经济林木的油茶、油桐、乌桕、茶以及柑橘等，都占有重要地位。

▲江南丘陵

浙闽丘陵

浙闽丘陵位于武夷山、仙霞岭、会稽山一线以东的东南沿海，地形上山岭连绵，丘陵广布，海岸曲折，岛屿众多，平原和山间盆地狭小而分散。有两列与海岸平行的山岭组成地形的骨架。最西一列是以武夷山为主干，向东北与仙霞岭、会稽山相连。其中武夷山、仙霞岭平均海拔 1000 米以上，主要由古老变质岩和古生界地层组成。第二列由西南向东北有博平岭、戴云山、洞宫山、括苍山和天台山等，平均海拔 800 米左右，高峰超过 1500 米，主要由流纹岩和花岗岩组成。

▼浙闽丘陵

这列山岭以东则过渡到沿海丘陵和台地，其中夹有一些河谷盆地和海积平原。本区依山濒海，气候受海洋影响很深，年降水量 1400～1900 毫米，≥10℃积温 5000～6500℃，作物一年二熟至三熟。植被属亚热带常绿阔叶林，是我国南方主要林区之一。保存有大面积的原始林和不少珍稀野生动物，已建有武夷山自然保护区。盛产柑橘、茶、油茶、油桐等亚热带经济林木。

两广丘陵

两广丘陵是广西、广东两省大部分低山、丘陵的总称。东部多系花岗岩丘陵，外形浑圆、沟谷纵横，地表切割得十分破碎；西部主要是石灰岩丘陵，峰

▼两广丘陵

林广布，地形崎岖，风景优美。主要山脉有十万大山、云开大山、莲花山等。丘陵海拔多在 200 ～ 400 米，少数山峰超过 1000 米。本区属南亚热带大陆性季风气候，1 月平均气温 10 ～ 15℃，日均温＞10℃的天数在 300 天以上，台风和暴雨频繁。植被为季风常绿阔叶林，土壤为赤红壤，盛产荔枝、龙眼、橄榄、香蕉、柑橘等水果。但植被遭到破坏，水土流失严重。

辽东丘陵

辽东丘陵，长白山地的延续部分，呈华夏向，构造上属华北地区辽东隆起带。古老的基底变质岩系在铁岭、营口、丹东等地广泛露出，含有丰富的铁矿和菱镁矿。千山为辽东丘陵的主干，海拔 500 ～ 1000 米，少数山峰超过 1000 米，如步云山、黑山、绵羊顶子山。山地两侧为 400 米以下的丘陵地，面积广阔。因受海洋季风影响，年降水量可达 650 ～ 1000 毫米，偶有台风过境，形成局部洪涝灾害。地带性植被为赤松和栎林为主的暖温带落叶阔叶林，随着地势增高，分布有针阔叶混交林、针叶林和岳桦矮林，是中国柞蚕和暖温带水果基地。

▼辽东丘陵

山东丘陵

山东丘陵位于黄河以南，大运河以东的山东半岛上，面积约占半岛面积的 70％。它是由古老的结晶岩组成的断块低山丘陵。突兀在丘陵之上的少数山峰，虽海拔高度不大，但气势雄伟，如泰山海拔 1524 米，巍峨挺拔，自古就有"登泰山而小天下"之喻。

半岛中部的胶莱平原将山东丘陵分隔为鲁东和鲁中丘陵两部，在鲁中丘陵区分布着一片方山丘陵，当地称为"崮子"，如孟良崮、抱犊崮等。山东半岛也是我国温带果木的重要产地，如烟台的苹果、莱阳的梨等都非常著名。

▲ 山东丘陵

川中丘陵

川中丘陵是中国最典型的方山丘陵区，又称盆中丘陵。西迄四川盆地内的龙泉山，东止华蓥山，北起大巴山麓，南抵长江以南，面积约 8.4 万平方公里。以丘陵广布、溪沟纵横为其显著地理特征。

本区是四川东部地台最稳定部分，大部分地区岩层整平或倾角甚微。经嘉陵江、涪江、沱江及其支流切割后，地表丘陵起伏，沟谷迂回，海拔一般在 250~600 米，丘谷高差 50~100 米，南部多浅丘，北部多深丘，为四川省丘陵集中分布区。同时软硬相间的紫红色砂岩和泥岩经侵蚀剥蚀后常形成坡陡顶平的方山丘陵或桌状低山，丘坡多呈阶梯状，多达 3~4 级。仅剑阁和苍溪一带，属由白垩系砾岩组成的地区，地表经褶皱后成为单面低山。威远和荣县一带也分布有石灰岩低山。

▼ 川中丘陵

川中丘陵西缘的龙泉山为东北向狭长低山，是岷江和沱江的天然分水岭，亦是川中丘陵和川西平原的自然界线，长约 210 公里，宽约 10~18 公里，海拔700~1000 米，最高处 1059 米。

江淮丘陵

江淮丘陵是秦岭、大巴山向东的延伸部分，是长江与黄河的分水岭，面积约2 万平方公里。东部、南部较高，海拔多在 100~300 米之间。东部张八岭和凤阳山地区，海拔一般在 100~200 米之间。江淮丘陵长期处于侵蚀剥蚀环境，地面基本上已被夷平，表现为波状起伏的丘陵和河谷平原。江淮丘陵位于北亚热带向暖温带的过渡带上，气候、植被、土壤等都有明显的过渡性特征。

▼江淮丘陵

草原
Cao Yuan >>>

广义的草原包括在较干旱环境下形成的以草本植物为主的植被，主要包括两大类：热带草原（热带稀树草原）和温带草原。狭义的草原则只包括温带草原，因为热带草原上有相当多的树木。

▲草原

《中华人民共和国草原法》第二条第二款规定：本法所称草原，是指天然草原和人工草地。天然草原是指一种土地类型，它是草本和木本饲用植物与其所着生的土地构成的具有多种功能的自然综合体。人工草地是指选择适宜的草种，通过人工措施而建植或改良的草地。

温带草原为温带半干旱至半湿润环境下多年生草本植物组成的地带性植被类型。草原地区冬季寒冷，夏季温热，降水较少，因植被以草丛为主，所以这种地方的气候为温带草原气候。它是温带大陆性气候中的一种。其主要特征如下：

温带草原蒸发强烈；土壤淋溶作用微弱，钙化过程发达，限制高大乔木的生长。草原植物的群落结构简单，季相显著，主要有旱生的窄叶丛生禾草，如隐子草、针茅、羽茅等属，以及菊科、豆科、莎草科和部分根茎禾草等。

▼温带草原

热带草原与温带草原不同，在草本植物背景上生长着稀疏的旱生乔木，因此又叫稀树草原。热带草原降雨量并不少，常在900~1500毫米，但分配不均，再加上气温较高，这样就足以形成干旱、炎热的气候。热带草原主要分布于非洲、澳洲和南美洲的热带森林和半荒漠之间，有时扩

▼热带草原

展到亚热带。其中非洲东部和撒哈拉大沙漠南部面积最大，当地叫萨王纳。南美洲主要分布于巴西东部、委内瑞拉和奎亚那。热带草原在澳洲也有较大面积。亚洲的热带草原面积较小，分散在印度北纬22°以南，斯里兰卡北半部、中南半岛和东南亚。

中国的热带草原零散分布于云南、广东等地，多为次生类型。热带稀树草原地区，气候终年炎热，降水干湿季分明。在这种气候影响下，这里树木的种类不多，且分布稀疏。常见的是金合欢树和猴面包树。由于常年受定向风的影响，金合欢树形成了平顶伞状的树冠，树形十分奇特；而猴面包树则有着粗大的树干，高达20米~25米，树冠直径达10米，但却是个不折不扣的虚胖子。它的树干内贮有大量水分，预备干季时生长的需要。这种树树叶稀少，其椭圆形的果实很受猴子的喜爱，故而得名。相对于稀稀拉拉的树木来说，这里的草木却生长得很高很茂盛，分布范围十分广泛，构成了稀树草原的主体。非洲的稀树高草为草食动物、肉食动物提供了理想的栖息地。这里动物种类繁多，如羚羊、斑马、犀牛、长颈鹿、狮子、猎豹等。

非洲热带稀树草原景观随季节变化十分明显。每当湿季来临，草原上处处郁郁葱葱，生机盎然；干季到来时，则树木落叶，草木枯萎，遍地枯黄，许多大草原上的动物会因食物和水分的不足而进行长距离的大迁徙。非洲的热带稀树草原分布面积占全洲总面积的40%，是世界上面积最大的热带稀树草原分布，以赤道为轴，南北对称分布。由于南北半球季节相反，因而南北半球总有一侧是湿季，另一侧是干季，每年各种食草动物都要在这一范围内为获得更多的食物和饮水而跋山涉水，构成草原上壮观又令人难以忘怀的一景。

根据生物学和生态特点，可划分为四个类型：①草甸草原；②平草原（典型

▼热带稀树草原

草原）；③荒漠草原；④高寒草原。草原上生长着多种优良牧草，是重要的畜牧业基地。此外，草原植被还蕴藏着许多药用植物，可采收利用。

依水热条件不同，草原可划分为典型草原、荒漠化草原和草甸草原等类型。

典型草原是草原中分布最广泛的类型，由典型旱生草本植物组成。以丛生禾草为主，伴生少量旱生和中旱生杂类草及小半灌木。

荒漠化草原为最干旱类型，由强旱生丛生小禾草组成，并大量混生超旱生荒漠小灌木和小半灌木。

草甸草原是草原中较湿润类型，由中旱生草本植物组成，常混生大量中生或中旱生双子叶杂类草及根茎禾草和苔草。按热量生态条件，草原可分中温型草原、暖温型草原和高寒型草原。在水分状态不稳定和发生干旱的盐渍化条件下，还会形成盐湿草原或碱性草原。在欧亚大陆和北美大陆温带地区，森林带和荒漠带间构成了欧亚——北美环球草原带；南美洲南部和亚热带非洲，也有一定面积草原，但远不及北半球发达。在中国，草原广布于东北地区西部、内蒙古、黄土高原北部、西北荒漠地区山地和青藏高原大部分地区。此外，草原还可越带出现在荒漠区山地并在垂直带谱中占据相应位置。由耐寒的旱生多年生草本植物为主（有时旱生小半灌木）组成的植物群落分布于温带，是一种地带性植被类型。草原地区年降雨量较少，而且多集中于夏秋两季，冬季少雪严寒，具有明显的大陆性气候。植物以丛生禾本科为主，如针茅属、羊茅属等。此外，莎草科、豆科、菊科、藜科植物等占有相当比重。中国草原是欧亚草原的一部分，以东北境内经蒙古直达黄土高原，呈连续带状分布。此外，还见于青藏高原、新疆阿尔泰山前地区以及荒漠区的山地，大致从北纬51度起南达北纬35度。

▼非洲草原

泛滥草原又称河漫滩草地。指湖泊四周、河道两岸滩地、山麓河道谷地，由于长期洪水泛

滥、所带泥沙的淤积，或河水溢出河床、泥沙的沉积，而形成大面积或狭长的平坦草地。沿海由于海水经常回流泛滥、泥沙不断淤积，亦形成大面积滩涂草地。泛滥草地主要分布于河流下游低地、湖泊周围以及沿海滩涂。土壤为淤积草甸土、湖土，海涂为盐碱土，土层深厚较肥沃。植被以水生、湿生植物为主，主要有芦苇、莎草科植物、荩草、水蓼、鸭跖草、双穗雀稗、长芒稗，以及大穗结缕草、獐茅、盐蒿、碱蓬、大米草等。以禾草为主的草地，产草量高，草质优良，适口性好，适于放牧或刈草用。以杂类草盐蒿占优势草地的草质差，饲用价值较小。

▲荒漠草原

荒漠草原也称作漠境草原，指在干旱条件下发育形成的真旱生的多年生草本植物占优势、旱生小半灌木起明显作用的植被性草地。环境及植物类型具有草原向荒漠过渡的特征。分布于中国内蒙古中北部、鄂尔多斯高原中西部、干草原以西及宁夏中部、甘肃东部、黄土高原西和北部、新疆的低山坡。土壤为淡栗钙土、棕钙土和淡灰钙土、腐殖质层薄。植被具有明显旱生特征，组成种类少，主要由针茅属的石生针茅、沙生针茅、戈壁针茅，蒿属的旱蒿子蒿，以及无芒隐子草、藻类及一年生植物。植株高23厘米~30厘米，覆盖度30%~40%，产草量低，每公顷产干草仅2~3公斤，适于羊、马等放牧。

高山草原草原海拔4000米以上，在高寒、干燥、风强条件下发育而成的寒旱生的多年生丛生禾草为主的植被型草地称为高山草原（高寒草原）。分布于青藏高原北部、东北地区、四川西北部，以及昆仑山、天山、祁连山上部。混生垫状植物、匍匐状植物和高寒灌丛，如地梅、蚤缀、虎耳草、矮桧等。植物分布较均匀，层次不明显。草层高15厘米~20厘米，覆盖度30%~50%，产草量低。宜作夏季牧场，适于放牧牛、羊、马等家畜。

▲高山草原

世界 Shi Jie 著名 Zhu Ming 草原 >>>

在 世界各大洲，几乎都有自己的大型草原，它们成为人类发展经济的重要财富。

非洲热带草原分布在非洲热带雨林的南北两侧，东部高原的赤道地区以及马达加斯加岛的西部，呈马蹄形包围热带雨林。分布地区占全洲面积的1/3，是世界上面积最大的热带草原区。

▲非洲热带草原上的长颈鹿

非洲热带草原的气候一年中有明显的干季和湿季，年降雨量在500～1000毫米之间，多集中在湿季。干季的气温高于热带雨林地区，日平均气温在24 ℃～30℃之间。大致每年5～10月大陆低气压北移，这时北半球热带草原上盛行从几内亚湾吹来的西南季风（又称几内亚季风），带来丰沛降水，形成湿季。11月至次年4月，大陆低气压南移，北半球热带草原盛行来自副热带高气压带的信风（哈马丹风），十分干燥，形成干季。南半球热带草原的干、湿季节时间与北半球恰好相反。

非洲热带草原的植物具有旱生特性。草原上大部分是禾本科草类，草高一般在1～3米之间，大都叶狭直生，以减少水分过分蒸腾。草原上稀疏地散布着独生或簇生的乔木，叶小而硬，有的小叶能运动，排列成最避光的位置。树皮很厚，有的树干粗大，可贮存大量水分，以保证在旱季能进行生命活动。代表树种是金合欢树、波巴布树等。干湿两季有截然不同的景色。每到湿季，草木葱绿，万象更新；每到干季，万物凋零，一片枯黄。草原多有蹄类哺乳动物，如各种羚羊、长颈鹿、斑马等，还有狮、豹等猛兽，昆虫类中白蚁最多。

▼澳大利亚草原

潘帕斯草原位于南美洲南部，阿

根廷中、东部的亚热带型大草原。北连格连查科草原，南接巴塔哥尼亚高原，西抵安第斯山麓，东达大西洋岸，面积约 76 万平方公里。"潘帕斯"源于印第安丘克亚语，意为"没有树木的大草原"，是南美洲比较独特的一种植被类型。就地带性和气候条件而论，本区适宜树木生长，实际上除沿河两岸有"走廊式"林木外，基本为无林草原，一般称潘帕斯群落。草类中占优势的是针茅属、三芒草属、臭草属等硬叶禾本科植物，另有多种双子叶植物。豆科植物少是该群落的一大特点，特有种也较贫乏。地势自西向东缓倾。夏热冬温，年雨量 1000～250 毫米，由东北向西南递减。以 500 毫米等降水量线为界，西部称"干潘帕"。除禾本科草类外，西南边缘还生长着稀疏的旱生灌丛，发育有栗钙土、棕钙土，多盐沼和咸水河。东部称"湿润潘帕"，发育有肥沃的黑土。

潘帕斯草原成为南美洲比较独特的一种植被类型的原因，是草原西边的安第斯山脉阻挡了来自太平洋丰富的降雨。所以只有该草原的西边靠安第斯山脉一侧狭长地带才有"走廊式"林木，而东部大部分由于雨水的缺乏只能生长草原。

澳大利亚大草原主要分布在澳大利亚的中西部地区。草地面积约为 4.2 亿公顷。由于澳大利亚的降水量自北、东、南沿海向内陆减少，呈半环状分布，植被类型的分布也因而有类似的图式，即外缘是森林，向内陆是广阔的干草原，中央是荒漠。澳大利亚的热带稀树干草原主要分布在西部、大陆北部和东部的内陆。草本植物主要有禾本科草、毛茛科、百合科和兰科植物等，草原中散生着能适应较长干季的桉树属、金合欢属的乔木和灌木。

普列利草原位于北美大陆中部，沿山地走向纵贯南北，约横跨了 30 个纬度。而东西狭长，不超过 20 个经度。随着干燥度的增加，由高草普列利、混合普列利到矮草普列利。大致相当于欧亚草原的草甸草原、典型草原和荒漠草原。它原为非常肥美的大草原，野牛成群。由于历史上大量开垦，引起 1934 年席卷全美的黑风暴。

▼潘帕斯草原

地球上 *Di QiuShang* 重力 *Zhong Li* 最小的地方——赤道 >>>

赤道是地球表面的点随地球自转产生的轨迹中周长最长的圆周线，赤道半径 6378.137Km，两极半径 6359.752Km，平均半径 6371.012Km，赤道周长 40075.7Km。如果把地球看作一个绝对球体的话，赤道距离南北两极相等，是一个大圆。它把地球分为南北两半球，以北是北半球，以南是南半球。是划分纬度的基线，赤道的纬度为 0°。赤道是地球上重力最小的地方。赤道是南北纬线的起点（即零度纬线），也是地球上最长的纬线。

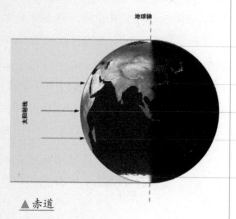

▲ 赤道

▼ 赤道

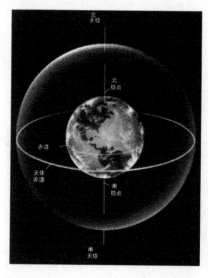

赤道是地球上重力最小的地方。赤道是一根人为划分的线，将地球平均分为两个半球（南半球和北半球）。它位于南北回归线之间，一年四季都受到阳光的直射。

人们为了方便，绕地球表面横向标出无数条封闭的线条，并称之为纬线。每一条纬线都有一个相应的度数，称为纬度（就和坐标系中的横坐标一样）。

赤道穿过的气候区有热带雨林气候（赤道多雨气候、热带海洋性气候）、热带草原气候、高地气候。活动于赤道的天气系统：信风、赤道西风、赤道辐合带等。

赤道气候为热带雨林气候，特点是全年高

▲热带雨林

温多雨，又称"赤道多雨气候"。分布在赤道两侧南北纬 5°～10°之间。终年高温多雨，各月平均气温在 25～28℃之间，年降水量可达 2000 毫米以上。季节分配均匀，无干旱期。主要出现在南美洲亚马孙平原，非洲刚果盆地和几内亚湾沿岸、亚洲的马来群岛大部和马来半岛南部。主要分布在南美洲亚马孙河流域、非洲刚果河流域、几内亚湾、亚洲印度半岛西南沿海、马来半岛、中南半岛西海岸、菲律宾群岛和伊里安岛，大洋洲从苏门答腊岛至新几内亚岛一带。

赤道是物种的制造厂。与其他未能这么幸运地享受到这一地理位置优势的物种相比，赤道动物简直是生活在一个近乎完美的环境中；无论从温度、湿度还是从可获取的食物来看，都是如此。生活在这片乐土上的唯一不利因素，就是要与地球上半数以上的物种分享资源！在赤道，动植物比其他地方的动植物长得更快、更大，而且外形更怪异。

赤道纪念碑在基多市北方 95 公里，开车要 40 分钟。赤道正下方的纪念碑建于四面环山的盆地上，纪念碑旁有特色品店、餐厅。往纪念碑的途中有尤加利森林和栽培葡萄柚、葡萄的农园。凡是到厄瓜多尔旅行的人，都要去观赏名闻遐迩的旅游胜地——赤道纪念碑，这里被看作是"地球的中心"。

赤道纪念碑分为新旧两座，旧碑位于圣安东尼奥镇，在厄瓜多尔首都基多城以北 24 公里处。它三面被崇山峻岭环抱，海拔 2483 米。这座赤道纪念碑高约 10 米，用赤红色花岗岩建成。碑身呈正方形，四周刻有醒目的 E、S、W、N 4 个英文字母，分别表示东、南、西、北 4 个方位。碑面上镌刻着西班牙碑文，以纪念那些对测量赤道、修建碑身做过贡献的法国和厄瓜多尔的

▼赤道纪念碑

科学家。下端刻着"这里是地球的中心"的字样。碑顶是一个大型的石雕地球仪，安放的方向是南极朝南，北极朝北。地球仪的中腰，从东到西刻有一条十分清晰的白线，代表赤道线，它一直延伸到碑底部的石阶上。赤道实际环球一周为40075.13公里，从这里可把地球划分成南北两个完全相等的半球。厄瓜多尔人称这纪念碑为"世界之半"。每年3月31日和9月23日，太阳从赤道线上经过，直射赤道，全球昼夜相等。这时，厄瓜多尔人总要在此举行盛大的迎接太阳神的活动，感谢太阳给人类带来温暖和光明。来这里参观的游客们都喜欢在石阶上，两脚平踏在白线两边，摄影留念，以显示自己是脚踏两半球的人。

▲茂密的热带雨林

地球小知识

地球各圈层结构：
地球海洋面积 361745300 平方公里
地壳厚度 80.465 公里
地幔深度 2808.229 公里
地核半径 3482.525 公里
表面积 510067866 平方公里

Shen Qi 的 De 神奇 "厄尔尼诺"现象 >>>

"厄尔尼诺"一词来源于西班牙语，原意为"圣婴"。19世纪初，在南美洲的厄瓜多尔、秘鲁等西班牙语系的国家，渔民们发现，每隔几年，从10月至第二年的3月便会出现一股沿海岸南移的暖流，使表层海水温度明显升高。南美洲的太平洋东岸本来盛行的是秘鲁寒流，随着寒流移动的鱼群使秘鲁渔场成为世界四大渔场之一。但这股暖流一出现，性喜冷水的鱼类就会大量死亡，使渔民们遭受灭顶之灾。由于这种现

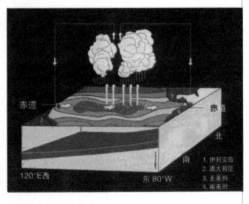

▲厄尔尼诺现象示意图

象最严重时往往在圣诞节前后，于是遭受天灾而又无可奈何的渔民将其称为上帝之子——圣婴。

▼厄尔尼诺发生和非厄尔尼诺发生年份对比

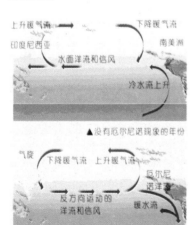

后来，在科学上此词语用于表示在秘鲁和厄瓜多尔附近几千公里的东太平洋海面温度的异常增暖现象。当这种现象发生时，大范围的海水温度可比常年高出3~6摄氏度。太平洋广大水域的水温升高，改变了传统的赤道洋流和东南信风，导致全球性的气候反常。

厄尔尼诺现象又称厄尔尼诺海流，是太平洋赤道带大范围内海洋和大气相互作用后失去平衡而产生的一种气候现象，就是沃克环流圈东移造成的。

正常情况下，热带太平洋区域的季风洋流

是从美洲走向亚洲，使太平洋表面保持温暖，给印尼周围带来热带降雨。但这种模式每2～7年被打乱一次，使风向和洋流发生逆转，太平洋表层的热流就转而向东走向美洲，随之便带走了热带降雨，出现所谓的"厄尔尼诺现象"。

这一现象本质上由海洋动力学驱动，与之相应的大气变化是由海表面温度确定的（反过来大气的变化会加强海洋温度分布型），而海表面温度分布是由海洋动力学决定的，因而用上面的简化模型表示的厄尔尼诺现象本质上是可预报的。

厄尔尼诺的全过程分为发生期、发展期、维持期和衰减期，历时一般一年左右，大气的变化滞后源于海水温度的变化。

厄尔尼诺现象的基本特征是太平洋沿岸的海面水温异常升高，海水水位上涨，并形成一股暖流向南流动。它使原属冷水域的太平洋东部水域变成暖水域，结果引起海啸和暴风骤雨，造成一些地区干旱，另一些地区又降雨过多的异常气候现象。

20世纪60年代以后，随着观测手段的进步和科学的发展，人们发现厄尔尼诺现象不仅出现在南美等国沿海，而且遍及东太平洋沿赤道两侧的全部海域以及环太平洋国家；有些年份，甚至印度洋沿岸也会受到厄尔尼诺带来的气候异常的影响，发生一系列自然灾害。总的来看，它使南半球气候更加干热，使北半球气候更加寒冷潮湿。科学家对厄尔尼诺现象又提出了一些新的解释，即厄尔尼诺可能与海底地震，海水含盐量的变化，以及大气环流变化等有关。厄尔尼诺现象是周期性出现的，大约每隔2~7年出现一次。

至1997年的20年来，厄尔尼诺现象分别在1976—1977年、1982—1983年、1986—1987年、1991—1993年和1994—1995年共出现过5次。1982—1983年间出现的厄尔尼诺现象是本世纪以来最严重的一次，在全世界造成了大约1500人死亡和80亿美元的财产损失。进入1990年代以后，随着全球变暖，厄尔尼诺现象出现得越来越频繁。

▼厄尔尼诺现象使冰地融化

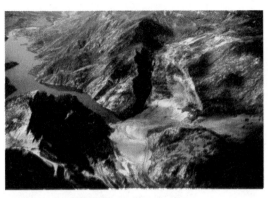

▲被厄尔尼诺带来的雨水淹没的地区

在气象科学高度发达的今天，人们已经了解：太平洋的中央部分是北半球夏季气候变化的主要动力源。太平洋沿南美大陆西侧有一股北上的秘鲁寒流，其中一部分变成赤道海流向西移动。此时，沿赤道附近海域向西吹的季风使暖流向太平洋西侧聚积，而下层冷海水则在东侧涌升，使得太平洋西段菲律宾以南、新几内亚以北的海水温度升高，这一段海域被称为"赤道暖池"，同纬度东段海温则相对较低。对应这两个海域上空的大气也存在温差，东边的温度低、气压高，冷空气下沉后向西流动；西边的温度高、气压低，热空气上升后转向东流。这样，在太平洋中部就形成了一个海平面冷空气向西流，高空热空气向东流的大气环流（沃克环流），这个环流在海平面附近就形成了东南信风。但有些时候，这个气压差会低于多年平均值，有时又会增大，这种大气变动现象被称为"南方涛动"。

1960年代，气象学家发现厄尔尼诺和南方涛动密切相关，气压差减小时，便出现厄尔尼诺现象。厄尔尼诺发生后，由于暖流的增温，太平洋由东向西流的季风大为减弱，使大气环流发生明显改变，极大影响了太平洋沿岸各国气候。本来湿润的地区干旱，干旱的地区出现洪涝。而这种气压差增大时，海水温度会异常降低，这种现象被称为"拉尼娜现象"。

◀厄尔尼诺现象会导致冬天打雷

破解 Po Jie 热带雨林 Re Dai Yu Lin 之谜 >>>

19世纪，德国植物学家辛伯尔，把潮湿热带地区常绿高大的森林植被称做为热带雨林。大多数热带雨林都位于北纬23.5度和南纬23.5度之间。在热带雨林中，通常有三到五层的植被，上面还有高达40米到55米的树木像帐篷一样支盖着。下面几层植被的密度取决于阳光穿透上层树木的程度。照进来的阳光越多，密度就越大。

▲热带雨林终年郁郁葱葱

▼热带雨林一角

热带雨林主要分布在南美、亚洲和非洲的丛林地区，如亚马逊平原和云南的西双版纳。每月平均温度在18摄氏度以上，平均降水量每年200厘米以上，超过每年的蒸发量。

热带雨林具有独特的外貌和结构特征，与世界上其他森林类型有清楚的区别。热带雨林主要生长在年平均温度24℃以上，或者最冷月平均温度18℃以上的热带潮湿低地。世界上三大热带地区都有它的分布。最大的一片在美洲，目前还保存着40000平方公里面积，它们约占热带雨林总量的一半即约占世界阔叶林总量的1/6。

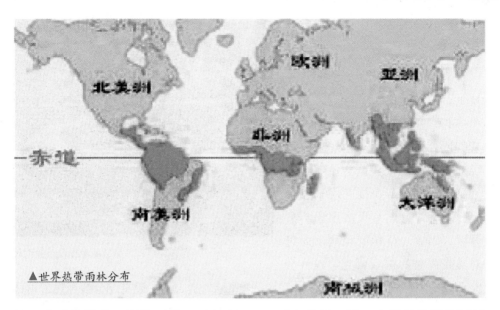

▲世界热带雨林分布

第二大片是热带亚洲的雨林，面积有 20000 平方公里。第三大片是热带非洲雨林，面积 18000 平方公里。

热带美洲、热带亚洲和热带非洲的雨林虽然分开为三大片，但它们都有非常类似的外貌和结构特点。由于生长环境终年高温潮湿，热带雨林长得高大茂密，一般高度在 30 米以上，从林冠到林下树木分为多个层次，彼此套叠。在热带雨林中，最高的树木可长到 80 多米高度，例如马来西亚的塔豆，西双版纳的望天树亦高达 70 米。热带雨林的种类组成极端丰富，尽管热带雨林仅占世界陆地面积的百分之七，但它所包含的植物总数却占了世界总数的一半。热带雨林有很多独特现象是其他森林所没有的。例如：大树具有板状的树根，在老茎秆上开花、结果；有很多小型植物附生在其它植物的枝、秆上；有的通过绞杀其它植物而建立起自己；有的树木从空中垂下许多柱状的根，最后变成独树成林；林下植物的叶子一般都有滴水叶尖，而有的植物的叶子长得十分巨大；在林内，大藤本非常丰富，有的长达数百米，穿梭悬挂于树木之间，使人难于通行。

中国云南、台湾、海南地区也有分布。

随着科学家对热带雨林的深入探查和研究，越来越多的生态现象被发现和解释。但越来越多的发现也揭示，热带雨林中蕴藏着大量的尚未被充分认识的生物学和自然规律。特别是热带雨林物种的极端丰富性和植物生活类型的多样性并不能完全用达尔文的进化论来解释。世界上除热带雨林外的物种充其量仅占总物种的一半。植物生活类型亦仅只是一部分。例如，温带的森林，不仅种类贫乏，生活类型单调，各种生态关系和生态表现亦是相对简单和直接。依赖于热带以外森林的研究而得出的一些经典或传统的生物学规律和概念显然是非常不完善的，若直接套用来解释热带雨林，自然有很多现象不可思议。因此，科学家预测，通过对热带雨林的深入研究，或许会

▲亚马逊热带雨林

完全改变原有的生物学观念。然而，令人遗憾的是人们还没有充分解开热带雨林之谜时，它就可能由于人类自己的破坏而永久地消失。

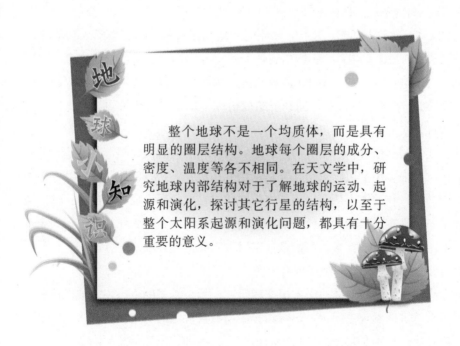

地球小知识

整个地球不是一个均质体，而是具有明显的圈层结构。地球每个圈层的成分、密度、温度等各不相同。在天文学中，研究地球内部结构对于了解地球的运动、起源和演化，探讨其它行星的结构，以至于整个太阳系起源和演化问题，都具有十分重要的意义。

Tan Suo 探索 **南极** *Nan Ji* >>>

古希腊依据其几何学对称理论，认为地球上存在一个与北方大陆相对称的、未知的南方大陆。从18世纪起，探险家们纷纷扬帆南下去探寻传说中的南方大陆。1772年—1775年，英国詹姆斯·库克船长历时3年8个月航行97000公里，环南极航行一周，几次进入南极圈，但他最终没有发现陆地。他认为不存在传说中的南方大陆，即使存在也是在南纬60度以南，人类很难在那里受益。

▲中国南极考察队

　　1819年，俄国沙皇派别林司高晋船长率"东方"号与"和平"号两船去寻找南方大陆。别林斯高晋历时两年零21天分别在南纬69度53分、西经82度19分，南纬68度43分、西经73度10分发现了两个岛屿。1823年2月，英国的詹姆斯·威德尔南下到了南纬74度15分，创造了当时南下的最高纬度记录。1837年9月至1940年11月，法国的迪蒙·迪尔维尔受命南下，他原想超过威德尔的南下高纬度记录，没有成功。但他于1840年1月19日发现了陆地，并以他夫人的名字命名为阿德雷地，命名其周围的水域为迪尔维尔海。后人还以其夫人的名字命名了一种企鹅，即阿德雷企鹅。1841年，英国的詹姆斯·罗斯试图抵达南磁极，但他被重重冰障所阻没有成功，后人把他驶入的海湾称之为罗斯湾。

▼南极考察

  1908 年，英国的埃尔涅斯特·沙克尔顿成功地挺进南纬 88 度 23 分，离南极点仅差 180 公里，但因食品耗尽不得不折返。1909 年，道格拉斯·莫森等人首次到达当时的南纬 72 度 24 分、东经 155 度 18 分的南磁极。挪威的卢阿尔·阿蒙森和英国的罗伯特·斯科特率领的探险队历尽千难万险分别于 1911 年 12 月 14 日和 1912 年的 1 月 17 日到达南极点，书写了人类南极探险史上最辉煌的一页。但不幸的是斯科特一行因食品耗尽，在从南极点返回的途中全部遇难。

  从 1772 年库克船长扬帆南下到 19 世纪末，先后有很多探险家驾帆船去寻找南方大陆，历史上把这一时期称为"帆船时代"。20 世纪初到第一次世界大战前，人类先后征服了南磁极和南极点，涌现出了像沙克尔顿、阿蒙森、斯科特等可歌可泣的英雄探险家，历史上把这一时期称为"英雄时代"。第一次世界大战后至 50 年代中期，人类在南极探险中逐渐用机械设备代替了狗拉雪橇，历史上称这一时期为"机械化时代"。从 1957 年—1958 年国际地球物理年起到现在，各国在南极纷纷建立科学考察站，每年都有大量的科学家赴南极开展考察，人类对南极的认识不断深化，历史上把这一时期称为"科学考察时代"。

  为纪念亚孟森和斯科特，亚孟森——斯科特南极站（Amundsen-Scott South Pole Station）于 1958 年在国际地球物理年上建立，并永久性地为研究和职员提供帮助。

  南极在 3000 万年前是个气候温和、草木丰茂的大陆，但到了 2800 万年前南极冰盖逐渐形成，绝大多数的动植物便相继灭绝。南极大陆上如今已不存在高等动物和开花植物。现仅存 340 余种植物，其中包括 200 种地衣、85 种苔藓、28 种伞状菌和 25 种龙牙草。南极沿海有 2 种显花植物和近千种海藻。南极大陆上

▼南极考察极地

▲南极考察

仅有一些微生物和少数无脊椎动物生存于植物丛、地衣和泥沼中。目前在南极发现的无脊椎动物有387种。

企鹅是南极大陆最有代表性的动物，被视为南极的象征。南极共有21种企鹅，分布在广泛的区域内，但其主要群落大都生活在南纬45度～55度地区。在南极高纬度地区常见有阿德雷企鹅、帝企鹅、项带企鹅。在气候较温和的南极大陆周围的岛屿上常见的有王企鹅、跳岩企鹅和马卡罗内企鹅等。

在南极沿海及其附近的海冰，以及亚南极岛屿上至少生活着六种海豹。海豹在相当长的时间里都生活在海水中，其游泳速度很快，且能潜水。因为海豹需要呼吸空气，因而不能在水下呆得太久。大多数种类的海豹生活在水面附近，以磷虾、鱼、乌贼为食。

南极海域的特色之一是浮游生物，如甲壳动物丰富，其中磷虾的蕴藏量就有10亿吨至50亿吨。有些科学家认为，如果每年捕获1亿吨至1.5亿吨，也不会影响南大洋的生态平衡。

▼南极

南极地区的蓝鲸，身长37.8米，是目前所知世界上最大的动物。20世纪50年代，一些国家的船队到南极附近海域大量捕杀蓝鲸，使蓝鲸的数量大为减少。

南极洲的许多岛上还生活着另一些鸟，包括雪鸟、信天翁、海鸥、贼鸥和燕鸥。

地球 *Di Qiu Zhi Dian* 之巅——北极 >>>

又被称为北极点，最常用于称呼地球上的地理北极，即在地球表面上最北的点，也就是地球的自转轴在北半球与表面相交会的点。北极点周围的地区称为北极地区。地理上的北极（通常就简称为北极）以下面的解释为准：地球的自转轴与地球表面的两个交点之一（另一个点是南极，就在相对的另一面），地理上的北极是纬度为北纬90°的点，在方向上是真北，在这一点所指向的任何方向都是南方。北极在天文学上的定义，依照国际天文联合会对一颗行星或太阳系内其他类似行星的天体的说法，北极是与地球的地理北极在黄道相同半球内的极点。更精确地说，北极是天体的自转轴在太阳系不变的平面北侧的极点。

▲北极海豹

北纬66度34分（北极圈）以北的广大区域，也叫做北极地区。北极地区包括极区北冰洋、边缘陆地海岸带及岛屿、北极苔原和最外侧的泰加林带。如果以北极圈作为北极的边界，北极地区的总面积是2100万平方公里，其中陆地部分占800万平方公里。也有一些科学家从物候学角度出发，以7月份平均10℃等温线（海洋以5℃等温线）作为北极地区的南界。这样，北极地区的总面积就扩大为2700万平方公里，其中陆地面积约为1200万平方公

▼北极

里。而如果以植物种类的分布来划定北极，把全部泰加林带归入北极范围，北极地区的面积就将超过4000万平方公里。北极地区究竟以何为界，环北极国家的标准也不统一。不过一般人习惯于从地理学角度出发，将北极圈作为北极地区的界线。

全球变暖现象已经让北极冰川快速融化，尽管这对于海洋运输可能是件好事，因为这让大西洋与太平洋间

出现新的航线。但是北极冰川的融化也可能引发加拿大与美国的领土争议。根据联合国与加拿大政府专家的说法，目前北极附近气温上升的速度，比地球其他地区快两倍。到2050年前，船只在夏季可以在加拿大北部航行。

这种情况可能让伦敦到东京的海上航程缩减为1万6千公里。从伦敦经苏伊士运河到东京需要航行2万1千公里，经过巴拿马运河则需要航线2万3千公里。从15到17世纪，许多海洋探险家曾试图从极地海洋地区向西北前往亚洲，并导致多数探险家丧生。但现在全球温室效应却可能开辟新的航道，越来越多极地海洋地带已经没有冰存在。

最有代表性和象征北极的动物是北极熊。北极熊是熊科动物中最大的，体长可达2.5米，高1.6米，重500公斤。北极熊不仅善于在冰冷的海水中游泳，还擅长在冰面上快速跳跃。为了抵御寒冷，它的耳和尾都很小，全身除脚掌和鼻尖外，都覆盖着厚厚的白毛，而它的皮却是黑色的。北极熊的嗅觉特别敏感，能判断猎物的位置；它的力量大，一击能使人致命。北极熊以海豹、鱼、鸟和鲸的尸体为食。母熊产崽在避风的雪洞中，仔熊刚出生时只有0.3米长，眼睛睁不开，耳朵也听不见；3~5年后，才长成兽。作为"北极圈之王"，除去人类，北极熊几乎没有天敌。北极熊也叫白熊，是熊类中个体最大的一种，其身躯庞大，体长可达2.5米以上，行走时肩高1.6米，体重可达半吨，最大的北极熊体重可达900公斤。北极熊力气和耐力非常惊人，奔跑时速高达60公里，但不能持久。它具有粗壮而又灵便的四肢，尤其是它的前掌，力量巨大，一掌可使人致命。用前掌击倒或打死猎物，是它的惯用手段。掌上长有十分锐利的爪子，能紧紧抓住食物。北极熊还具有异常灵敏的嗅觉，可以嗅到在3.2公里以外烧烤海豹脂肪发出的气味，能在几公里以外凭嗅觉准确判断猎物的位置。在"闻出"气味熟悉的猎物的方位后，便能以相当快的速度从冰上跳跃奔去捕猎，一步跳跃奔跑的距离可达5米以上。北极熊经常栖息在冰盖上，过着水陆两栖生活，通常以海豹、鱼类、鸟类和其它小哺乳动物为食；若能幸运碰到鲸鱼的尸体，则可美美地饱餐一顿。漫长寒冷的冬天，北极熊一般在巢

▼ 北极熊

穴里度过。直到来年春季二三月才出来活动，3～5月北极熊活动最频繁。温暖的夏天，北极熊出穴四处寻找猎物。

直到19世纪末期，虽然有许多航海家都曾试图到达北极点，但他们却并没有把北极点作为当时的直接目标，而只是当作通往东方的必经之路。但是，征服北极点毕竟是他们最伟大的光荣梦想，这一梦想的实现随着北极航线的开通而变得更加令人急不可待。在新一轮征服北极点的竞争中，民族光荣与体育冒险精神已经超过了商业利益。更为重要的是，现代科学考察活动也开始渗透到北极探险活动之中。徒步征服北极点的光荣，归于美国探险家罗伯特·皮尔里。他在23年的时间里多次考察北极地区，终于在1909年4月6日上午10时把美国国旗插在北极点的海冰上。1937年，两个苏联人乘飞机第一次在北极点降落。从北极航线的开通到征服北极点的过程，可以称为北极点探险时期。

▲北极

1957—1958年国际地球物理年的大规模科学活动，标志着北极单纯探险时期的结束和科学考察时期的开始。但是，对于地球的未知领域来说，科学与探险总是无法截然分开的。更何况北极的科学与探险又和政治、军事、经济密切相关，因而各个现代国家的政府、民间团体或个人，从来没有间断过对北极点的关注。1958年，美国的核动力潜艇从冰下第一次穿过北极点。1959年，美国潜艇"鹦鹉螺"号第一次冲破冰层，在北极点浮出水面。1968年，美国的一个探险家自皮尔里之后第一次乘雪上摩托到达北极点。1969年，一个英国的探险队，乘狗拉雪橇从巴罗出发，也到达了北极点。1971年，意大利人莫里齐诺沿当年皮尔里的路线到达了北极点。1977年，前苏联破冰船"北极"号第一次破冰斩浪，航行到了北极点。1978年，日本勇敢的单身探险家植村独自驾

▼北极探秘

▲ 北极探险

着狗拉雪橇，完成了人类历史上第一次一个人单独到达北极点的艰难旅程。顺便说一句，他是到目前为止，唯一的只身到达北极点的亚洲人。1979 年，一个前苏联探险队第一次靠滑雪从冰面上到达了北极点。1993 年 4 月 8 日，一位名叫李乐诗的香港女士，第一次代表占世界人口 1/5 的中华民族乘飞机到达北极点，迎着狂风展开了一面五星红旗。

回顾人类进军北极的历程，可以看出"天然时期"主要是由亚洲人完成的。而自从文明人类有目的地探索北极开始，就几乎全是欧洲人的功劳了。直到 20 世纪 80 年代，中华民族终于抬起头，把目光投向了遥远的地平线。改革开放以来短短的十几年里，我们中华民族的足迹正在迅速地延伸到世界的各个角落，包括最遥远的南极大陆。然而，时至今日，却仍然还有约占地球表面积 1/7 的一大片地区，还没有中国人的足迹，那就是地球之巅——北极。

由于马可·波罗的中国之行，使西方人相信中国是一个黄金遍地、珠宝成山、美女如云的人间天堂。于是，西方人开始寻找通向中国的最短航线——海上丝绸之路。当时的欧洲人相信，只要从挪威海北上，然后向东或者向西沿着海岸一直航行，就一定能够到达东方的中国。因此，中世纪的北极探险考察史是同北冰洋东北航线和西北航线的发现分不开的。1500 年，葡萄牙人考特雷尔兄弟，沿欧洲西海岸往北一直航行到了纽芬兰岛。第二年，他们继续往北，希望寻找那条通往中国之路，但却一去不复返，成了为"西北航线"而捐躯的第一批探索者。从 1594 年起，荷兰人巴伦支开始了他的 3 次北极航行。1596 年，他不仅发现了斯匹次卑尔根岛，而且到达了北纬 79°49′ 的地方，创造了人类北进的新记录，并成了第一批在北极越冬的欧洲人。1597 年 6 月 20 日，年仅 37 岁的巴伦支由于饥寒劳顿而病死在一块漂浮的冰块上。1610 年，受雇于商业探险公司的英国人哈得

▼北极雪狐

▲探秘北极

逊驾驶着他的航船"发现"号向西北航道发起冲击，他们到达了后来以哈得逊的名字命名的海湾。不幸的是，22 名探险队员中有 9 人被冻死，5 人被爱斯基摩人所杀，1 人病死，最后只有 7 人活着回到了英格兰。1616 年春天，巴芬指挥着小小的"发现"号再一次往北进发，这是这条小船第 15 次进入西北未知的水域，发现了开阔的巴芬湾。

1725 年 1 月，彼得大帝任命丹麦人白令为俄国考察队长，去完成"确定亚洲和美洲大陆是否连在一起"这一艰巨任务。白令和他的 25 名队员离开彼得堡，自西向东横穿俄罗斯，旅行了 8000 多公里后，到达太平洋海岸。然后，他们从那里登船出征，向西北方向航行。在此后的 17 年中，白令前后两次完成了极其艰难的探险航行。在第一次航行中，他绘制了勘察加半岛的海图，并且顺利地通过了阿拉斯加和西伯利亚之间的航道，也就是现在的白令海峡。在 1739 年开始的第二次航行中，他到达了北美洲的西海岸，发现了阿留申群岛和阿拉斯加。正是由于他的发现，使得俄国对阿拉斯加的领土要求得到了承认。但是，前后共有 100 多人在这两次探险中死去，其中也包括白令自己。1819 年，英国人帕瑞船长坚持冲入冬季冰封的北极海域，差一点就打通了西北航道。他们虽然失败了，但却发现了一个极其重要的事实，即北极冰盖原来是在不停地移动着的。他们在浮冰上行进了 61 天，吃尽千辛万苦，步行了 1600 公里，而实际上却只向前移动了 270 公里。这是因为，冰盖移动的方向与他们前进的方向正好相反，当他们往北行进时，冰层却载着他们向南漂去。结果，他们只到达了北纬 82°45′ 的地方。1831 年 6 月 1 日，著名的英国探险家约翰·罗斯和詹姆斯·罗斯发现了北磁极。

1845 年 5 月 19 日，大英帝国海军部又派出富有经验的北极探险家约翰·富兰克林开始第三次北极航行。全队 129 人在 3 年多的艰苦行程中陆续死于寒冷、饥饿和疾病。这次无一生还的探险行动是北极探险史上最大的悲剧，而富兰克林爵士的英勇行为和献身精神却使后人无比钦佩。1878 年，芬兰籍的瑞典海军上尉路易斯·潘朗德尔率领一个由俄罗斯、丹麦和意大利海军人员组成的共 30 人的国

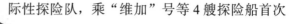

际性探险队，乘"维加"号等4艘探险船首次打通了东北航线。1905年，后来征服南极点的挪威探险家罗阿尔德·阿蒙森成功地打通了西北航线。他们的成功为寻找北极东方之路的努力画上了一个完满的句号。然而，这些以极其沉重的代价换来的成功，并没有给人类带来多少喜悦。因为穿越北冰洋的航行实在太艰难了，所以毫无商业价值可言。这一持续了大约400年的打通东北航线和西北航线的探险活动，我们可称之为北极航线时期。

▲北极浮冰

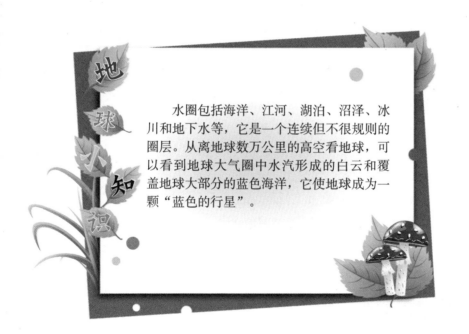

地球小知识

水圈包括海洋、江河、湖泊、沼泽、冰川和地下水等，它是一个连续但不很规则的圈层。从离地球数万公里的高空看地球，可以看到地球大气圈中水汽形成的白云和覆盖地球大部分的蓝色海洋，它使地球成为一颗"蓝色的行星"。

冰川
Bing Chuan >>>

冰川是一条以冰块组成的巨大河流，又称为冰河。在终年冰封的高山或两极地区，多年的积雪在重力作用下挤压成冰块，沿斜坡向下滑形成冰川。两极地区的冰川又名大陆冰川，覆盖范围较广，是冰河时期遗留下来的。冰川是地球上最大的淡水资源，也是地球上继海洋以后最大的天然水库。七大洲都有冰川。中国的母亲河长江和黄河就是发源于冰川的，中国著名的河西走廊的绿洲就是靠祁连山冰川融水哺育的。

▲冰川

由于温室效应在高纬度地区和高海拔地区格外明显，地球上的冰川正以惊人的速度消失。对于直接流入大海的冰川来说，这意味着巨型冰山的增多、海平面的上升以及沿海地区可能遭受到的洪水泛滥；对于高山上的冰川来说，这意味着山脚下河流水流量的不稳定，即在大量融雪时造成水灾，其余时间则造成旱灾。

冰川前进时会切割山谷两侧的岩石，将它们带往下游很远的地方。在冰河退缩时，这些巨大的石块就被留在原来冰河的河道上，包括两旁山坡上。冰河流经的山谷会由原来的 V 字型横切面变成 U 字型横切面。

▼南极冰盖

冰川产生多种岩屑称之为冰积物。冰水冰积物是由称为冰川融水的融冰中沉积下来的岩屑。有些冰积物含石块和巨砾类似扁砾。冰积物也可能由冰川融水混入称为冰砾泥的细砾沉积物。堆积冰碛土是融化时冰川顶部落下的岩屑。

世界上的冰川分为两类，一类是大陆冰盖，一类是山岳冰川。

▲山岳冰川

大陆冰盖主要分布在南极和格陵兰岛。山岳冰川则分布在中纬、低纬的一些高山上。全世界冰川面积共有1500多万平方公里，其中南极和格陵兰的大陆冰盖就占去1465万平方公里。因此，山岳冰川与大陆冰盖相比，规模极为悬殊。

巨大的大陆冰盖上，漫无边际的冰流把高山深谷都掩盖起来，只有极少数高峰在冰面上冒了一个尖。辽阔的南极冰盖，过去一直是个谜，深厚的冰层掩盖了南极大陆的真面目。科学家们用地球物理勘探的方法发现，茫茫南极冰盖下面有许多小湖泊，而且这些湖泊里还有生命存在。

中国的冰川，都属于山岳冰川。就是在第四纪冰川最盛的冰河时代，冰川规模大大扩大，也没有发育为大陆冰盖。以前有很多专家认为，青藏高原在第四纪的时候曾经被一个大的冰盖所覆盖，即使现在国外有些专家仍持这种观点。但是经过考察和论证，中国的冰川学者基本上否定了这种观点。

冰川在世界两极和两极至赤道带的高山均有分布，地球上陆地面积的1/10为冰川所覆盖，而4/5的淡水资源就储存于冰川（冰盖）之中。

中国冰川面积分别占世界和亚洲山地冰川总面积的14.5%和47.6%，是中低纬度冰川发育最多的国家。中国冰川分布在新疆、青海、甘肃、四川、云南和西藏6省区。其中西藏的冰川数量多达22468条，面积达28645平方公里。中国冰川自北向南依次分布在阿尔泰山、天山、帕米尔高原、喀喇昆仑山、昆仑山和喜马拉雅山等14条山脉。这些山脉山体巨大，为冰川发育提供了广阔的积累空间和有利于冰川发育的水热条件。通过考察发现，中国冰川面积中大于100平方公里的冰川达33条，其中完全在中国境内的最大的山谷冰川是音苏盖提冰川，面积为392.4平方公里；最大的冰原是普若岗日，面积达423平方公里；最大的冰帽是崇测冰川，面积达163平方公里。

▼中国冰川分布状况

沙漠
Sha Mo >>>

沙漠（亦作砂漠）是指沙质荒漠，地球陆地的三分之一是沙漠。因为水很少，一般以为沙漠荒凉无生命，有"荒沙"之称。和别的区域相比，沙漠中生命并不多，但是仔细看看，就会发现沙漠中藏着很多动植物，尤其是晚上才出来的动物。

▲沙漠

沙漠地域大多是沙滩或沙丘，沙下岩石也经常出现。泥土很稀薄，植物也很少。有些沙漠是盐滩，完全没有草木。沙漠一般是风成地貌。

沙漠里有时会有可贵的矿床，近代也发现了很多石油储藏。沙漠少有居民，资源开发也比较容易。沙漠气候干燥，它也是考古学家的乐土，可以找到很多人类的文物和更早的化石。

全世界陆地面积为 1.49 亿平方千米，占地球总面积的 29%，其中约 1/3(4800 万平方千米) 是干旱、半干旱荒漠地，而且每年以 6 万平方千米的速度扩大着。而沙漠面积已占陆地总面积的 10%，还有 43% 的土地正面临沙漠化的威胁。

沙漠化

所谓沙漠化，可以理解为荒漠化的一种，即植被破坏之后，地面失去覆盖，在干旱气候和大风作用下，绿色原野逐步变成类似沙漠景观的过程。土地沙漠化主要出现在干旱和半干旱区。 形成沙漠的关键因素是气候，但是在沙漠的边缘地带，原生植被可能是草地，由于人为原因沙化了，这些人为的因素主要有以下几个方面：

● 不合理的农垦

无论在沙漠地区或原生草原地区，一经开垦，土地即行沙化。在 1958 到 1962 年间，片面地理解大办农业，在牧区、半农牧区及农区不加选择，乱加开

▲沙漠中的胡杨

荒；1966—1973 年，又片面地强调以粮为纲，说什么"牧民不吃亏心粮"，于是在牧区出现了滥垦草场的现象，致使草场沙化急剧发展。由于风蚀严重，沙荒地区开垦后，最初 1~2 年单产尚可维持二三十千克，以后连种子都难以收回，只有弃耕，加开一片新地。这样导致"开荒一亩，沙化三亩"。据统计，仅鄂尔多斯地区开垦面积就达 120 万公顷，造成 120 万公顷草场不同程度地沙化。

● 过度放牧

由于牲畜过多，草原产草量供应不足，使很多优质草种长不到结种或种子成熟就被吃掉了。另外，像占牲畜总数一半以上的山羊，行动很快，善于剥食沙生灌木茎皮，刨食草根，再加上践踏，使草原产草量越来越少，形成沙化土地，造成恶性循环。

● 不合理的樵采

从历史上来讲，樵采是造成我国灌溉绿洲和旱地农业区流沙形成的重要因素之一。以鄂尔多斯市为例，据估计五口之家年需烧柴 700 多千克，若采油蒿则每户需 5000 千克，约相当于 3 公顷多固定、半固定沙丘所产大部或全部油蒿。据统计，鄂尔多斯市仅樵采一项而使巴拉草场沙化的面积达 20 万公顷。

沙漠地区，气候干燥，雨量稀少，年降水量在 250 毫米以下，有些沙漠地区的年降水量更少至 10 毫米以下（如中国新疆的塔克拉玛干沙漠），但是偶然也有突然而来的大雨。沙漠地区的蒸发量很大，远远超过当地的降水量。空气的湿度偏低，相对湿度可低至 5%。气候变化颇大，平均年温差一般超

土地沙化

过摄氏 30 度；绝对温度的差异，更往往在 50 度以上；日温差变化极为显著，夏秋午间近地表温度可达 60 度至 80 度，夜间却可降至 10 度以下。沙漠地区经常晴空，万里无云，风力强劲，最大风力可达飓风程度。热带沙漠成因：主要受到副热带高压笼罩，空气多下沉增温，抑制地表对流作用，难以致雨。若为高山阻隔、位处内

▲沙化的土地

陆或热带西岸，均可以形成荒漠。例如澳洲大陆内部的沙漠，就是因为海风抵达时，已散失所有水汽而形成的。有时，山的背风面也会形成沙漠。地面物质荒漠并非全是沙质地面，更常见为叠石地面或岩质地面，地面尚有湖和绿洲。

沙漠治理

在沙漠修建地下河。即使南水北调，利用西线引水工程。如果把引水河建在地上的话，水的蒸发流失将会造成大量的水浪费掉。修建了地下河，则保证了大部分引水正常抵达目的地。

在沙漠修建温室大棚。我国粮食资源大大不足，每年还要从国外进口粮食。在沙漠中修建温室大棚，可以增加粮食、蔬菜、食用菌等的产量，大大缓解我国人民粮食的困境。另外，它又可以为内地节省下许多土地来。

在沙漠修建地下城和地下工厂。在内地不要再批地建造工厂了。并且，有可能的话，把一些工厂也迁到沙漠中来，这样其实是一举两得的好事。因为这样做，不必再破坏我们好好的土地了，而沙漠又得到了利用。

引到水了，就可以就地取材，修建温室大棚。有了粮食蔬菜，就可以建设地下城和地下工厂了。配合着植树造林，配合着建设一些长城墙挡风沙（那些城墙等沙漠治理好了还可以成为历史景观），我们坚信沙漠总有一天会被我们消灭的。

▼栽种防沙林

第三章 地球的"心情"

变化万千的气候，玄妙莫测的自然，神奇梦幻的地域，不可思议的自然景观，生机勃勃的动植物,每一朵洁白的浪花，背后都有七彩的景象。最生动的语言，最缜密的思维、最精彩的图片，将帮助你挥动求知的翅膀，在知识的天空翱翔。

Tian Qi De 的 奥秘 >>>
天气

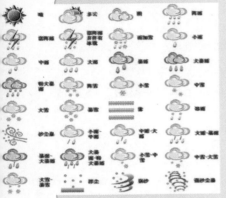

天气是一定区域短时段内的大气状态（如冷暖、风雨、干湿、阴晴等）及其变化的总称。天气的最大特点是多变。天气直接对人们的生产和生活产生深远影响。对人们从事的各种行业部门如农业，交通，旅游也产生重大影响。天气渗透到人们的每一个生活领域。关注天气预报成为人们的必备日常活动。

◀天气符号

　　天气是指近地面经常不断变化着的大气运行状态，既是一定时间和空间内的大气状态，也是大气状态在一定时间间隔内的连续变化。所以可以理解为天气现象和天气过程的统称。天气现象是指发生在大气中的各种自然现象，即某瞬时内大气中各种气象要素（如气温、气压、湿度、风、云、雾、雨、雪、霜、雷、雹等）空间分布的综合表现。天气过程就是一定地区的天气现象随时间的变化过程。简而言之，天气是一定区域短时段内的大气状态（如冷暖、风雨、干湿、阴晴等）及其变化的总称。

　　天气系统通常是指引起天气变化和分布的高压、低压和高压脊、低压槽等具

▼天气与农业生产息息相关

有典型特征的大气运动系统。各种天气系统都具有一定的空间尺度和时间尺度，而且各种尺度系统间相互交织、相互作用。许多天气系统的组合，构成大范围的天气形势，构成半球甚至全球的大气环流。天气系统总是处在不断新生、发展和消亡过程中，在不同发展阶段有其相对应的天气现象分布。因而一个地区的天气和天气变化是同天气系统及

▲卫星云图

其发展阶段相联系的，是大气的动力过程和热力过程的综合结果。

各类天气系统都是在一定的大气环流和地理环境中形成、发展和演变着的，都反映着一定地区的环境特性。比如极区及其周围终年覆盖着冰雪，空气严寒、干燥，这一特有的地理环境成为极区低空冷高压和高空极涡、低槽形成、发展的背景条件。赤道和低纬地区终年高温、潮湿，大气处于不稳定状态，是对流性天气系统产生、发展的必要条件。中高纬度是冷、暖气流经常交汇地带，不仅冷暖气团你来我往交替频繁，而且其斜压不稳定，是锋面、气旋系统得以形成、发展的重要基础。天气系统的形成和活动反过来又会给地理环境的结构和演变以深刻影响。因而认识和掌握天气系统的形成、结构、运动变化规律以及同地理环境间的相互关系，对于了解天气、气候的形成、特征、变化和预测地理环境的演变都是十分重要的。

天气与农业生产活动紧密相关。天气对农业生产的影响非常广泛。大到对农业活动的安排，小到农业生产的每个环节。具体而言，天气影响播种，种子的发芽，小苗的生长、开花、结果，甚至于收获贮存等。这种现象特别存在于农业生产水平主要靠天收成的地区。

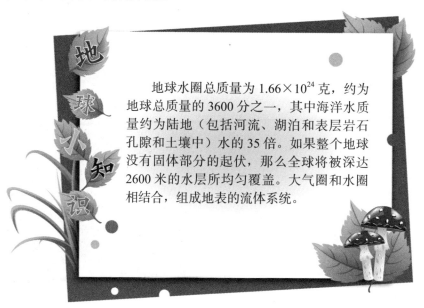

地球小知识

地球水圈总质量为 1.66×10^{24} 克，约为地球总质量的 3600 分之一，其中海洋水质量约为陆地（包括河流、湖泊和表层岩石孔隙和土壤中）水的 35 倍。如果整个地球没有固体部分的起伏，那么全球将被深达 2600 米的水层所均匀覆盖。大气圈和水圈相结合，组成地表的流体系统。

Yi Nian 四季
一年 *Si Ji* >>>

　　年中交替出现四个季节，即春季、夏季、秋季和冬季。在天文上，季节的划分是以地球在围绕太阳公转轨道上的位置确定的。地球绕太阳公转的轨道是椭圆的，而且与其自转的平面有一个夹角。当地球在一年中不同的时候，处在公转轨道的不同位置时，地球上各个地方受到的太阳光照是不一样的，接收到太阳的热量不同，因此就有了季节的变化和冷热的差异。

▲春天的梨花

　　在气候上，四个季节是以温度来区分的。在北半球，每年的 3～5 月为春季，6～8 月为夏季，9～11 月为秋季，12～2 月为冬季。在南半球，各个季节的时间刚好与北半球相反。南半球是夏季时，北半球正是冬季；南半球是冬季时，北半球是夏季。在各个季节之间并没有明显的界线，季节的转换是逐渐的。

▼金秋红叶

四季递变

　　地球上的四季首先表现为一种天文现象，不仅是温度的周期性变化，而且是昼夜长短和太阳高度的周期性变化。当然昼夜长短和正午太阳高度的改变，决定了温度的变化。四季的递变在全球不是统一的，北半球是夏季，南半球是冬季；北半球由暖变冷，南半球由冷变热。

▲盛夏的向日葵

现在分析一下昼夜长短和太阳高度，在不同季节的周期性变化规律。

从春分经夏至到秋分，北半球处于夏半年，南半球处于冬半年。在此期间，北半球昼长夜短，南半球昼短夜长；北极处于极昼，南极处于极夜；北回归线以北的太阳高度始终大于平均值，南回归线以南则小于平均值。北回归线以北太阳升起于东北方的地平圈上，降落于西北方的地平圈上。二分日全球各地太阳均升起于正东方，降落于正西方。

从秋分经冬至到春分，北半球处于冬半年，南半球处于夏半年。在此期间，南北半球的昼夜长短、极昼极夜和太阳高度，都同上述情况相反。北回归线以北太阳升起于东南方的地平圈上，降落于西南方的地平圈上。

从夏至经秋分到冬至，北半球由夏半年变为冬半年，南半球由冬半年变为夏半年。在此期间，北半球昼渐短，夜渐长，极昼带逐渐缩小；南半球昼渐长，夜渐短，极夜带逐渐缩小。北回归线以北太阳高度一直在减小，南回归线以南则在增大。北回归线以北太阳升起方向由东北变为东南，降落方向由西北变为西南。秋分日由正东升起，正西降落。

▲碧绿的春天

从冬至经春分到夏至，北半球由冬半年变为夏半年，南半球由夏半年变为冬半年。南北半球的昼夜长短、极昼极夜和太阳高度的变化同上述情况相反。北回归线以北太阳升起的方向由东南变为东北，降落方向由西南变为西北。

从冬至到春分和从夏至到秋分，全球各地昼长都向平均值（12小时）接近，极昼、极夜的范围都逐渐缩小。北回归线以北和南回归线以南的太阳高度都在向平均值接近。北回归线以北，太阳升起方向逐渐接近正东，降落方向接近于正西。

从春分到夏至和从秋分到冬至，全球各地昼夜长短都在向极值变化，极昼、极夜的范围都逐渐扩大。北回归线以北和南回归线以南的太阳高度也趋向极值。北回归线以北太阳升、落的方向，分别向东北、东南和西北、西南移动。

由于南北回归线之间的昼夜长短和太阳高度的变化较复杂，所占篇幅较多，我

▲冬雪

们没有充分地说明，读者自行总结出规律来也是不难做到的。在分析的时候，最好能分成几个阶段来进行。例如，在北半球，可以从春分到太阳直射该地算做一个阶段，再到夏至为第二个阶段，夏至以后到再次太阳直射为第三个阶段，以后可以把到冬至作为下一个阶段，由冬至到春分是最后一个阶段，太阳完成了一次回归运动。每个阶段昼夜长短、太阳高度、太阳的升落方向及正午时太阳的方向（例如，北半球夏至时，太阳在正午时位于天顶以北，冬至时则在天顶以南），等等，都有较大的变化。

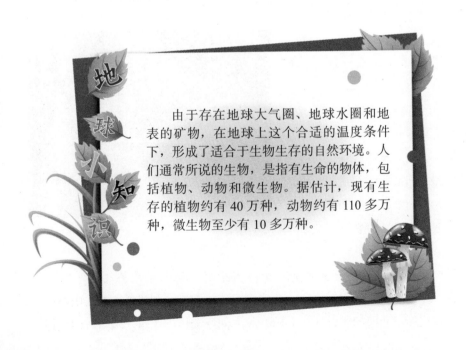

地球小知识

由于存在地球大气圈、地球水圈和地表的矿物，在地球上这个合适的温度条件下，形成了适合于生物生存的自然环境。人们通常所说的生物，是指有生命的物体，包括植物、动物和微生物。据估计，现有生存的植物约有 40 万种，动物约有 110 多万种，微生物至少有 10 多万种。

地球的外衣——大气 >>>

如果我们乘坐宇宙飞船或航天飞机俯看地球，地球被一层淡蓝色的外衣包裹着，这层外衣就是地球大气（也称为大气圈）。地球大气是地球上一切生命赖以生存和进化的基础环境条件，也是人类和地球生物的"保护伞"。

▼大气层

大气圈是包围在地球周围的空气圈层。它的全部或一部分通常称为大气层或大气。大气圈与岩石圈、水圈、生物圈共同组成地球外壳的最基本的自然圈层。大气圈是地球的外衣和保护伞，它日夜阻挡着宇宙间的"不速之客"和过量的太阳辐射对地球生命的侵害，是地球上一切生物赖以生存的物质条件之一。

大气是由多种气体混合而成的。其中氮气最多，约占78%；其次是氧气，约占21%；其余为氩、二氧化碳、臭氧、水汽等微量气体。大气中还悬浮着水滴、冰晶、尘埃等液体、固体微粒。从地面到大气上界，可分为对流层、平流层、中层、热层、外逸层。大气的密度随着高度的升高而减小，大约30%的大气质量集中在3000米以下的大气层里；5500米高度是个中线，以上和以下的大气质量是相等的。

▼大气层

大约90%的大气质量集中在16.5公里以下的低层大气里，32公里以上的大气质量还不到整个大气质量的1%。与人类活动息息相关的天气现象和天气系统主要发生在对流层中，对流层的厚度在中纬度地区为10公里左右。

根据大气自海平面向上的各种特性，可将大气圈分为若干层次。按温度划分大气圈可分为对流层、平流层、中层、热层和外逸层。对流层是大气圈的最底层，厚度约为8～18千米。在这一范围内，每升高100米，温度降低0.65摄氏度；对流层顶部的温度约为-50℃～-70℃。该层集中了大气圈3/4的质量和几乎全部的水汽；这里的空气对流运动相当强烈，是天气活动的舞台，风、雨、雷、闪、台风、寒潮等几乎所有的天气现象和天气过程都发生在这里。

从对流层顶部向上至50～55千米的区间，叫平流层。平流层上部因臭氧吸收太阳辐射，温度升高到0℃左右。这里的大气较为稳定，多为大范围水平运动，几乎不出现天气现象，能见度极好，适合高性能飞机的飞行。

从平流层顶部再向上，约至80～85千米高度的大气层称为中层。中层的温度急剧降低，顶部达到-83℃左右。有时见到的夜光云就出现在这一层。

从中层顶部至250～500千米左右的气层是热层。该层由于空气直接吸收太阳辐射致使温度不断升高，顶部白天在1700℃以上，夜晚也超过200℃，火箭、导弹和宇宙飞船，如果没有防护外壳，就不可能通过该层。这里空气稀薄，仅占大气圈质量的十万分之一。

外逸层亦称外层、散逸层，是大气圈的最外层。一般距地面500千米以上。这里温度高达几千摄氏度，空气极其稀薄，并逐渐消融到星际空间，1600千米高度处的空气密度只有海平面空气密度的千万亿分之一。在外逸层，地球引力很小，高速运动的大气粒子极少碰撞，有些干脆和地球"拜拜"，逸入太空。

▼大气层

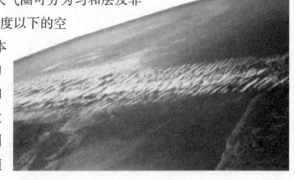

按空气成分的混合状况，大气圈可分为匀和层及非匀和层。匀和层位于85千米高度以下的空间，大气各种组分比例上下基本一致，除水汽外，干洁空气的平均分子量是个常数。非匀和层位于110千米以上的空间，大气各种组分比例随高度的不同而变化，干洁空气的分子量随

▲蔚蓝的天空

高度增加而减小。根据电离特性，大气圈可分为中性层、电离层和磁层。在60千米以下为中性层，500～1000千米以上叫磁层。电离层位于60千米至500～600千米之间，那里存在较多的离子和电子。电离层能反射地面上发射的无线电波。在地球两端的极夜时期，天空常常布设着瑰丽的极光，那五彩缤纷的弧形霞光，光度强时可把极夜照耀得如同白昼，那就是电离层中的一种放电现象。

此外，由于大气的光化反应，20～110千米高度之间的气层也叫光化层。平流层中臭氧浓度大，也叫臭氧层。臭氧层能有效地阻挡和削弱太阳光中的紫外线，保护地球生物；如果臭氧层遭到破坏，地球上绝大部分动植物都会因过强的紫外线照射而死亡。

从某种意义上说，风筝、飞机、火箭和宇宙飞船的出现，是人类在不同时期对大气圈认识的产物。在不断揭示大气圈特性及其对人类生存意义的同时，人们已认识到，保护大气环境就是保护我们的海洋和地球。

▼大气圈

多种 *Duo Zhong* 多样 *Duo Yang* 的气候 >>>

中国最北的黑龙江省漠河镇，位于北纬53°以北，属寒温带气候；而最南端的南海南沙群岛最南部距赤道还不到4个纬度，属赤道气候。南北气候相差十分悬殊。

▲中国气候区划

冬季，中国广大北方地区，千里冰封，万里雪飘，一派壮丽的北国风光。1月平均气温，黑龙江最北部冷到零下30℃左右，而两广、海南和福建省中南部地区平均气温却在10℃以上，树木花草终年常青，平原山区一片郁郁葱葱。海南岛、雷州半岛、台湾中南部和云南最南部地区更高达15～20℃以上，槟榔、椰树高插蓝天，随风摇曳，一片热带景象。南海诸岛最冷月多在22～26℃之间，更是中国终年皆夏的地方。

夏季，全国风向普遍偏南，北方太阳高度虽比南方稍低，但日照时间却比南方长，所以南北气温差变小，全国气温普遍较高。南方广大地区7月平均气温在28℃左右，而黑龙江大部地区温度也可达20℃以上。因此，松花江畔、珠江两岸，一样都有游泳季节。

▼寒冷的中国北方

中国东西相差60个经度以上，西北内陆距海有数千公里之遥，加上重重山脉阻隔。所以，从东部太平洋上吹来的湿润东南季风已鞭长莫及，从南部印度洋上吹来的西南季风又受阻于喜马拉雅山脉和青藏高原，使这里成为中国雨量最少的地区。塔里木、柴达木和吐鲁番盆地等年降雨量都在20毫米以下，沙漠中间甚至终年无雨。农业主要依靠高山冰雪融水和挖坎儿井引地下水灌溉。块块绿洲像串串珍珠般分布在盆地的边缘地区，成为沙漠干旱地区中最为富饶和人口最为密集的地方。

中国的年降雨量从西北地区向东、向南逐渐增加。起自东北大兴安岭、止于西藏西南边境的 400 毫米等年雨量线，大致把中国分成西北和东南两半。东北长白山区年降雨量可以多到 800～1000 毫米，是中国北方雨量最多的地方；汉水、淮河以南大都在 1000 毫米以上；东南沿海、台湾、海南岛的许多地方雨量还超过了 2000 毫米。中印边境东段有些地区年降雨量在 4000 毫米左右，是中国大陆上雨量最多的地方。台湾的火烧寮平均年降雨量达到 6600 毫米，是中国平均年降雨量的冠军。

此外，地形和海拔高度对气候也有重大影响。一般说来，海拔每升高 1000 米，平均气温就要下降 5℃ 左右（夏季大些，冬季小些）。中国青藏高原大部分地区海拔四五千米以上，这里的气温就是在盛夏 7 月，很多地区平均也不到 10℃，经夏霜雪不绝，寒气袭人。而同纬度的东部长江中下游平原地区却正是夏日炎炎、流汗难眠的伏旱天气，平均气温高达 29℃ 左右，对比十分鲜明。云南高原海拔比青藏高原低，大致在 1000～3000 米之间，纬度也比青藏高原偏南，且东有乌蒙山等高大山脉阻滞东亚冷空气入侵，因而这里冬无严寒，夏无酷暑、气候比较温和。特别是海拔约 1500 米左右的云南中南部许多地区，更是冬暖夏凉，四季如春，昆明并有"春城"之誉。

▲热带气候的中国南方地区

因为中国的寒潮冷空气主要来自北方，因此东西走向的高大山脉，便能阻滞冷空气南下，使山南山北冬季温差加大，甚至成为两个气候区域。例如天山成为中国中温带和暖温带的分界线，秦岭则成为暖温带和亚热带的分界线。就是低矮的南岭山脉，岭南岭北的温差也是很大的，古咏庾岭（在广东、江西之间，属南岭山脉）梅诗："南枝向暖北枝寒，一种春风有两般"（枝指梅树，南指岭南，北指岭北），说的正是这个意思。四川盆地也是由于四周有高山围绕，盆地内冬季十分温暖，1 月平均气温比东部同纬度高出 3～4℃，所以，即使隆冬季节，亦遍地青绿，霜雪少见，几乎全年都是生长期，因此物产丰富，素有"天府之国"的称号。

▲茂密湿润的森林

山脉对于雨量的影响也是极其显著的。一般说来，随着海拔高度的增加，年降雨量和雨日都逐渐增加。因此，天山北坡、祁连山北坡和阿尔泰山西南坡，山麓是荒漠，而山腰都有森林环绕。再如，长江中下游地区的山麓平地夏季有伏旱现象，但千米以上高山降水却很丰富。山脉对降水的另一重要影响，是迎风坡雨量比背风坡要多得多。例如面迎东南季风的长白山脉东南侧的宽甸县（丹东附近），年降雨量高达 1201.6 毫米，而背风侧的沈阳只有 755.5 毫米；太行山迎风东坡麓的石家庄年降雨量 599.0 毫米，而背风侧的太原只有 466.6 毫米；喜马拉雅山南麓中印边境东段，因为面迎潮湿的西南季风，年雨量高达 2000～3000 毫米以上，但翻过喜马拉雅山脉，进入背风的雅鲁藏布江谷地，就剧减到 400 毫米以下。全国最多雨的台湾火烧寮也正是面迎冬半年从东海上吹来的潮湿的东北季风的结果。

所以，如果归纳一下中国的冷热和雨旱的气候类型，那么从温度方面来说，青藏高原 4500 米左右或以上地区四季常冬（按中国习惯，以 5 天平均气温 ≤10℃为冬，≥22℃为夏，10～22℃之间为春秋季），南海诸岛终年皆夏；东北大小兴安岭地区长冬无夏，春秋相连；岭南两广则是长夏无冬，秋去春来；云南中南部地区四季如春，而其余广大地区则冬冷夏热，四季分明。

▼终年积雪的雪山

从雨旱方面来说，西北地区全年红日普照大地，而川黔许多地区则是"天无三日晴"的阴雨连绵天气；江南地区春雨伏旱，东北、华北和西南大面积地区则是春旱夏（秋）雨；台湾北端又是我国唯一冬季最多雨的地方……中国气候类型之丰富多彩，由此可见一斑。

气温
Qi Wen >>>

大气的温度简称气温，气温是地面气象观测规定高度（即 1.25 ~ 2.00 米，国内为 1.5 米）上的空气温度。空气温度记录可以表征一个地方的热状况特征。无论在理论研究上，还是在国防、经济建设的应用上都是不可缺少的。因此，气温是地面气象观测中所要测定的常规要素之一。气温有定时气温（基本站每日观测 4 次，基准站每日观测 24 次）、日最高气温和日最低

▲寒冷的冬天

气温。配有温度计的台站还有气温的连续记录。是由安装在百叶箱中的温度表或温度计所测定的，这些温度表或温度计是根据水银、酒精或双金属片作为感应器的热胀冷缩特性制成的。气温的单位用摄氏度（℃）表示，有的以华氏度（F）表示，均取小数一位，负值表示零度以下。

气压

气压是作用在单位面积上的大气压力，即等于单位面积上向上延伸到大气上界的垂直空气柱的重量。气压以百帕（hPa）为单位，取一位小数。

气压的发现

1640 年 10 月的一天，万里无云，在离佛罗伦萨集市广场不远的一口井旁，意大利著名科学家伽利略在进行抽水泵实验。他把软管的一端放到井水中，然后把软管挂在离井壁三米高的木头横梁上，另一端则连接到手动的抽水

▲酷暑高温

泵上。抽水泵由伽利略的两个助手拿着，一个是富商的儿子——32 岁，志向远大的科学家托里拆利，另一个是意大利物理学家巴利安尼（Giovanni Baliani）。

托里拆利和巴利安尼摇动抽水泵的木质把手，软管内的空气慢慢被抽出，水在软管内慢慢上升。抽水泵把软管吸得像扁平的饮料吸管，但是不论他们怎样用力摇动把手，水离井中水面的高度都不会超过 9.7 米。每次实验都是这样。

伽利略提出：水柱的重量以某种方式使水回到那个高度。

1643 年，托里拆利又开始研究抽水机的奥妙。根据伽利略的理论，重的液体也能达到同样的临界重量，高度要低得多。水银的密度是水的 13.5 倍，因此，水银柱的高度不会超过水柱高度的 1/13.5，即大约 30 英寸。

托里拆利把 6 英尺长的玻璃管装上水银，用软木塞塞住开口段。他把玻璃管颠倒过来，把带有木塞的一端放进装有水银的盆子中。正如他所预料的那样，拔掉木塞后，水银从玻璃管流进盆子中，但并不是全部水银都流出来。

托里拆利测量了玻璃管中水银柱的高度，与他料想的一样，水银柱的高度是 30 英寸。然而，他仍在怀疑这一奥秘的原因与水银柱上面的真空有关。

第二天，风雨交加，雨点敲打着窗子。为了研究水银上面的真空，托里拆利一遍遍地做实验。可是，这一天水银柱只上升到 29 英寸的高度。

托里拆利困惑不解，他希望水银柱上升到昨天实验时的高度。两个实验有什么不同之处呢？雨点不停地敲打着玻璃，他陷入沉思之中。

一个革命性的新想法在托里拆利的脑海中闪现。两次实验是在不同的天气状况下进行的，空气也是有重量的。抽水泵奥

▼寒冷的冬天

秘的真相不在于液体重量和它上面的真空，而在于周围大气的重量。

托里拆利意识到：大气中空气的重量对盆子中的水银施加压力，这种力量把水银压进了玻璃管中。玻璃管中水银的重量与大气向盆子中水银施加的重量应该是完全相等的。

大气重量改变时，它向盆子中施加的压力就会增大或减少，这样就会导致玻璃管中水银柱升高或下降。天气变化必然引起大气重量的变化。

托里拆利发现了大气压力，找到了测量和研究大气压力的方法。

湿度

表示大气干燥程度的物理量。在一定的温度下在一定体积的空气里含有的水汽越少，则空气越干燥；水汽越多，则空气越潮湿。空气的干湿程度叫做"湿度"。在此意义下，常用绝对湿度、相对湿度、比较湿度、混合比、饱和差以及露点等物理量来表示；若表示在湿蒸汽中液态水分的重量占蒸汽总重量的百分比，则称之为蒸汽的湿度。

空气湿度对身体健康的影响。在任何气温条件下潮湿的空气对人体都是不利的。

研究表明，湿度过大时，人体中一种松果腺体分泌出的松果激素量也较大，使得体内甲状腺素及肾上腺素的浓度相对降低，细胞就会"偷懒"，人就会无精打采，萎靡不振。长时间在湿度较大的地方工作、生活，还容易患湿痹症。湿度过小时，蒸发加快，干燥的空气容易夺走人体的水分，使皮肤干燥、鼻腔黏膜受到刺激。所以在秋冬季干冷空气入侵时，极易诱发呼吸系统病症。此外，空气湿度过大或过小时，都有利于一些细菌和病毒的繁殖和传播。科学测定，当空气湿度高于65%或低于38%时，病菌繁殖滋生最快，当相对湿度在45%~55%时，病菌死亡较快。

相对湿度通常与气温、气压共同作用于人体。现代医疗气象研究表明，对人体

▼夏日海滩

比较适宜的相对湿度为：夏季室温 25℃时，相对湿度控制在 40%~50% 比较舒适；冬季室温 18℃时，相对湿度控制在 60%~70%。夏季三伏时节，由于高温、低压、高湿度的作用，人体汗液不易排出，出汗后不易被蒸发掉，因而会使人烦躁、疲倦、食欲不振；冬季湿度有时太小，空气过于干燥，易引起上呼吸道黏膜感染，患上感冒。据科学试验，在气温日际变化大于 3℃、气压日际变化大于 10 百帕，相对湿度日际变化大于 10% 时，关节炎的发病率会显著增加。

▲炎热夏天

人体致死的高温指标与空气湿度也有很大关系。当气温和湿度高达某一极限时，人体的热量散发不出去，体温就要升高，以致超过人体的耐热极限，人即会死亡。因此，我国规定灾害性天气标准为：长江以南最高气温高于 38℃，或者最高气温达 35℃、同时相对湿度高于 61%；长江以北地区最高气温达 35℃，或者最高气温达 30℃、同时相对湿度高于 64%。

夏季，湿度增大，水汽趋于饱和时，会抑制人体散热功能的发挥，使人感到十分闷热和烦躁。冬天，湿度增大时，则会使热传导加快约 20 倍，使人觉得更加阴冷、抑郁。关节炎患者由于患病部位关节滑膜及周围组织损伤，抵抗外部刺激的能力减弱，无法适应激烈的降温，使病情加重或酸痛加剧。如果湿度过小时，因上呼吸道黏膜的水分大量丧失，人感觉口干舌燥，甚至出现咽喉肿痛、声音嘶哑和鼻出血，并诱发感冒。调查研究还表明，当相对湿度达 90% 以上，26℃会让人感觉 31℃似的。干燥的空气能以与人体汗腺制造汗液的相等速度将汗液吸收，使我们感觉凉快。可是湿度大的空气却由于早已充满水分，因而无力再吸收水分，于是汗液只得积聚在我们的皮肤上，使我们的体温不断上升，同时心力不胜负荷。

风
Feng >>>

形成风的直接原因，是水平气压梯度力。风受大气环流、地形、水域等不同因素的综合影响，表现形式多种多样，如季风、地方性的海陆风、山谷风、焚风等。简单地说，风是空气分子的运动。

▶风力发电

风的影响

风是农业生产的环境因子之一。风速适度对改善农田环境条件起着重要作用。近地层热量交换、农田蒸散和空气中的二氧化碳、氧气等输送过程随着风速的增大而加快或加强。风可传播植物花粉、种子，帮助植物授粉和繁殖。风能是分布广泛、用之不竭的能源。中国盛行季风，对作物生长有利。在内蒙古高原、东北高原、东南沿海以及内陆高山，都具有丰富的风能资源，可作为能源开发利用。

风对农业也会产生消极作用。它能传播病原体，蔓延植物病害。高空风是粘虫、稻飞虱、稻纵卷叶螟、飞蝗等害虫长距离迁飞的气象条件。大风使叶片机械擦伤、作物倒伏、树木断折、落花落果而影响产量。大风还造成土壤风蚀、沙丘移动，而毁坏农田。在干旱地区盲目垦荒，风将导致土地沙漠化。牧区的大风和暴风雪可吹散畜群，加重冻害。地方性风的某些特殊性质，也常造成风害。由海上吹来含盐分较多的海潮风，高温低温的焚风和干热风，都严重影响果树的开花、坐果和谷类作物的灌浆。防御风害，多采用培育矮化、抗倒伏、耐摩擦的抗风品种。营造防风林，设置风障等更是有效的防风方法。

风的能量

空气流动所形成的动能即为风能。风能是太阳能的一种转化形式。

▲荷兰风车

太阳的辐射造成地球表面受热不均，引起大气层中压力分布不均，空气沿水平方向运动形成风。风的形成乃是空气流动的结果。风能的形成主要是将大气运动时所具有的动能转化为其他形式的能。

在赤道和低纬度地区，太阳高度角大，日照时间长，太阳辐射强度强，地面和大气接受的热量多、温度较高；在高纬度地区太阳高度角小，日照时间短，地面和大气接受的热量小，温度低。这种高纬度与低纬度之间的温度差异，形成了南北之间的气压梯度，使空气作水平运动，风应沿水平气压梯度方向吹，即垂直与等压线从高压向低压吹。地球在自转，使空气水平运动发生偏向的力，称为地转偏向力。这种力使北半球气流向右偏转，南半球向右偏转。所以地球大气运动除受气压梯度力外，还要受地转偏向力的影响。大气真实运动是这两力综合影响的结果。

实际上，地面风不仅受这两个力的支配，而且在很大程度上受海洋、地形的影响。山谷和海峡能改变气流运动的方向，还能使风速增大；而丘陵、山地却因摩擦大使风速减少；孤立山峰却因海拔高使风速增大。因此，风向和风速的时空分布较为复杂。

再有海陆差异对气流运动的影响。在冬季，大陆比海洋冷，大陆气压比海洋高，风从大陆吹向海洋。夏季相反，大陆比海洋热，风从海洋吹向内陆。这种随季节转换的风，我们称为季风。所谓的海陆风也是白昼时，大陆上的气流受热膨胀上升至高空流向海洋，到海洋上空冷却下沉，在近地层海洋上的气流吹向大陆，补偿大陆的上升气流，低层风从海洋吹向大陆称为海风。夜间（冬季）时，情况相反，低层风从大陆吹向海洋，称为陆风。在山区由于热力原因引起的白天由谷地吹向平原或山坡，夜间由平原或山坡吹向谷地。前者称谷风，后者称为山风。这是由于白天山坡受热快，温度高于山谷上方同高度的空气温度，坡地上的暖空气从山坡流向谷地上方，谷地的空气则沿着山坡向上补充流失的空气。这时由山谷吹向山坡的风，称为谷风。夜间，山坡因辐射冷却，其降温速度比同高度的空气快，冷空气沿坡地向下流入山谷，称为山风。当太阳辐射能穿越地球大气层时，大气层吸收一定的能量，其中一小部分转变成空气的动能。因为热带比极带吸收更多的太阳辐射能，产生大气压力差导致空气流动而产生

"风"。至于局部地区，例如在高山和深谷。在白天，高山顶上空气受到阳光加热而上升，深谷中冷空气取而代之，因此，风由深谷吹向高山；夜晚，高山上空气散热较快，于是风由高山吹向深谷。另一例子，如在沿海地区，白天由于陆地与海洋的温度差，而形成海风吹向陆地；反之，晚上陆风吹向海上。

风为什么是雷雨的排头兵？

雷雨来临之前，往往先是一阵狂风，随后骤雨接踵而来，这种现象在山区更为常见。那么风为什么会为雷雨打头阵？

雷雨来临之前，经常是大风先到，雷雨随后才到。其原因是在炎热的夏季，近地面空气增温剧烈，在有利的天气系统影响下，暖湿空气势力特别强盛。尤其是在水平气流遇到山脉、高地阻挡时，一方面由于地形强烈的抬升作用，促使暖湿空气沿着山坡上升；另一方面，山地对近地层的空气又有加热作用，使空气膨胀上升，容易形成雷雨云。因此，雷雨云中，既有强烈的上升气流，又有下沉气流。从雷雨云中下沉的冷空气到达近地面以后，会迅速向四周扩散，形成一个冷空气堆。由于下沉冷空气的密度较大，冷空气堆的气压迅速上升，形成一个冷高压，称为雷雨高压。这样，在小的区域内出现了较大的气压差，于是便刮起了狂风。风从雷雨高压中心向四周地面倾泻时，速度会骤然加快，一般可达每秒十几米，有时可达到每秒30米以上。阵风过后，雷电迅速到来，随之紧跟的是能产生降水的低气压，这时雷雨也随即出现。所以，大风往往出现于雷雨以前。

▼风雨袭来

不过，并不是所有的雷雨发生之前都先刮大风。有时凶猛的狂风与雷雨同时袭来；有时布满天空的雷雨云只下雷雨而不刮大风。这是因为对于某一次雷雨天气来说，由于形成雷雨的具体时间、地点和条件不一样，再加上其本身的一些特点，所以也有例外的情况。

霾 Mai >>>

指原因不明的因大量烟、尘等微粒悬浮而形成的浑浊现象。霾的核心物质是空气中悬浮的灰尘颗粒，气象学上称为气溶胶颗粒。悬浮在大气中的大量微小尘粒、烟粒或盐粒的集合体，使空气混浊，水平能见度降低到10km以下的一种天气现象。霾在史书中是用来表示有风沙的天气的，有"风而雨土为霾"之说。在气象学中霾是一种天气现象，是指大量极细微的干尘粒均匀的浮游在空中，使水平能见度小于10公里的空气普遍混浊现象。霾使远处光亮物体微带黄、红色，使黑暗物体微带蓝色，当水汽凝结加剧、空气湿度增大时，霾就会转化为雾。

霾的定义

霾的气象定义是悬浮在大气中的大量微小尘粒、烟粒或盐粒的集合体，使空气混浊，水平能见度降低到10km以下的一种天气现象。霾一般呈乳白色，它使物体的颜色减弱，使远处光亮物体微带黄红色，而黑暗物体微带蓝色。组成霾的粒子极小，不能用肉眼分辨。当大气凝结核由于各种原因长大时也能形成霾。在这种情况下水汽进一步凝结可能使霾演变成轻雾、雾和云。霾主要由气溶胶组成，它可在一天中任何时候出现。

▲雾霾

霾又称大气棕色云，在中国气象局《地面气象观测规范》中，霾天气的定义："大量极细微的干尘粒等均匀地浮游在空中，使水平能见度小于10千米的空气普遍有混浊现象，使远处光亮物微带黄、红色，使黑暗物微带蓝色。"

霾的形成因素

霾作为一种自然现象，其形成有三方面因素。一是水平方向静风现象的增多。随着城市建设的迅速发展，大楼越建越高，增大了地面摩擦系数，使风流经城区时明显减弱。静风现象增多，不利于大气污染物向城区外围扩展稀释，并容易在城区内积累高浓度污染。二是垂直方向的逆温现象。逆温层好比

▲雾霾中的城市

一个锅盖覆盖在城市上空，使城市上空出现了高空比低空气温更高的逆温现象。污染物在正常气候条件下，从气温高的低空向气温低的高空扩散，逐渐循环排放到大气中。但是逆温现象下，低空的气温反而更低，导致污染物的停留，不能及时排放出去。三是悬浮颗粒物的增加。近些年来随着工业的发展，机动车辆的增多，污染物排放和城市悬浮物大量增加，直接导致了能见度降低，使得整个城市看起来灰蒙蒙一片。霾的形成与污染物的排放密切相关，城市中机动车尾气以及其他烟尘排放源排出的粒径在微米级的细小颗粒物，停留在大气中，当逆温、静风等不利于扩散的天气出现时，就形成霾。据研究，在中国存在着 4 个霾天气比较严重地区：黄淮海地区、长江河谷、四川盆地和珠江三角洲。

霾的危害

▼雾霾蒙蒙

灰霾的组成成分非常复杂，包括数百种大气颗粒物。其中有害人类健康的主要是直径小于 10 微米的气溶胶粒子，如矿物颗粒物、海盐、硫酸盐、硝酸盐、有机气溶胶粒子等，它能直接进入并粘附在人体上下呼吸道和肺叶中。

由于灰霾中的大气气溶胶大部分均可被人体呼吸道吸入，尤其是亚微米粒子会分别沉积于上、下呼吸道和肺泡中，引起鼻炎、支气管炎等病症，长期处于这种环境还会诱发肺癌。此外，由于太阳中的紫外线是人体合成维生素 D 的唯一途径，紫外线辐射的减弱直接导致小儿佝偻病高发。另外，紫外线是自然界

杀灭大气微生物如细菌、病毒等的主要武器，灰霾天气导致近地层紫外线的减弱，易使空气中的传染性病菌的活性增强，传染病增多。

影响心理健康。灰霾天气容易让人产生悲观情绪，如不及时调节，很容易失控。

影响交通安全。出现灰霾天气时，室外能见度低，污染持续，交通阻塞，事故频发。

影响区域气候。使区域极端气候事件频繁，气象灾害连连。更令人担忧的是，灰霾还加快了城市遭受光化学烟雾污染的提前到来。光化学烟雾是一种淡蓝色的烟雾，汽车尾气和工厂废气里含大量氮氧化物和碳氢化合物，这些气体在阳光和紫外线作用下，会发生光化学反应，产生光化学烟雾。它的主要成分是一系列氧化剂，如臭氧、醛类、酮等，毒性很大，对人体有强烈的刺激作用，严重时会使人出现呼吸困难、视力衰退、手足抽搐等现象。

在霾天气下应注意的问题

在中度霾天气条件下：应减少不必要的户外活动，适度减少运动量与运动强度，预防呼吸道疾病发生。

在重度霾天气条件下：尽量避免户外活动，预防呼吸道疾病发生；能见度低劣时更要注意交通安全。

在霾天气下应做到：老人孩子少出门，行车走路加小心，锻炼身体有讲究。老人孩子少出门：中等和重度霾天气下，近地面空气中聚积着大量有害人类健康的气溶胶粒子，它能直接进入并粘附在人体上下呼吸道和肺叶中，引起鼻炎、支气管炎等病症，长期处于这种环境还会诱发肺癌。因此，抵抗力弱的老人儿童以及患有呼吸系统疾病的易感人群应尽量少出门，或减少户外活动，外出时戴口罩防护身体。锻炼身体有讲究：中等和重度霾天气易对人体呼吸循环系统造成刺激，尤其是在早晨空气质量较差，人们在进行锻炼时容易扭伤身体及诱发心梗、肺心病等。通常来说，若无冷空气活动和雨雪、大风等天气时，锻炼的时间最好选择上午到傍晚前的空气质量好、能见度高的时段进行，地点以树多草多的地方为好，霾天气时也应适度减少运动量与运动强度。

▼雾霾中的城市

雨

Yu >>>

雨是从云中降落的水滴。陆地和海洋表面的水蒸发变成水蒸气，水蒸气上升到一定高度后遇冷变成小水滴，这些小水滴组成了云，它们在云里互相碰撞，合并成大水滴，当它大到空气托不住的时候，就从云中落了下来，形成了雨。雨的成因多种多样，它的表现形态也各具特色，有毛毛细雨，有连绵不断的阴雨，还有倾盆而下的阵雨。

▲雨后

雨水是人类生活中最重要的淡水资源，植物也要靠雨露的滋润而茁壮成长。但暴雨造成的洪水也会给人类带来巨大的灾难。

雨的种类很多，除了酸雨，有颜色的雨外，还有许多有趣的雨。比如蛙雨，铁雨，金雨，甚至钱雨。它们都是龙卷风的杰作。

暴雨

▼雨后的郁金香

暴雨指降水强度很大的雨。一般指每小时降雨量 16 毫米以上，或连续 12 小时降雨量 30 毫米以上，或连续 24 小时降雨量 50 毫米以上的降水。某一地区连降暴雨或出现大暴雨、特大暴雨，常导致山洪暴发，水库垮坝，江河横溢，房屋被冲塌，农田被淹没，交通和电讯中断，会

给国民经济和人民的生命财产带来严重危害。中国是多暴雨国家之一，几乎各省（市、区）均有出现，主要集中在下半年。暴雨日数的地域分布呈明显的南方多、北方少，沿海多、内陆少，迎风坡侧多、背风坡侧少的特征。

冻雨

冻雨是由过冷水滴组成，与温度低于0℃的物体碰撞立即冻结的降水，是初冬或冬末春初时节见到的一种灾害性天气。低于0℃的雨滴在温度略低于0℃的空气中能够保持过冷状态，其外观同一般雨滴相同。当它落到温度为0℃以下的物体上时，立刻冻结成外表光滑而透明的冰层，称为雨凇。严重的雨凇会压断树木、电线杆，使通讯、供电中止，妨碍公路和铁路交通，威胁飞机的飞行安全。

▲冻雨

连阴雨

▲秋季连阴雨

中国初春或深秋时节接连几天甚至经月阴雨连绵、阳光寡照的寒冷天气。又称低温连阴雨。连阴雨同春末发生于华南的前汛期降水和初夏发生于江淮流域的梅雨不同。后两者虽在现象上也可称为连阴雨，但温度、湿度较高，雨量较大；而前者的主要特点是温度低、日照少、雨量并不大。连阴雨的灾害，主要在低温方面。初春的连阴雨，往往出现在水稻播种育秧时节，易造成大面积烂秧现象；秋季连阴雨如出现较早，也会影响晚稻等农作物的收成。

春季，中国南方的暖湿空气开始活跃，北方冷空气开始衰减，但仍有一定强度且活动频繁，冷暖空气交错处（即锋）经常停滞或徘徊于长江和华南之间。在地面天气图上出现准静止锋，在700百帕等压面图上，出现东西向的切变线，它位于地面准静止锋的北侧。连阴雨天气就产生在地面锋和 700 百帕等压面上的切变线之间。当锋面和切变线的位置偏南时，连阴雨发生在华南；偏北时，就出现在长江和南岭之间的江南地区。秋季的连阴雨，发生在北方冷空气开始活跃、南方暖湿空气开始衰减，但仍有一定强度的形势下，其过程与春季相似，只是冷暖空气交错的地区不同，因而连阴雨发生的地区也和春季有所不同。

梅雨

初夏江淮流域一带经常出现一段持续较长的阴沉多雨天气。此时，器物易霉，故亦称"霉雨"，简称"霉"；又值江南梅子黄熟之时，故亦称"梅雨"或"黄梅雨"。在中国史籍中记载较多。如《初学记》引南朝梁元帝《纂要》"梅熟而雨曰梅雨"。唐柳宗元《梅雨》"梅实迎时雨，苍茫值晚春"等。中国历书上向有霉雨始、终日的记载：开始之日称为"入霉"，结束之日称

▲梅雨江南

为"出霉"。芒种后第一个丙日入霉，小暑后第一个未日出霉。入霉总在 6 月 6 ~ 15 日之间，出霉总在 7 月 8 ~ 19 日之间，中国东部有一个雨期较长，雨量比较集中的明显雨季，由大体上呈东西向的主要雨带南北位移所造成，是东亚大气环流在春夏之交季节转变其间的特有现象。6 月中旬以后，雨带维持在江淮流域，就是梅雨。（但由于现在的语言使用习惯，现在所说的梅雨并不仅仅局限于江淮流域到日本一带，中国东部地区如福建等在梅雨季节所发生的持续不断的降水也称为梅雨。）

雨带停留时间称为"梅雨季节"，梅雨季节开始的一天称为"入梅"，结束的一天称为"出梅"。

此外，由于这一时段的空气湿度很大，百物极易获潮霉烂，故人们给梅雨起了一个别名，叫做"霉雨"。明代谢在杭的《五杂炬·天部一》记述："江南每岁三、四月，苦淫雨不止，百物霉腐，俗谓之梅雨，盖当梅子青黄时也。自徐淮而北则春夏常旱，至六七月之交，愁霉雨不止，物始霉焉。"明代杰出的医学家

李时珍在《本草纲目》中更明确指出："梅雨或作霉雨，言其沾衣及物，皆出黑霉也。"

酸雨

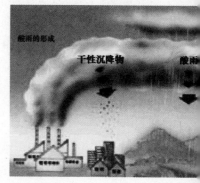

被大气中存在的酸性气体污染，pH 值小于 5.65 的雨叫酸雨。目前，中国已成为世界上第三个酸雨严重污染区。产生酸雨的罪魁祸首就是二氧化硫，它来自含硫的煤和石油的燃烧。近年来，中国每年向大气排放的二氧化硫达到 2000 万吨以上，而且还在逐年增加。

▲酸雨由来

酸雨的成因是一种复杂的大气化学和大气物理的现象。酸雨中含有多种无机酸和有机酸，绝大部分是硫酸和硝酸。工业生产、民用生活燃烧煤炭排放出来的二氧化硫，燃烧石油以及汽车尾气排放出来的氮氧化物，经过"云内成雨过程"，即水气凝结在硫酸根、硝酸根等凝结核上，发生液相氧化反应，形成硫酸雨滴和硝酸雨滴；又经过"云下冲刷过程"，即含酸雨滴在下降过程中不断合并吸附、冲刷其他含酸雨滴和含酸气体，形成较大雨滴，最后降落在地面上，形成了酸雨。中国的酸雨是硫酸型酸雨。

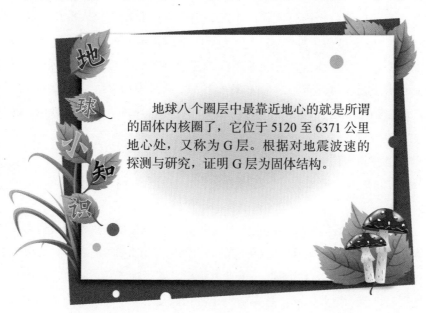

地球小知识

地球八个圈层中最靠近地心的就是所谓的固体内核圈了，它位于 5120 至 6371 公里地心处，又称为 G 层。根据对地震波速的探测与研究，证明 G 层为固体结构。

鱼雨
YU Yu >>>

在世界众多怪雨中，要数鱼雨为数最多。鱼雨在英国、美国和澳大利亚屡见不鲜，尤其是澳大利亚，鱼雨经常出现，以至报纸已不愿再刊登这类令人乏味的消息了。

从加利福尼亚到英国再到印度，也不断有关下鱼形式的降雨的报道：一些小动物，例如鱼、青蛙和蛇偶尔会出人意料地从空中落下，有时候是在离水域数英里远的地方。这是因为在湖泊或海洋上方急速旋转的海龙卷

▲鱼雨的由来

可能会把水以及水里的一切东西带进云层中，然后通过强风携带，可能远途"旅行"降落到其他地方，形成规模不等、形式各异的"雨"。

龙卷风根据它发生在陆地还是海上，可分为陆龙卷和海龙卷，海龙卷的直径一般比陆龙卷略小，其强度较大，维持时间较长，在海上往往是集群出现。在大洋上易发生台风或飓风的海区，也容易发生海龙卷。值得注意的是当出现厄尔尼诺现象时，海龙卷发生的次数就会增多。显而易见，厄尔尼诺现象的出现，反映着太平洋东部赤道海区附近及其以南海域的大规模增温现象。

▼从天而降的青蛙

从海龙卷群发生成长的过程，可以把其分成多个成长阶段。在海龙卷群中最成熟的要推"母龙卷气旋"，依次是龙卷气旋族、龙卷气旋、龙卷涡旋、龙卷漏斗、吸管涡旋，构成一个完整的家族。其相互关系是：母龙卷气旋是由多个龙卷气旋组成的，它的作用范围在10~20公里，其威力属海龙卷之首；龙卷气旋是由各个龙卷涡旋组成，作用尺度在3~10公里；龙卷涡旋也称小龙卷气旋，是由多个龙卷漏斗组成，作用在1~3公里

范围内；龙卷漏斗也是通常所见的漏斗云，它的尺度约为 300 米，一根漏斗云里，有两个甚至三个以上吸管涡旋，所以也称母涡旋；吸管涡旋是海龙卷群中最年轻的，它的尺度一般不超过 30 米，但其破坏力却是最大的，有时比台风威力还大，主要是它那涡旋轴范围小气压梯度特别大，压力差可达 20 百帕以上，为台风内部平均气压差的几百倍甚至上千倍，因此其内部风速极大，多在每秒 100 米以上，要比台风大几倍，所经之处常能造成极严重的灾害。海龙卷能把海上船只和水以及水里的一切东西带进云层中，这些暴风云中的强风则携带着卷进来的东西长途穿行，然后一股脑儿的将它们倾倒在毫无准备的人或建筑物之上。鱼从天而降，这就是海龙卷的作用，即是"鱼雨"形成的原因。

●澳大利亚

据澳大利亚媒体 2010 年 3 月 2 日报道，天上下雨不是新闻，但天上"下鱼"大概是许多人闻所未闻的奇闻。澳大利亚北部地区的拉加马奴镇日前竟连续下了 2 天"鱼雨"，成千上万条小鱼竟从天而降，而这些鱼落到地面时居然仍是活着的！专家推测，这些小鱼很可能是在一场龙卷风中，随着河水一起被狂风卷入到数万英尺空中，继而随风在空中"飞行"了数百公里，最终在拉加马奴镇上空落下，从而形成了天降"鱼雨"的奇观。

▲鱼雨

●洪都拉斯

鱼雨在拉丁美洲，成为很多国家的民间传说。据说在鱼雨到来之前，天上乌云滚滚，大风呼啸，强风暴雨大约持续 2 到 3 小时之后，数百条活鱼落在地面上。人们把这些地上的新鲜活鱼拿回家烹饪，看似多可笑的事情啊，可是它却真实存在着。自从 1998 年的一场鱼雨后，洪都拉斯国家的 Yoro 城市在每年都会过这个"鱼雨"节。

▼从天而降的小鱼

濒临加勒比海的洪都拉斯人很喜欢吃鱼。有趣的是在每年的 5 月至 7 月间，洪都拉斯的一些地区都会下鱼雨。这种现象已经有些年头了，如今更被写进许多民俗故事中。记者没有亲眼见过天上掉鱼的奇观。

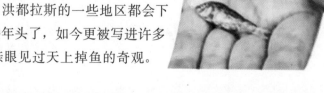

据说鱼雨来临之前，天上乌云滚滚，大风呼啸，强风暴雨大约持续两三个小时之后，数百条活鱼，便落在地上。从 1989 年开始，洪都拉斯人每年都庆祝鱼雨节。2006 年，洪都拉斯电视台曾报道过鱼雨出现过两次。记者曾打听过鱼雨的成因，不过得到的回答都是"民间传说"版：1856 年，一个叫苏比让拿的西班牙神父来到洪都拉斯。为了帮助穷人，他连续三天祈祷，请神赐予食物。自那时起就开始下鱼雨了。其实鱼雨在世界其它地方也出现过，大多时候和龙卷风等天气现象有关。不过像洪都拉斯这样集中，还真是罕见。

● 其他地区

1949 年 8 月，在新西兰沿岸地区下了一场鱼雨，成千上万尾鱼洒满一地，有鳕鱼、银枪鱼、黑鱼、乌鱼等等，无奇不有。雨过天晴，人们纷纷拾鱼，大饱口福。1949 年 10 月 23 日上午，美国路易斯安那州马克斯维下了一场鱼雨，生物学家巴伊科夫亲自收集了一大瓶制作标本。美国圣选戈下了一场鱼雨，有沙丁鱼和鳕鱼，居民十分惊奇。1974 年 2 月，澳大利亚的一个村子里，降下了 150 多条河鲈似的银汉鱼。1975 年，英国电台记者罗纳·萨班斯尔讲述了他亲身经历的那次鱼雨趣事：那是第二次世界大战期间，罗纳在驻缅甸的英军中服役，部队来到缅甸与巴基斯坦相连的库米拉城。这里淡水奇缺，每人每天只能喝上几口水。一天，天上乌云滚滚，大风呼啸，眼见一场暴雨即将来临。罗纳立刻脱去衣服，身上涂上肥皂，站在空地上想痛快地洗个澡。雨下来了，可那不是雨水，而是一条条沙丁鱼，打得他身上很痛很痛，不一会儿罗纳已被埋在几万条沙丁鱼堆中，他挣扎了很久，才从鱼堆中爬出逃回房间。

● 其他怪雨

除了鱼雨外，据有关资料记载，1881 年英国伍斯特城下过一场螃蟹雨和蜗牛雨。1979 年在维多利亚城附近的卡里希地区，下过虾雨和淡水鱼雨。19 世纪初，在丹麦下的一场虾雨，足足有 20 分钟时间。1933 年，前苏联远东科瓦利托活下了一场罕见的海蜇雨。

干旱
Gan Han

——种水量相对亏缺的自然现象。通常指淡水总量少，不足以满足人的生存和经济发展的气候现象。干旱使供水水源匮乏，除危害作物生长、造成作物减产外，还危害居民生活、影响工业生产及其他社会经济活动。干旱后则容易发生蝗灾。干旱是自然现象，干旱并不等于旱灾，干旱只有造成损失才能成为灾害。

▲旱灾

　　干旱常常以其延续时间长、波及范围广、造成饥荒等特点而成为一种严重的自然灾害。干旱可分为相互联系的土壤干旱和大气干旱两个方面。土壤干旱和气候干旱的主要表现都是降水不足。因此，降水不足是干旱问题的症结所在，是干旱的根本原因。降水量是直接影响土地是否干旱的关键因素，发生干旱的几率和降雨量是成正比的，但是干旱并不完全由降雨量决定，还与蒸发等因素有关。

▼干涸的湖底

　　降水不足的气候成因有以下四个方面：持续宽广的下沉气流，局部下沉气流，缺乏气压扰动，缺乏潮湿气流。

　　干旱可分为连续性干旱、季节性干旱和突发性干旱三类。连续不断干旱使地面成为沙漠，在这种地方，不存在明显的降水季节。在半干旱或半湿润气候区，具有一短促的、降雨状况多变的湿季，其他季节即为干季。

　　干旱是因长期少雨而空气干燥、土壤缺水的气候现象。

　　根据持续时间，干旱可分为一下几种：

小旱：连续无降雨天数，春季达 16～30 天、夏季 16～25 天、秋冬季 31～50 天。

中旱：连续无降雨天数，春季达 31～45 天、夏季 26～35 天、秋冬季 51～70 天。

大旱：连续无降雨天数，春季达 46～60 天、夏季 36～45 天、秋冬季 71～90 天。

特大旱：连续无降雨天数，春季在 61 天以上、夏季在 46 天以上、秋冬季 91 天以上。

干旱的最直接危害是造成农作物减产，使农业歉收，严重时形成大饥荒。在严重干旱时，人们饮水发生困难，生命受到威胁。中国西北一些地区因经常发生干旱，人畜饮水极端困难，被迫进行人口大迁移。在以水力发电为主要电力能源的地区，干旱造成发电量减少，能源紧张，严重影响经济建设和人们生活。在干旱季节，火容易发生，且难以控制和扑灭。事实上，大多数火灾，特别是大的森林火灾都发生在干旱高温季节。旱灾还常常带来蝗灾。在广大的干旱、半干旱地区，干旱造成沙漠化，使土地资源遭受极大的破坏。国家防总秘书长、水利部副部长鄂竟平说，受自然气候影响，中国每年都有不同程度的旱灾发生。常年农作物受旱面积约 3 亿至 4 亿亩，每年损失粮食近 158 亿公斤，占各种自然灾害损失总量的 60%。农业生产一方面干旱缺水，一方面浪费水严重。中国灌溉水利用率只有 45%，而发达国家为 70% 左右。中国一半以上的耕地没有水利设施，主要是靠天吃饭。应对干旱，需要转换新思路，变被动抗旱为主动抗旱，由单一抗旱转向全面抗旱。全面抗旱应该在重视农业抗旱的同时，更加科学理性地做好城市的生活、生产和生态等全方位的抗旱工作，实现水资源的合理开发、优化配置和高效利用。旱情达到严重时甚至会影响到人们的生存，严重缺水时人们的生活饮用水得不到正常供应，人类严重缺乏饮用水资源就会造成大的疾病泛滥情况，产生各种不利于人类生存的影响。

▼干裂的田地

雷电
Lei Dian >>>

雷电，是伴有闪电和雷鸣的一种雄伟壮观而又有点令人生畏的放电现象。雷电一般产生于对流发展旺盛的积雨云中，因此常伴有强烈的阵风和暴雨，有时还伴有冰雹和龙卷风。在尖端放电现象。放电过程中，巨大带电体的高速相向运动产生的巨大碰撞释放的能量，加上巨大电荷放电释放的能量，叠加在一起产生巨大的爆炸，伴随着爆炸产生强烈的闪光

▲雷电

和巨大的雷声。带电云团的放电爆炸，就是我们看到的雷电现象。

在我们的地球表面，覆盖着一层厚厚的大气，地球大气在太阳光的照射下，形成大气对流运动现象。其中有一部分大气含有大量的水蒸气，形成水汽云团。作高速对流运动的水汽云团，作切割地球地磁场运动，水汽云团因而受到地球磁场的作用，在水汽云团的两端形成巨大的带正、负电荷水汽云团积电层，巨大的带正、负电荷水汽云团积电层，受大气对流的冲击，异种水汽云团积电层在空中相遇，从而产生巨大的电荷放电现象，形成一种伴有闪电和雷鸣的雄伟壮观而又有点令人生畏的自然现象：雷电。雷电一般产生于旺盛的雨季，伴有强烈的飓风和暴雨，有时还伴有冰雹和龙卷风。

雷电的类型

曲折分叉的普通闪电称为枝状闪电。枝状闪电的通道如被风吹向两边，以致看起来有几条平行的闪电时，则称为带状闪电。闪电的两枝如果看起来是同时到达地面，则称为叉状闪电。

闪电在云中阴阳电荷之间闪烁，从而使全地区的天空一片光亮时，便称为片

状闪电。

▲避雷针

未达到地面的闪电，也就是同一云层之中或两个云层之间的闪电，称为云间闪电。有时候这种横行的闪电会行走一段距离，在风暴的许多公里外降落地面，这就叫做"晴天霹雳"。

闪电的电力作用有时会在又高又尖的物体周围形成一道光环似的红光。通常在暴风雨中的海上，船只的桅杆周围可以看见一道火红的光，人们便借用海员守护神的名字，把这种闪电称为"圣艾尔摩之火"。

超级闪电指的是那些威力比普通闪电大100多倍的稀有闪电。普通闪电产生的电力约为10亿瓦特，而超级闪电产生的电力则至少有1000亿瓦特、甚至可能达到万亿至100000亿瓦特。纽芬兰的钟岛在1978年显然曾遭受到一次超级闪电的袭击，连13公里以外的房屋也被震得格格响，整个乡村的门窗都喷出蓝色火焰。

雷电的危害

闪电的受害者有2/3以上是在户外受到袭击。他们每3个人中有两个人幸存。被闪电击死的人中，85%是男性，年龄大都在10岁至35岁之间。死者以在树下避雷雨的最多。

苏利文也许是遭闪电袭击的冠军。他是退休的森林管理员，曾被闪电击中7次。闪电曾经烫焦他的眉毛，烧着他的头发，灼伤他的肩膀，扯走他的鞋子，甚至把他抛到汽车外面。他轻描淡写地说："闪电总是有办法找到我。"

▲雷电

雷电对人体的伤害，有电流的直接作用和超压或动力作用，以及高温作用。当人遭受雷电击的一瞬间，电流迅速通过人体，重者可导致心跳、呼吸停止，脑组织缺氧而死亡。另外，雷击时产生的是

火花，也会造成不同程度的皮肤烧灼伤。雷电击伤，亦可使人体出现树枝状雷击纹，表皮剥脱，皮内出血，也能造成耳鼓膜或内脏破裂等。

雷电的功与过

任何事物都是一分为二的。大气中雷电的发生，有它带来灾害的一面，也有它功绩的一面。对它的灾害面人们了解较多，而对它的功绩可能鲜为人知。那么，它的主要功绩有哪些呢？

第一，雷电很重要的功绩是制造化肥。雷电过程离不了闪电，闪电的温度是极高的，一般在30000度以上，是太阳表面温度的五倍！闪电还造成高电压。在高温高电压条件下，空气分子会发生电离，等它们重新结合时，其中的氮和氧就会化合为亚硝酸盐和硝酸盐分

▲雷电

子，并溶解在雨水中降落地面，成为天然氮肥。据测算，全球每年仅因雷电落到地面的氮肥就有4亿吨。如果这些氮肥全部落到陆地上，等于每亩地面施了约2公斤氮素，相当于10公斤硫酸铵！

第二，雷电还能促进生物生长。雷电在发生时，地面和天空间电场强度可达到每厘米万伏以上。受这样强大的电位差的影响，植物的光合作用和呼吸作用增强。因此，雷雨后1~2内植物生长和新陈代谢特别旺盛。有人用闪电刺激作物，发现豌豆提早分枝，而且分枝数目增多，开花期也早了半个月；玉米抽穗提早了7天；而白菜增产了15%~20%。不仅如此，如果作物生长期能遇上5~6场雷雨，其成熟期也将提前一星期左右。

第三，雷电能制造负氧离子。负氧离子又称空气维生素，可以起到消毒杀菌、净化空气的作用。在雷雨后，空气中高浓度的负氧离子，使得空气格外清新，人们感觉心旷神怡。

第四，雷电还有巨大的能量。地球上平均每秒有100次闪电，一次闪电约释放80000瓦小时的电能。因此，每年全世界的雷电约放出250亿千瓦小时的能量。遗憾的是，人类目前还无法对它加以利用。

雪
Xue >>>

▲ 雪

雪是水或冰在空中凝结再落下的自然现象，或指落下的雪花。雪是水在固态的一种形式。雪只会在很冷的温度及温带气旋的影响下才会出现，因此亚热带地区和热带地区下雪的机会较小。

由于降落到地面上的雪花的大小、形状，以及积雪的疏密程度不同，雪是以雪融化后的水来度量的。降雪分为小雪、中雪、大雪和暴雪四个等级。

小雪：0.1～2.4毫米/天；

中雪：2.5～4.9毫米/天；

大雪：5.0～9.9毫米/天；

暴雪：大于等于10毫米/天。

"瑞雪兆丰年"是一句流传比较广的农谚，意思是说冬天下几场大雪，是来年庄稼获得丰收的预兆。为什么呢？

▼ 雪

其一是保暖土壤，积水利田。冬季天气冷，下的雪往往不易融化，盖在土壤上的雪是比较松软的，里面藏了许多不流动的空气，空气是不传热的，这样就像给庄稼盖了一条棉被，外面天气再冷，下面的温度也不会降得很低。等到寒潮过去以后，天气渐渐回暖，雪慢慢融化。这样，不但保住了庄稼不受冻害，而且雪融化的水留

▲雪灾

在土壤里，给庄稼积蓄了很多水，对春耕播种以及庄稼的生长发育都很有利。

其二是为土壤增添肥料。雪中含有很多氮化物。据观测，如果1升雨水中能含1.5毫克的氮化物，那么1升雪中所含的氮化物能达7.5毫克。在融雪时，这些氮化物被融雪水带到土壤中，成为最好的肥料。

其三是冻死害虫。雪盖在土壤上起了保温作用，这对钻到地下过冬的害虫暂时有利。但化雪的时候，要从土壤中吸收许多热量，这时土壤会突然变得非常寒冷，温度降低许多，害虫就会被冻死。

所以说冬季下几场大雪，是来年丰收的预兆。

雪灾事件

西藏大约每1～2年出现一次冬春大雪

1956~1957年、1965~1966年、1976~1977年冬春季，西藏出现了三次范围广、强度大、积雪深、持续时间长和灾情严重的雪灾。

● 1969年新疆北部连续降雪

▼新疆雪灾

新疆北部的伊犁地区自1月中旬后期开始连续降雪10天，总降水量达80cm以上，且最低气温降至-40.4℃。新疆因积雪、雪崩，交通电讯中断，机场停航6天，死亡82人，羊只普遍出现死亡现象。

● 1977年北方大部爆发区域性寒潮

1977年10月24-29日，北方大部地区降了雨雪，华北、华东北部降了大暴雨（雪），其中内蒙古普降暴雪，锡盟北部最大，过程降雪量达58cm，乌盟北部、赤峰市北部、哲盟北部及兴安盟、呼盟牧区降雪量 25～47cm，上述地区积雪厚度达 16～33cm，局部 60～100cm，为近 40 年罕见。大雪封路，交通中断，造成严重特大雪灾。据不完全统计，锡盟牲畜死亡 300 余万头，占牲畜总数的 2/3；乌盟牲畜死亡 56 万头（只），死亡率达 10.8%；赤峰市 60 万头（只）牲畜处于半饥饿状态，30 万头（只）牲畜无法出牧，死亡牲畜 10 万头（只）；昭盟北部下了冻雨，造成电线严重结冰，个别地区邮电通信中断。

● 1983 年南疆西部山区遭遇寒潮大雪

1983 年 4 月初，南疆西部山区寒潮大雪厚度达 1m，仅温宿县就损失幼畜 30% 左右。

● 2008 年我国南方遭遇大范围雨雪、冰冻等自然灾害，损失严重

2008 年中国雪灾是指自 2008 年 1 月 10 日起在中国发生的大范围低温、雨雪、冰冻等自然灾害。中国的上海、浙江、江苏、安徽、江西、河南、湖北、湖南、广东、广西、重庆、四川、贵州、云南、陕西、甘肃、青海、宁夏、新疆和新疆生产建设兵团等 20 个省（区、市）均不同程度受到低温、雨雪、

▲雪灾

冰冻灾害影响。截至 2 月 24 日，因灾死亡 129 人，失踪 4 人，紧急转移安置 166 万人；农作物受灾面积 1.78 亿亩，成灾 8764 万亩，绝收 2536 万亩；倒塌房屋 48.5 万间，损坏房屋 168.6 万间；因灾直接经济损失 1516.5 亿元人民币；森林受损面积近 2.79 亿亩，3 万只国家重点保护野生动物在雪灾中冻死或冻伤；受灾人口已超过 1 亿。其中湖南、湖北、贵州、广西、江西、安徽、四川等 7 个省份受灾最为严重。

暴风雪造成多处铁路、公路、民航交通中断。由于正逢春运期间，大量旅客滞留站场港埠。另外，电力受损、煤炭运输受阻，不少地区用电中断，电信、通讯、供水、取暖均受到不同程度影响，某些重灾区甚至面临断粮危险。而融雪流入海中，对海洋生态亦造成浩劫。台湾海峡即传出大量鱼群暴毙事件。

Wu 雾 与 霜 *Yu* >>>

在水汽充足、微风及大气层稳定的情况下，如果接近地面的空气冷却至某程度时，空气中的水汽便会凝结成细微的水滴悬浮于空中，使地面水平的能见度下降，这种天气现象称为雾。雾的出现以春季二至四月间较多。凡是大气中因悬浮的水汽凝结，能见度低于1千米时，气象学称这种天气现象为雾。 雾形成的条件： 一是冷却；二是加湿，增加水汽含量。 雾的种类：1、辐射雾 2、平流雾 3、混合雾 4、蒸发雾 5、烟雾 。

▲雾

雾是千变万化、纷繁复杂的，但不外乎辐射雾、平流雾两种。现象虽纷纭，本质都是一个：水汽遇冷凝结而成。有时雾出预报晴，有时雾出预报雨，似乎混乱不堪，但是只要掌握了辐射雾、平流雾的特征，多方观察，仔细分析，就能准确地抓住雾与天晴、落雨的规律，以便预测天气了。这对于农业、交通、航天、航海都有用处。

▼霜

雾与未来天气的变化有着密切的关系。自古以来，我国劳动人民就认识到这个道理了，并反映在许多民间谚语里。如："黄梅有雾，摇船不问路。"这是说春夏之交的雾是雨的先兆，故民间又有"夏雾雨"的说法。又如："雾大不见人，大胆洗衣裳。"这是说冬雾兆晴，秋雾也如此。

准确的看雾知天，还必须看雾

▲雾

持续的时间。辐射雾是由于天气受冷，水汽凝结而成，所以白天温度一升高，就烟消云散，天气晴好；反之，"雾不散就是雨"。雾若到白天还不散，第二天就可能是阴雨天了，因此民谚说："大雾不过晌，过晌听雨响。"

为什么同样是雾，有的兆雨，有的兆晴呢？

这要从气象学的知识里得到解释。只要低层空气的水汽含量较多时，赶上夜间温度骤降，水汽就会凝结成雾。雾有辐射雾，即在较为晴好、稳定的情况下形成的雾，只要太阳出来，温度升高，雾就自然消失。对此，民间的说法是："清晨雾色浓，天气必久晴。""雾里日头，晒破石头。""早上地罩雾，尽管晒稻。"人们见辐射雾，往往"十雾九晴"，便得出这些说法。

秋冬季节，北方的冷空气南下后，随着天气转晴和太阳的照射，空气中的水分的含量逐渐增多，容易形成辐射雾。因此秋冬的雾便往往能预报明天的好天气。

春夏季节的雾便不同了，它大多来自海上的暖湿空气流，碰到较冷的地面，下层空气也变冷，水气就凝结成雾了。这种雾叫平流雾。它是海上的暖湿空气侵入大陆，突然遇冷而形成的。这些暖湿气流与大陆的干冷空气相遇，自然就阴雨绵绵了。所以春夏雾预示着天气阴雨。

雾与天气的关系如此密切，故可以看雾知天气的变化了。不过，上述的关于辐射雾、平流雾的解释只是就大体情况而言的。雾与天气的关系并不如此简单，还有许多复杂的内容，因此不能生搬硬套，而要具体情况具体分析。也就是说，要准确地看雾知天，还

▼花上的霜

要作多方面观察、分析，进行综合判断。

霜是水汽（也就是气态的水）在温度很低时，一种凝华现象，跟雪很类似。严寒的冬天清晨，户外植物上通常会结霜，这是因为夜间植物散热的慢、地表的温度又特别低、水汽散发不快，还聚集在植物表面时就结冻了，因此形成霜。科学上，霜是由冰晶组成，和露的出现过程是相同的，都

▲霜

是空气中的相对湿度到达 100% 时，水分从空气中析出的现象，它们的差别只在于露点（水汽液化成露的温度）高于冰点，而霜点（水汽凝华成霜的温度）低于冰点，因此只有近地表的温度低于摄氏零度时，才会结霜。

清晨，草叶上、土块上常常会覆盖着一层霜的结晶。它们在初升起的阳光照耀下闪闪发光，待太阳升高后就融化了。人们常常把这种现象叫"下霜"。翻翻日历，每年 10 月下旬，总有"霜降"这个节气。我们看到过降雪，也看到过降雨，可是谁也没有看到过降霜。其实，霜不是从天空降下来的，而是在近地面层的空气里形成的。

霜是一种白色的冰晶，多形成于夜间。少数情况下，在日落以前、太阳斜照的时候也能开始形成。通常，日出后不久霜就融化了。但是在天气严寒的时候或者在背阴的地方，霜也能终日不消。

霜本身对植物既没有害处，也没有益处。通常人们所说的"霜害"，实际上是在形成霜的同时产生的"冻害"。

▼被霜打过的植物

霜的形成不仅和当时的天气条件有关，而且与所附着的物体的属性也有关。当物体表面的温度很低，而物体表面附近的空气温度却比较高，那么在空气和物体表面之间有一个温度差。如果物体表面与空气之间的温度差主要是由物体表面辐射冷却造成的，则在较暖的空气和较冷的

物体表面相接触时空气就会冷却，达到水汽过饱和的时候多余的水汽就会析出。如果温度在 0℃以下，则多余的水汽就在物体表面上凝华为冰晶，这就是霜。因此霜总是在有利于物体表面辐射冷却的天气条件下形成。

另外，云对地面物体夜间的辐射冷却是有妨碍的，天空有云不利于霜的形成。因此，霜大都出现在晴朗的夜晚，也就是地面辐射冷却强烈的时候。

此外，风对于霜的形成也有影响。有微风的时候，空气缓慢地流过冷物体表面，不断地供应着水汽，有利于霜的形成。但是，风大的时候，由于空气流动得很快，接触冷物体表面的时间太短；同时风大的时候，上下层的空气容易互相混合，不利于温度降低，从而也会妨碍霜的形成。大致说来，当风速达到 3 级或 3 级以上时，霜就不容易形成了。

因此，霜一般形成在寒冷季节里晴朗、微风或无风的夜晚。

▲草被霜打过就会很快枯萎

霜的形成，不仅和上述天气条件有关，而且和地面物体的属性有关。霜是在辐射冷却的物体表面上形成的，所以物体表面越容易辐射散热并迅速冷却，在它上面就越容易形成霜。同类物体，在同样条件下，假如质量相同，其内部含有的热量也就相同。如果夜间它们同时辐射散热，那么，在同一时间内表面积较大的物体散热较多，冷却得较快，在它上面就更容易有霜形成。这就是说，一种物体，如果与其质量相比，表面积相对大的，那么在它上面就容易形成霜。草叶很轻，表面积却较大，所以草叶上就容易形成霜。另外，物体表面粗糙的，要比表面光滑的更有利于辐射散热，所以在表面粗糙的物体上更容易形成霜，如土块。

霜的消失有两种方式：一是升华为水汽，一是融化成水。最常见的是日出以后因温度升高而融化消失。霜所融化的水，对农作物有一定好处。

霜的出现，说明当地夜间天气晴朗且寒冷，大气稳定，地面辐射降温强烈。这种情况一般出现于有冷气团控制的时候，所以往往会维持几天好天气。我国民间有"霜重见晴天"的谚语，道理就在这里。

云
Yun >>>

我们对云并不陌生，晴朗天空里那白白的，和阴雨天那乌黑的都称作云。它们让天空变化莫测。人们常常看到天空有时碧空无云，有时白云朵朵，有时又是乌云密布。为什么天上有时有云，有时又没有云呢？云究竟是怎样形成的呢？它又是由什么组成的？

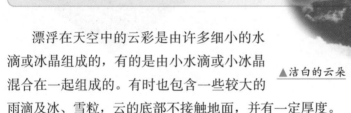

漂浮在天空中的云彩是由许多细小的水滴或冰晶组成的，有的是由小水滴或小冰晶混合在一起组成的。有时也包含一些较大的

▲洁白的云朵

雨滴及冰、雪粒，云的底部不接触地面，并有一定厚度。

云的形成主要是由水汽凝结造成的。从地面向上十几公里这层大气中，越靠近地面，温度越高，空气也越稠密；越往高空，温度越低，空气也越稀薄。另一方面，江河湖海的水面，以及土壤和动、植物的水分，随时蒸发到空中变成水汽。水汽进入大气后，成云致雨，或凝聚为霜露，然后又返回地面，渗入土壤或流入江河湖海。以后又再蒸发（汽化），再凝结（凝华）下降。周而复始，循环不已。

水汽从蒸发表面进入低层大气后，这里的温度高，所容纳的水汽较多。如果这些湿热的空气被抬升，温度就会逐渐降低；到了一定高度，空气中的水汽就会达到饱和。如果空气继续被抬升，就会有多余的水汽析出。如果那里的温度高于0℃，则多余的水汽就凝结成小水滴；如果温度低于0℃，则多余的水汽就凝化为小冰晶。在这些小水滴和小冰晶逐渐增多并达到人眼能辨认的程度时，就是云了。

云的形成过程是空气中的水汽经由各种原因达到饱和或过饱和状态而发生凝结的过程。使空气中水汽达到饱和是形成云的一个必要条件，其主要方式有：水汽含量不变，空气降温冷却；温度不变，增加水汽含量；既增加水汽含量，又降低温度。

但对云的形成来说，降温过程是最主要的。而降温冷却过程中又以上升运动而引起的降温冷却作用最为普遍。

民间早就认识到可以通过观云来预测天气变化。1802 年，英国博物学家卢克·霍华德提出了著名的云的分类法，应该说使观云测天气更加准确。霍华德将云分为三类：积云、层云和卷云。这三类云加上表

▲浓厚的积雨云

示高度的词和表示降雨的词，产生了十种云的基本类型。根据这些云相，人们掌握了一些比较可靠的预测未来 12 个小时天气变化的经验。比如：绒毛状的积云如果分布得非常分散，可表示为好天气；但是如果云块扩大或有新的发展，则意味着会突降暴雨。

那最轻盈、站得最高的云，叫卷云。这种云很薄，阳光可以透过云层照到地面，房屋和树木的光与影依然很清晰。卷云丝丝缕缕地飘浮着，有时像一片白色的羽毛，有时像一块洁白的绫纱。如果卷云成群成行地排列在空中，好像微风吹过水面引起的鄰波，这就成了卷积云。卷云和卷积云都很高，那里水分少，它们一般不会带来雨雪。还有一种像棉花团似的白云，叫积云。它们常在两千米左右的天空，一朵朵分散着，映着灿烂的阳光，云块四周散发出金黄的光辉。积云都在上午出现，午后最多，傍晚渐渐消散。在晴天，我们还会偶见一种高积云。高积云是成群的扁球状的云块，排列很匀称，云块间露出碧蓝的天幕，远远望去，就像草原上雪白的羊群。卷云、卷积云、积云和高积云，都是很美丽的。

当那连绵的雨雪将要来临的时候，卷云在聚集着，天空渐渐出现一层薄云，仿佛蒙上了白色的绸幕。这种云叫卷层云。卷层云慢慢地向前推进，天气就将转阴。接着，云层越来越低，越来越厚，隔了云看太阳或月亮，就像隔了一层毛玻璃，朦胧不清。这时卷层云已经改名换姓，该叫

▼晴空中的卷云
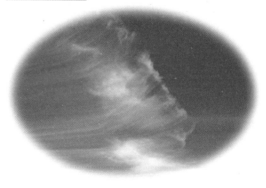

▲高积云

它高层云了。出现了高层云，往往在几个钟头内便要下雨或者下雪。最后，云压得更低，变得更厚，太阳和月亮都躲藏了起来，天空被暗灰色的云块密密层层地布满了。这种云叫雨层云。雨层云一形成，连绵不断的雨雪也就降临了。

夏天，雷雨到来之前，在天空中先会看到积云。积云如果迅速地向上凸起，形成高大的云山，群峰争奇，耸入天顶，就变成了积雨云。积雨云越长越高，云底慢慢变黑，云峰渐渐模糊，不一会，整座云山崩塌了。乌云弥漫了天空，顷刻间，雷声隆隆，电光闪闪，马上就会哗啦哗啦地下起暴雨，有时竟会带来冰雹或者龙卷风。

我们还可以根据云上的光彩现象，推测天气的情况。在太阳和月亮的周围，有时会出现一种美丽的七彩光圈，里层是红色的，外层是紫色的，这种光圈叫做晕。日晕和月晕常常产生在卷层云上，卷层云后面的大片高层云和雨层云，是大风雨的征兆。所以有"日晕三更雨，月晕午时风"的说法，说明出现卷层云，并且伴有晕，天气就会变坏。另有一种比晕小的彩色光环，叫做"华"。颜色的排列是里紫外红，跟晕刚好相反。日华和月华大多产生在高积云的边缘部分。华环由小变大，天气趋向晴好。华环由大变小，天气可能转为阴雨。夏天，雨过天晴，太阳对面的云幕上，常会挂上一条彩色的圆弧，这就是虹。人们常说："东虹轰隆西虹雨。"意思是说，虹在东方，就有雷无雨；虹在西方，将有大雨。还有一种云彩常出现在清晨或傍晚。太阳照到天空，使云层变成红色，这种云彩叫做霞。朝霞在西，表明阴雨天气在向我们进袭；晚霞在东，表示最近几天里天气晴朗。所以有"朝霞不出门，晚霞行千里"的谚语。

▼晚霞

第四章 魅力地球

　　从古至今的世界动物，奇妙而复杂的人体结构，人们所生活的地球、海洋，遥远的太空奇景，以及人们朝夕关心的自然气象。种种神秘莫测的现象会使我们产生强烈的好奇心。走进本章让我们带着疑问去了解我们的家园——地球。

生命 Sheng Ming 起源 Qi Yuan 之谜>>>

生命何时、何处、特别是怎样起源的问题，是现代自然科学尚未完全解决的重大问题，是人们关注和争论的焦点。历史上对这个问题也存在着多种臆测和假说，并有很多争议。

▲ 生命诞生的原始海洋

最早生命形式诞生

地球诞生时的面貌和现在不同，包围在地球外表的水汽虽已凝结成液态性的水——海洋，但温度还是很高。那时具有活动力的火山遍布地表，不时喷出火山灰和岩浆。大气很稀薄，氢、一氧化碳等各种气体于空中形成一朵朵的卷云，氧气很少。因无充足的大气层掩蔽，整个地球暴露在强烈的紫外线之下。此时云端的电离子不断引起风暴，而交加的雷电不时侵袭陆地。

遗传物质出现

▼ 遗传物质DNA

几百年过去，这些物质越聚越多，分子间互相影响，而形成更复杂的混合物，在这其间来自外太空的陨石也可能带来一些元素参与变化，而产生了DNA。DNA有两项特质：第一，它能制造氨基酸；第二，它能自行复制。DNA这两项特质也是细菌类的有机生物的基本特质，而细菌是生命界最简单的生命体，也是目前我们可以找到的最古老的化石。

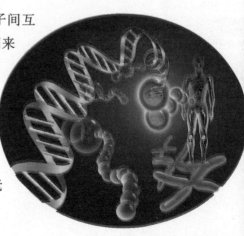

DNA 的复制本领来自其特殊的构造，DNA 为双股螺旋，细胞的遗传讯息都在上面。然而 DNA 在复制过程中也会出错，或是分子群的一小部分出错，如此复制工作就不尽完美，制造出来的蛋白质也可能完全不同。也正是如此，演化便开始产生，一旦生命有了不同的形态，自然才能实施淘汰和选择的法则，生物才能一步步的演化下去。我们从化石中得知三十亿年前那些类似细菌的有机物之间，已有显著的不同。

生命起源学说

● 自然发生说

又称"自生论"或"无生源论"，认为生物可以随时由非生物产生，或者由另一些截然不同的物体产生。如中国古代所谓"肉腐出虫，鱼枯生蠹"、亚里士多德说的"……有些鱼由淤泥及沙砾发育而成"。中世纪有人认为树叶落入水中变成鱼，落在地上则变成鸟等。

自然发生说是 19 世纪前广泛流行的理论，这种学说认为，生命是从无生命物质自然发生的。如，我国古代认为的"腐草化为萤"（即萤火虫是从腐草堆中产生的），腐肉生蛆等。在西方，亚里士多德（公元前 384~ 公元前 322）就是一个自然发生论者。有的人还通过"实验"证明，将谷粒、破旧衬衫塞入瓶中，静置于暗处，21 天后就会产生老鼠，并且让他惊讶的是，这种"自然"发生的老鼠竟和常见的老鼠完全相同。18 世纪时，意大利生物学家斯巴兰让尼（1729~1799）发现，将肉汤置于烧瓶中加热，沸腾后让其冷却。如果将烧瓶开口放置，肉汤中很快就繁殖生长出许多微生物；但如果在瓶口加上一个棉塞，再进行同样的实验，肉汤中就没有微生物繁殖。斯巴兰让尼认为，肉汤中的小生物来自空气，而不是自然发生的。斯巴兰让尼的实验为科学家进一步否定"自然发生论"奠定了坚实的基础。

▼ 生命的起源

1860 年，法国微生物学家巴斯德设计了一个简单但令人信服的实验，彻底否定了自然发生说。

●创造论

创造论否认一切的事物是自然形成的说法。它认为哪怕是正在呼吸的空气，也是需要被创造才得以产生。目前人类正在面临各种自然资源枯竭，生态平衡被破坏而带来的各种灾难的情况，对大自然的驾驭更是感到无能为力。人类无能为力的时候，还能做什么呢？唯有依靠神。这不是愚昧，而是人的本能就是这样。在《圣经》上说："起初，神创造天地。"

▼圣经中说是神创造了世界

创造论已经被证明是一种荒谬的解释。这种解释的根源是类比于人的制造能力，以及对概率论的错误应用。比如某宗教徒用手表自我形成的概率为零则必然有造表者来证明人是被创造的。这种推理的根本错误在于他不懂得自然界普遍存在的自组织现象（如雪花、沙丘在一定条件下自动形成某种规则的形状，这显然不是被某高级主体有意制造的，而且也不能用概率论来推断。）。生命体的最根本特征是自组织的，不是被制造的（这样就能清楚地看出来神创论的逻辑错误所在）。

现代科技使人类拥有了非凡的制造能力，但却对更多的生命问题无能为力。原因也在于生命是自组织的而不是被制造的，制造能力再大也无能为力。

▼化学起源说

●化学起源说

化学起源说是被广大学者普遍接受的生命起源假说。这一假说认为，地球上的生命是在地球温度逐步下降以后，在极其漫长的时间内，由非生命物质经过极其复杂的化学过程，一步一步地演变而成的。

化学起源说将生命的起源分为四个阶段。

第一个阶段，从无机小分子生成有机小分子的阶段，即生命起源的化学进化过程是在原始的地球条件下进行的。这一过程教材中已有叙述，这里不再重复。需要着重指出的是米勒的模拟实验。在这个实验中，一个盛有水溶液的烧瓶代表原始的海洋，其上部球型空间里含有氢气、氨气、甲烷和水蒸汽等"还原性大气"。米勒先给烧瓶加热，使水蒸汽在管中循

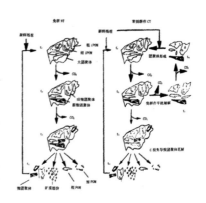

▲团聚体代谢示意图

环，接着他通过两个电极放电产生电火花，模拟原始天空的闪电，以激发密封装置中的不同气体发生化学反应。而球型空间下部连通的冷凝管让反应后的产物和水蒸汽冷却形成液体，又流回底部的烧瓶，即模拟降雨的过程。经过一周持续不断的实验和循环之后，米勒分析其化学成分时发现，其中含有包括5种氨基酸和不同有机酸在内的各种新的有机化合物，同时还形成了氰氢酸。而氰氢酸可以合成腺嘌呤，腺嘌呤是组成核苷酸的基本单位。米勒的实验试图向人们证实，生命起源的第一步，从无机小分子物质形成有机小分子物质，在原始地球的条件下是完全可能实现的。

▼米勒实验

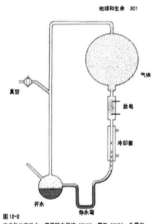

地球和生命　301

图12-2

在米勒的实验中，氨基酸由甲烷（CH4）、氨气（NH3）、水蒸汽（H2O）和氢气（H2）经过放电装置而产生，并由自纸色谱仪检测。在实验装置底部收集的氨基酸，（选自B．瓦尔提蒙的《生命起源》，版权所有）186-X光

第二个阶段，从有机小分子物质生成生物大分子物质。这一过程是在原始海洋中发生的，即氨基酸、核苷酸等有机小分子物质，经过长期积累，相互作用，在适当条件下（如黏土的吸附作用），通过缩合作用或聚合作用形成了原始的蛋白质分子和核酸分子。

第三个阶段，从生物大分子物质组成多分子体系。这一过程是怎样形成的呢？前苏联学者奥巴林提出了团聚体假说，他通过实验表明，将蛋白质、多肽、核酸和多糖等放在合适的溶液中，它们能自动地浓缩聚集为分散的球状小滴，这些小滴就是团聚体。奥巴林等人认为，团聚体可以表现出合成、分解、生长、生殖等生命现象。例如，团聚体具有

类似于膜那样的边界，其内部的化学特征显著地区别于外部的溶液环境。团聚体能从外部溶液中吸入某些分子作为反应物，还能在酶的催化作用下发生特定的生化反应，反应的产物也能从团聚体中释放出去。另外，有的学者还提出了微球体和脂球体等其他的一些假说，以解释有机高分子物质形成多分子体系的过程。团聚体简单代谢示意图

▲古陨石坑

第四个阶段，有机多分子体系演变为原始生命。这一阶段是在原始的海洋中形成的，是生命起源过程中最复杂和最有决定意义的阶段。目前，人们还不能在实验室里验证这一过程。

● 宇生说

这一假说认为，地球上最早的生命或构成生命的有机物，来自于其他宇宙星球或星际尘埃。持这种假说的学者认为，某些微生物孢子可以附着在星际尘埃颗粒上而落入地球，从而使地球有了初始的生命。但我们知道，宇宙空间的物理条件，如紫外线等各种高能射线以及温度等条件对生命都是致命的。而且，即使有这些生命，在它们随着陨石穿越大气层到达地球的过程中，也会因温度太高而被杀死。

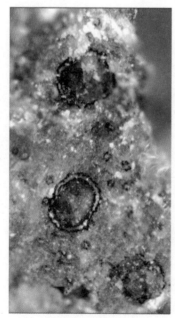

▶地球生命可能是从外星球飞来的吗？

因此，像微生物孢子这一水平的生命形态看来是不大可能从天外飞来的。但是，一些学者认为，一些构成生命的有机物完全有可能来自宇宙空间。1969年9月28日，科学家发现，坠落在澳大利亚麦启逊镇的一颗炭质陨石中就含有18种氨基酸，其中6种是构成生物的蛋白质分子所必需的。科学研究表明，一些有机分子如氨基酸、嘌呤、嘧啶等

分子可以在星际尘埃的表面产生。这些有机分子可能由彗星或其陨石带到地球上，并在地球上演变为原始的生命。

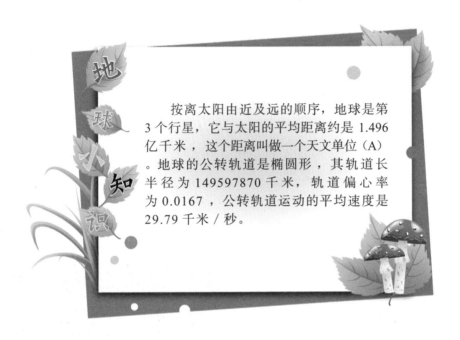

地球小知识

按离太阳由近及远的顺序，地球是第3个行星，它与太阳的平均距离约是1.496亿千米，这个距离叫做一个天文单位（A）。地球的公转轨道是椭圆形，其轨道长半径为149597870千米，轨道偏心率为0.0167，公转轨道运动的平均速度是29.79千米／秒。

生物圈
Sheng Wu Quan >>>

地球上凡是出现并感受到生命活动影响的地区，是地表有机体包括微生物及其自下而上环境的总称，是行星地球特有的圈层。它也是人类诞生和生存的空间。生物圈是地球上最大的生态系统。

▼地球大气圈、地球水圈和地表的矿物组成了生物的生存环境

生物圈的概念是由奥地利

地质学家休斯（E.Suess) 在 1375 年首次提出的，是指地球上有生命活动的领域及其居住环境的整体。它在地面以上达到大致 23 km 的高度，在地面以下延伸至 10 km 的深处，其中包括流层的下层、整个对流层以及沉积岩圈和水圈。但绝大多数生物通常生存于地球陆地之上和海洋表面之下各约 100 m 厚的范围内。

生物圈主要由生命物质、生物生成性物质和生物惰性物质三部分组成。生命物质又称活质，是生物有机体的总和；生物生成性物质是由生命物质所组成的有机矿物质相互作用的生成物，如煤、石油、泥炭和土壤腐殖质等；生物惰性物质是指大气底层的气体、沉积岩、粘土矿物和水。由此可见，生物圈是一个复杂的、全球性的开放系统，是一个生命物质与非生命物质的自我调节系统。它的形成是生物界与水圈、大气圈及岩石圈（土圈）长期相互作用的结果。生物圈存在的基本条件是：

第一，可以获得来自太阳的充足光能。因一切生命活动都需要能量，而其基本来源是太阳能，绿色植物吸收太阳能合成有机物而进入生物循环；

第二，要存在可被生物利用的大量液态水。几乎所有的生物全都含有大量水分，没有水就没有生命。

第三，生物圈内要有适宜生命活动的温度条件，在此温度变化范围内的物质存在气态、液态和固态三种变化；

第四，提供生命物质所需的各种营养元素，包括 O_2、CO_2、N、C、K、Ca、Fe、S 等，它们是生命物质的组成或中介；

总之，地球上有生命存在的地方均属生物圈。生物的生命活动促进了能量流动和物质

▲植物

循环，并引起生物的生命活动发生变化。生物要从环境中取得必需的能量和物质，就得适应环境；环境发生了变化，又反过来推动生物的适应性，这种反作用促进了整个生物界持续不断的变化。

生物圈包括地表上下 25～34 千米内的区域，包括大气圈的下层，岩石圈的上层，整个土壤圈和水圈。但是，大部分生物都集中在地表以上 100 米到水下 100 米的大气圈、水圈、岩石圈、土壤圈等圈层的交界处，这里是生物圈的核心。

生物圈里繁衍着各种各样的生命，为了获得足够的能量和营养物质以支持

生命活动，在这些生物之间，存在着吃
与被吃的关系。"大鱼吃小鱼，小鱼吃
虾米"，这句俗语就体现了这样一种简
单的关系。但是，要维持整个庞大的生
物圈的生命活动，这么简单的关系显然
是不行的。生物圈自有它的解决办法。
生物圈中的各种生物，按其在物质和能
量流动中的作用，可分为：生产者，主
要是绿色植物，它能通过光合作用将无
机物合成为有机物。消费者，主要指动
物（人当然也包括在内）。有的动物直
接以植物为生，叫做一级消费者，比如

▲大象

羚羊；有的动物则以植食动物为生，叫做二级消费者；还有的捕食小型肉食动
物，被称做三级消费者。至于人，则是杂食动物。分解者，主要指微生物，可将
有机物分解为无机物。这三类生物与其所生活的无机环境一起，构成了一个生态
系统：生产者从无机环境中摄取能量，合成有机物；生产者被一级消费者吞食以
后，将自身的能量传递给一级消费者；一级消费者被捕食后，再将能量传递给二
级、三级……最后，当有机生命死亡以后，分解者将它们再分解为无机物，把来
源于环境的，再复归于环境。这就是一个生态系统完整的物质和能量流动。只有
当生态系统内生物与环境、各种生物之间长期的相互作用下，生物的种类、数量
及其生产能力都达到相对稳定的状态时，系统的能量输入与输出才能达到平衡；
反过来，只有能量达到平衡，生物的生命活动也才能相对稳定。所以，生态系统
中的任何一部分都不能被破坏。否则，就会打乱整个生态系统的秩序。

　　生物圈是最大的生态系统。人也是生态系统中扮演消费者的一员，人的生存
和发展离不开整个生物圈的繁荣。因此，保护生物圈就是保护人类。

　　地球表层中生物栖居的范围，包括生物本身及其赖以生存的自然环境，并可
看作是地球上最大的生态系统。有人认为生物圈仅指生物总体而不包括它周围的
自然环境，而另以生态圈一词来概括两者。与生物圈词义相关但界线更难划分明
确的还有"人类圈"和"智慧圈"，前者强调人类活动对生物圈的巨大影响，后
者指人类的智力所能影响的范围。

　　地球表层由大气圈、水圈和岩石圈构成，三圈中适于生物生存的范围就是生

物圈。 水圈中几乎到处都有生物，但主要集中于表层和浅水的底层。世界大洋最深处超过11000米，这里还能发现深海生物。限制生物在深海分布的主要因素有缺光、缺氧和随深度而增加的压力。大气圈中生物主要集中于下层，即与岩石圈的交界处。鸟类能高飞数千米，花粉、昆虫以及一些小动物可被气流带至高空，甚至在22000米的平流层中还发现有细菌和真菌。限制生物向高空分布的主要因素有缺氧、缺水、低温和低气压。在岩石圈中，生物分布的最深记录是生存在地下2500～3000米处石油中的石油细菌，但大多数生物生存于土壤上层几十厘米之内。限制生物向土壤深处分布的主要因素有缺氧和缺光。由此可知，虽然生物可见于由赤道至两极之间的广大地区，但就厚度来讲，生物圈在地球上只占据薄薄的一层。

▲海洋

地球是生物起源和进化的理想环境。已知的生命现象都离不开液态水，地球与太阳的距离以及地球的自转使地表温度足以维持液态水的存在。地球的引力保证了大部分气态分子不致逃逸到太空去。地球的磁场屏蔽了一部分高能射线，使地表生物免遭伤害。然而这一切只是为生命提供了存在的可能性。现今地球上生存的各种生物都是几十亿年生物进化的结果，是生物与环境长期交互作用的产物。

当地球上刚出现生命的时候，原始大气还富含甲烷、氨、硫化氢和水汽等含氢化合物，属还原性。现今的大部分生物都不能在其中生存。后来出现了蓝藻，它可以通过光合作用放出游离氧，使大气含氧量逐渐增多，变为氧化性，为需氧生物的出现开辟了道路。随着氧气的增多，在高空出现了臭氧层，阻止紫外线对生命的辐射伤害。于是过去只能躲在海水深处才能存活的生物便有可能发展到陆地上来。但生物初到陆地上的时候，遇到的只是岩石和风化的岩石碎屑，大部分高等植物不能生存。只是在低等植物和微生物的长期作用下，才形成了肥沃的土壤。经过长期的生物进化，最后出现了广布世界的各种植物和栖息其间的各种动物，逐步形成了目前的生物圈。

Yuan Hou 和

猿、猴 *He* 人类的共同祖先——艾达 >>>

艾 达，类似于狐猴远古物种，距今 0.47 亿年，出土于德国，可能是现今猿类、猴类和人类的共同祖先，是人类进化研究中的重大发现。

2009 年 5 月 19 日，科学家在纽约举行的新闻发布会上宣布，艾达的骨骼化石为人类进化中的"缺失环节"。但是关于 Ida 的分类地位，尚待进一步的考证。此次考古出土的艾达为雌性，身高 0.913 米。这具化石已被正式命名为"Darwinius masillae"，以纪念达尔文诞辰 200 周年。它的昵称"艾达"取自哈洛姆小女儿之名，因为哈洛姆认为这个"小家伙"所处的发育阶段跟他六岁的女儿相似。

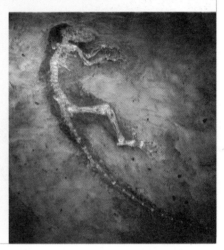

▲艾达化石

艾达生存年代

▼ X 光照射显示艾达同时有婴儿和成人的牙齿

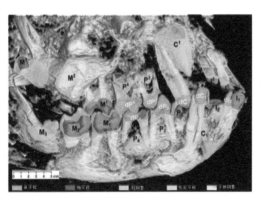

艾达生活在距今 4700 万年前，当时地球是大丛林，气候是亚热带气候，哺乳动物正在迅速进化。早期的马、蝙蝠、鲸鱼，最早的灵长类动物以及其他一些生物繁荣生长。喜马拉雅山正在形成。

早期智人最早出现在距今 20 万年前，起源于非洲，后向欧亚非各低中纬度区扩张（除了美洲），这是人类第二次走出非洲。现代公认的最早

的人类祖先，即人类的起源——南方古猿出现在约 600 万年前，最早出现在非洲大陆南部，是最早的人科动物。

此后，原始人类逐渐从猿类分离出来。古类人猿最早出现在非洲东部南部，由原始猿类逐渐进化而来，分化为低等类人猿（如长臂猿）和高等类人猿（如猩猩）古猿等。这一分化发生在始新世时期，正好是艾达存在的年代之后。灵长类的起源可以追溯到这个时期。

艾达发现

该化石标本是在 1983 年德国梅塞尔化石遗址挖掘发现的，这里是始新世时期生物化石的重要发现地。但当时私人收藏家并未意识到它的重要性，却把它一分为二，并且把两部分全部售出。较小部分被科研人员找到，不过这个骨骼化石标本被修补过，已看起来更完整。较大的那部分最近刚刚进入公众的视野，现在属于奥斯陆大学自然历史博物馆。

▲艾达复原图

1983 年夏，一名业余化石收藏家在德国达姆施塔特市的世界闻名的麦赛尔化石遗址发现了它。但这名收藏家当时并未意识到它的重要性，只是将它当作普通动物化石标本收藏了 20 年。随后他把化石卖给了一个叫托马斯·珀勒的化石商人。

2007 年，珀勒又找到了挪威奥斯陆大学自然历史博物馆的古生物学家乔·哈洛姆博士。这具保存完整的化石立即引起哈洛姆博士的关注，他专门组建了一支国际研究小组对化石展开秘密研究。哈洛姆研究小组在 19 日出版的《公共科学图书馆·综合》杂志上公开了他们的研究成果。

艾达揭秘

据哈洛姆研究小组介绍，"艾达"生活在 4700 万年前，是一种外形类似

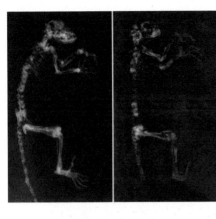

▲艾达的 CT 照片

狐猴的生物。它身长 53 厘米，大约处于 6 到 9 个月大的幼年时期。虽然它还没有完全长大，但已处于不再享受母亲保护的年龄，只能靠自己求生。此外，研究小组确定"艾达"是雌性，因为"她"没有阴茎骨。

"艾达"生活的时期被认为是最接近猿类向原始人进化的年代。那时世界刚刚形成目前的形态，恐龙灭绝了，喜马拉雅山脉形成，品种众多的哺乳动物在辽阔的丛林里生活繁衍。

研究人员认为，"艾达"可能是处于刚从狐猴系分化出去，并向人类方向开始进化的阶段。"艾达"缺少现代狐猴所具有的两个关键特征：第二个脚趾处带沟槽而弯曲的爪，以及呈梳子状的牙齿。此外，尽管它有一根长长的尾巴，但"艾达"具有几个人类的特征，包括对生拇指、较短的手臂和腿以及前视眼睛。

研究小组发现，"艾达"的腕部有一处严重的伤口，并有开始部分愈合的迹象。研究人员推测，虽然这处伤并没有直接要了"艾达"的命，但最终成为导致它死亡的原因。密歇根大学灵长类进化专家霍利·史密斯博士认为，"艾达"腕部的伤可能是它从树上摔下来造成的。虽然没死，但它的攀爬能力受到损害，从此不能再喝树叶上聚集的水，于是"艾达"只能冒险去麦赛尔湖喝水。

▼艾达的 CT 扫描照片

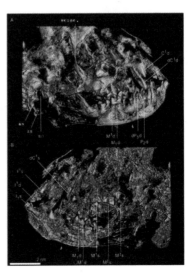

哈洛姆研究小组表示，"艾达"是迄今为止所发现的保存最完整的灵长类动物化石，除缺失了腿部一小部分骨骼外它全身 95% 的骨骼得以完整保存。人们通过标本甚至可以清晰地看到它身体上的软毛纹理。此外，"艾达"还把死前吃的最后一顿晚餐都"告诉"了人们——它的胃部显示有水果、种子和树叶的残留物，这表明"艾达"是食草动物。

Kong Long 灭绝
恐龙 Mie Jue 之谜 >>>

生物在进化过程中是渐进的（如进化论），还是突变的（如灾变理论），其争论已经很久。这两种理论争论的一个焦点就是恐龙为什么灭绝了。对于恐龙的突然灭绝，有许多说法。

◀恐龙

在两亿多年前的中生代，大量的爬行动物在陆地上生活，因此中生代又被称为"爬行动物时代"，大地第一次被脊椎动物广泛占据。那时的地球气候温暖，遍地都是茂密的森林，爬行动物有足够的食物，逐渐繁盛起来，种类越来越多。它们不断的分化成各　种不同种类的爬行动物，有的变成了今天的龟类，有的变成了今天的鳄类，有的变成了今天的蛇类和蜥蜴类，其中还有一类演变成今天遍及世界的哺乳动物。

◀恐龙

恐龙是所有爬行动物中体型最大的一类，很适宜生活在沼泽地带和浅水湖里。那时的空气温暖而潮湿，食物也很容易找到。所以恐龙在地球上统治了几千万年的时间。但不知什么原因，它们在6500万年前很短的一段时间内突然灭绝了，今天人们看到的只是那时留下的大批恐龙化石。

关于恐龙灭绝的原因，人们仍在不断地研究之中。长期以来，最权威的观点认为，恐龙的灭绝和6500万年前的一颗大陨星有关。据研究，当时曾有一颗直径7~10公里的小行星坠落在地球表面，引起一场大爆炸，把大量的尘埃抛入大气层，形成遮天蔽日的尘雾，导致植物的

▲恐龙化石

光合作用暂时停止，恐龙因此而灭绝了。

一百多年来，不知有多少科学家试图揭开恐龙断子绝孙的秘密，但总是不能自圆其说。随着自然科学中许多学科的相互渗透，近年来又出现了一些新的关于恐龙灭绝的说法。

有的科学家认为恐龙的灭绝是由于气候变冷。在白垩纪末期、6500年前，整个地球发生了广泛性寒冷，日温差增大，冷热季节交替明显。使习惯热带环境生活的恐龙，不能像蛇、蜥蜴那样进行冬眠，又不像毛皮动物那样躲进山洞里避寒。恐龙是热血动物，没有御寒的外表和生理机能，因而无法抵抗和适应寒冷的袭击，最后被大自然毫不留情地消灭了。

有的科学家断言恐龙灭绝是地壳运动的结果。大约在七千万年前，地球发生了一次强烈的地壳运动，使一些盆地隆起，浅丘开始出现，因而造成水枯林竭；同时海底变化，海平面下降300多米，亚洲、北美洲之间的陆地开始连接起来。大量动物迁移到恐龙栖息处，使食物供应发生困难，以至恐龙处于"断粮"地步，在严重的饥饿中逐渐死亡。

也有的科学家提出恐龙的灭绝是星球碰撞爆炸引起的。在白垩纪后期，有一颗直径约10公里的小行星，猛烈与地球相撞。撞击时速度约为每小时10万公里，撞击时扬起了惊人尘土，尘埃飘浮在大气中，以至遮蔽了阳光，使地球上持续一段时间内一片黑暗，气温骤降。植物的光合作用停止，植物枯萎，使"食物链"中断，恐龙纷纷死去。

▼恐龙灭绝的具体原因是科学界颇有争议的话题之一

还有的科学家推测，恐龙是吃了有花植物中毒而遭到灭绝的。恐龙生活在中生代，植物界的蕨类、苏铁、银杏、松、柏等裸子植物占统治地

位，在这些植物中含有许多单宁酸，这些对恐龙并无损伤。但是，在 1.2 亿年以前，最早有花植物出现了，这些有花植物组织内常常含有作用强烈的生物碱，对恐龙的生理产生不利的影响。有的生物碱——如马钱子碱等具有很大的毒性，恐龙大量吞吃了生物碱，毒素反应引起其严重的生理失调，导致死亡。

迄今为止，科学家们提出的对于恐龙灭绝原因的假想已不下十几种，比较富于刺激性和戏剧性的"陨星碰撞说"不过是其中之一而已。

恐龙灭绝之谜的主要说法

生物在进化过程中是渐进的（如进化论），还是突变的（如灾变理论），其争论已经很久。这两种理论争论的一个焦点就是恐龙为什么灭绝了。对于恐龙的突然灭绝，有许多说法。除了"陨星碰撞说"以外，关于恐龙灭绝的主要观点还有以下几种：

▲恐龙灭绝的原因众说纷纭

●气候大变动说

白垩纪晚期的造山运动，气候剧烈变化，许多植物枯死，食植物类恐龙死去，并影响到食肉恐龙的生存。也有人认为，气温降低使恐龙蛋难以孵化，即使孵化出来也难以成活。

●便秘说和生物碱中毒说

食草类恐龙以苏铁、羊齿等植物为生，后来这类植物灭绝，恐龙改食柳树和桑树类植物造成便秘，食而不化和不便造成死亡。也有人认为，苏铁和羊齿中含大量生物碱，久而久之造成中毒而亡。

●物种斗争说

恐龙年代末期，最初的小型哺乳类动物出现了，这些动物属啮齿类食肉动物，可能以恐龙蛋为食。由于这种小型动物缺乏天敌，越来越多，最终吃光了恐龙蛋。

●小行星和彗星爆炸说

据计算，每1亿年内就有一颗小行星击中地球，还有人认为是彗星撞击的。

▲小行星撞地球说

小行星和彗星含有剧毒氰化物，污染了大气和水源，致使恐龙被毒死。中国科学家分析了四川出土的恐龙化石，的确发现它们含砷（剧毒物质）量较高。从陨石坑分析可知，坑内金属铱含量过高，支持了陨星撞击地球使恐龙灭绝的论点。但20世纪80年代中期，美国科学家发现，富含铱的地层可能是火山灰和海水作用的结果，甚至有些地区有6层富铱层，但只有一层与恐龙有关。因此，依据富铱层来判断陨星撞击地球并非很可靠。

●被子植物中毒说

恐龙年代末期，地球上的裸子植物逐渐消亡，取而代之的是大量的被子植物。这些植物中含有裸子植物中所没有的毒素，体型巨大的恐龙食量奇大，大量摄入被子植物导致体内毒素积累过多，终于被毒死了。

●酸雨说

我们人类，已在地球上生活了二三百万年，这段历史应当说不算短了。可是与恐龙的生存年份相比较，那还只是一瞬间。

▼小行星和彗星爆炸说是恐龙灭绝的一种猜测

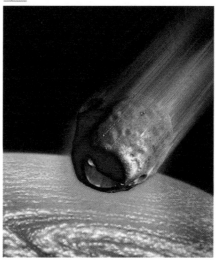

Gu Lao 的 *De* 古老 贝加尔湖 >>>

▼贝加尔湖风光

神秘的贝加尔湖是世界上最古老的湖泊，它是怎么形成的呢？

考古学家通过对贝加尔湖遗存的一些动物残骸研究发现，贝加尔湖大约在两三千万年前形成，目前是世界上最古老的湖泊。

古老的贝加尔湖是怎么形成的呢？在亚洲地壳表面有一道断层，久而久之形成一条沟壑。若干年后，淤泥逐渐塞满了这个大约 8 千米的地沟。根据学者们研究发现，冰河时期的很多湖泊形成时间都是在 15000 年前~10000 年前，开始这些流动的湖泊都是逐渐被淤泥塞满，最终慢慢干涸。

有科学家最新发现，贝加尔湖的湖岸与非洲的红海极其相似，开始都是一条小口子慢慢向两边拉开。因此科学家得出结论，贝加尔湖是一个新生的海洋。

▼春天里的贝加尔湖

贝加尔湖特殊的海洋特征体现在：有着浩瀚的湖底，湖水深不可测，海浪来临之时狂风大作，潮汐、地磁异常以及持续增大的裂谷等。另外，贝加尔湖洼地坡面西侧比东侧更为陡峭，而且很不相称。

贝加尔湖湖水浩

渺，金波闪烁，每年吸引了数以万计的游客。奇维尔
奎湾在贝加尔湖的东侧，远远望去，仿佛
一颗璀璨的夜明珠，在奇维尔奎
湾的四周依稀散落着零落的植
被和岛屿。奇维尔奎湾的水
很浅，游客在夏天的时候可以
在这里做游泳运动。佩先纳
亚港湾在贝加尔湖的西侧，两侧
都是大小不一的悬崖峭壁，在这里
可以欣赏到闻名遐迩的自然景观高

跷树。这些顽强的植被的根部是在沙土山坡上，大风不时地把树根部的土壤刮
走，然而越发促使高跷树把根更深地扎入到干旱的土壤里。在地表拱生着高跷树
的根系，游人可以在树下穿梭往来。湖的四周群峦迭起，不时有河流在山涧纵横
交错，湖光山色倒映出一片郁郁葱葱的原始森林，形成水、树、天一体的美妙
画面。

　　贝加尔湖景色季节交替变化很大。在每年的八月份，贝加尔湖春意盎然，百

花齐放，一派生机盎然。太阳将万丈霞光洒向萨彦岭远处白雪皑皑的山峰上，整个贝加尔湖，粉妆玉砌，宛如玉宇琼楼。贝加尔湖在这个季节浪静波平，静静地等候秋季暴风雨的来临。许多的鸟儿也不约而同的来到这里，相互嬉闹打斗着。树林里各种让人垂涎欲滴的野果也闪亮登场，有忍冬果、穗醋栗、齐墩果……冬天不约而至，一时间狂风大作，气温骤降，微波荡漾的湖面结了一层厚厚的冰，这些冰层大约在 1 米以上。

气温回升，大地变暖的时候，贝加尔湖湖面的冰块开始消融，冰裂的时候会产生震耳欲聋的声音，仿佛是贝加尔湖沉寂已久的嘶喊。冰块消融湖面形成很多又宽又深的裂缝，阻碍了行人前行。不久之后这些裂缝又会被重新组合在一起。

贝加尔湖的波澜壮阔如果不是身临其境，是无法想象的。碧水茫茫，波光摇曳，水天连为一线。风起云涌的时候浩渺的湖水形成千层碧浪，空中久久盘旋低鸣的海鸟，使人忘却尘世的烦恼，沉溺在这一处原始的自然景观中。

神奇 Shen Qi 的 死海 Dr >>>

死海海水浴的好处数不胜数，每年吸引了从世界各地蜂拥而至的游客，神奇的死海是怎么形成的呢？

死海是世界上最低、最深的湖泊，位于约旦和巴勒斯坦的交界处，死海深度约420多米，面积约八百多平方公里。世界上盐分最高的水域除了吉布提的阿萨勒湖，就是死海，死海的盐分最高可达30%。

▲ 死海

死海源于一个古老的传说，相传远古时期，这里是一个繁华的村落。村里的男子沾染了一种恶习，经过先知鲁特的屡次教导，还是不思悔改。上帝知道此事后很生气，便偷偷告诉鲁特，让他提前携家眷离开此地，并且千叮万嘱不许回头看。于是鲁特携家带口离开了这里，然而，他的妻子由于好奇，途中偷偷回头看了一眼。瞬时间，整个村子被浩瀚的汪洋吞噬，这片汪洋就是死海。

鲁特的妻子由于违背了上帝的忠告，变成了一个石人。永生永世，风风雨雨屹立在临近死海不远的地方，扭头回望。这个古老的神话告诫那些执迷不悟的人们：如果不好好珍惜生活，就会失去所拥

有的一切。

　　这只是一个劝人积极向上的神话，其实，死海就是一个咸水湖。是在自然界漫长的变化中形成的。死海的地理环境比较复杂，处于一个南北走向的大裂谷的中段，南北长度有 75 千米，东西宽约十多千米，最深的水域达到 400 米。约旦河是死海的源头，约旦河中蕴含丰富的矿物质。河水流入死海后经过不断蒸发，沉淀下一些矿物质，这些矿物质日积月累，久而久之死海就形成了。

　　为什么游人在死海中不会沉底？死海高浓度盐分的水中没有生物存活，甚至连死海沿岸的陆地上也很少有生物。然而，死海却有一种特殊的浮力，任何人包括不会游泳的人在死海中都不会沉底。这是因为死海中水的特殊比重，水的比重超过人体的比重因此人在死海会被浮起。死海中随处可见一些温馨的画面：悠然自得的游客，撑着彩色的遮阳伞，拿着杂志悠闲地躺卧在海面上阅读着，身体在海面上此起彼伏。

　　另外，死海的水中蕴含丰富的矿物质，在死海中洗海水浴可以防止、治疗关节炎等慢性疾　病。死海也因此吸引了世界各地数以万计蜂拥而至的游客纷纷来到死海疗养。

　　黑泥因蕴含丰富的矿物质，对皮肤有特殊的保护作用，也因此成为女性比较喜爱的化妆品。黑泥源于死海的海底，在死海附近有许多美容疗养院，经常可以看见有许多被浑身涂满黑泥，只露出眼睛和嘴部的人在那里做黑泥美容。黑泥作为一种有着特殊疗效的健身美容产品，成为以色列和约旦主要的出口产品。

　　死海水域中蕴含丰富的矿物质对镇痛也有极其特殊的疗效，死海还是世界上最早的疗养胜地。

Mo Xi Ge 奈卡 水晶洞 >>>
墨西哥 *Nai Ka*

墨西哥奈卡水晶洞位于墨西哥奇瓦瓦沙漠地下深处，洞深达 1000 英尺。墨西哥奇瓦瓦的奈卡矿，是一个以其独特的水晶而闻名的在开采矿。奈卡矿里面的水晶直径 4 英尺，长度达到 50 英尺。水晶洞内部的地形非常复杂，行走非常困难。墨西哥奈卡水晶洞是世界上最大的水晶洞穴。尽管洞内环境极为恶劣，但仍然阻挡不了探险家们的脚步。

▲进入奈卡水晶洞需穿特殊的冷却服

墨西哥水晶洞也叫奈卡水晶洞，是世界上最大的地下水晶洞穴，地质学家在洞穴中发现了迄今最大的天然水晶，有的亚硒酸盐水晶结构长达 10 米以上。然而，想进入奈卡水晶洞拍摄纪录片，是相当困难的。如果毫无准备，人类很难进入这个环境极端恶劣的洞穴。

奈卡矿蕴藏了大量的铅、锌和银等金属，当然还包括透明石膏的水晶矿。蕴藏着这些水晶的地方被叫做巨人的水晶洞。这里的水晶是由下面岩浆放出的热流形成的。剑之洞是奈卡矿中另一个拥有大量水晶的洞室。

▼奈卡水晶洞

2600 万年前，奈卡山脉出现火山活跃，充满了高温硬石膏灰。当山脉之下的岩浆冷却，以及温度下降，硬石膏便开始溶解。硬石膏缓慢地将水和硫酸盐、钙分子浓缩，数百万年以来沉积在这个洞穴里，进而形成了巨大透明的石膏水晶体。

　　洞内到处都是壮观的发光巨型石柱，有松树那么高，全部为半透明的金色和银色。晶体的形状令人惊叹叫绝。晶体形成于含有硫酸钙的地下水。由于地下一英里处是岩浆，在岩浆的不断加热下，含有硫酸钙的地下水从数百万年前就开始渗透整个洞穴，从而形成水晶洞。

　　奈卡水晶洞位于地面之下 900 英尺 (约合 274 米)。当矿工们在附近的矿洞中开采银矿和铅矿时，意外地发现了这个神奇的水晶洞。洞中充满了 36 英尺 (约合 11 米) 长、55 吨重的巨型水晶。毫无疑问，这是迄今发现最大的天然水晶。

　　在奈卡水晶洞中，温度高达 50 摄氏度，湿度高达 100%，这种温度和湿度对于人类来说是致命的杀手。当你在这种环境中呼吸时，你的肺部表面就是与湿热的空气接触的最冷的表面。这就意味着气流开始在你的肺部浓缩，这绝对是非常危险的事情。进入洞中，必须穿上一种特殊的冷却服。这种冷却服看起来就好像是一身锁子甲，其中装满了冰块。此外，他们准备了一个特制的呼吸系统，它可以向氧气面罩提供凉爽、干燥的空气。在水晶洞中也可以偶尔短时间脱去面罩，但是不能超过 10 分钟，一般是当你准备翻身的时候。

　　奈卡矿最早是在 1794 年被奇瓦瓦市的采矿者发现的，他们在山脉的底部发现了一脉银矿。奈卡这个名字在 Tarahumara 语当中的意思是：一个阴暗的地方。从被发现直到 1900 年，这个矿藏主要出产的都是金银。到 1900 年的时候，才开始大规模的发掘锌和铅。

　　在 1911~1922 年间，这个矿因为种种原因一度关闭。就在要放弃这个矿的时候，著名的剑之洞被发现了。这个洞里面有大量的水晶，虽然现在很多都被收集走了，但仍是一个非常奇妙的游览之地。

▼奈卡水晶洞

神农架 Shen Nong Jia >>>

远古时期，神农架地区还是一片汪洋大海，是燕山和喜马拉雅造山运动将其抬升为多级陆地，成为大巴山东延的余脉。山脉呈东西方向延伸，山体由南向北逐渐降低。山峰多在海拔 1500 米以上，其中海拔 2500 米以上的山峰有 20 多座。最高峰神农顶海拔 3105.4 米，为"华中第一峰"。西南部石柱河海拔 398 米，是神农架的最低点，最高点与最低点的相对高差为 2707.4 米。

▲神农架

　　神农架是长江和汉水的分水岭，境内有香溪河、沿渡河、南河和堵河 4 个水系。由于该地区位于中纬度北亚热带季风区，气温偏凉而且多雨，海拔每上升 100 米，季节相差 3~4 天。"山脚盛夏山顶春，山麓艳秋山顶冰，赤橙黄绿看不够，春夏秋冬最难分"是神农架气候的真实写照。由于一年四季受到湿热的东南季风和干冷的大陆高压的交替影响，以及高山森林对热量、降水的调节，形成夏无酷热、冬无严寒的宜人气候。当南方城市夏季普遍高温时，神农架却是一片清凉世界。

　　独特的地理环境和立体小气候，使神农架成为中国南北植物种类的过渡区域和众多动物繁衍生息的交叉地带。神农架拥有各类

▼神农祭坛

植物 3700 多种（菌类 730 多种，地衣 190 多种，蕨类 290 多种，裸子植物 30 多种，被子植物 2430 多种，加上苔藓类可达 4000 种以上），其中有 40 种受到国家重点保护。有各类动物 1050 多种（兽类 70 多种，鸟类 300 多种，两栖类 20 多种，爬行类 40 多种，鱼类 40 多种，昆虫 560 多种），其中有 70 种受到国家重点保护。几乎囊括了北自漠河，南至

▲神农架金丝猴

西双版纳，东自日本中部，西至喜马拉雅山的所有动植物物种。

神农架是中国内陆保存完好的唯一一片绿洲和世界中纬度地区唯一的一块绿色宝地。它所拥有的在当今世界中纬度地区唯一保持完好的亚热带森林生态系统，是最富特色的垄断性的世界级旅游资源，动植物区系成分丰富多彩，古老、特有而且珍稀。苍劲挺拔的冷杉、古朴郁香的岩柏、雍容华贵的桫椤、风度翩翩的珙桐、独占一方的铁坚杉，枝繁叶茂、遮天蔽日；金丝猴、白熊、苏门羚、大鲵以及白鹳、金雕等飞禽走兽出没草丛，翱翔天地间。一切是那样地和谐宁静，自在安详。这里还有着优美而古老的传说和古朴而神秘的民风民俗，人与自然共同构成中国内地的高山原始生态文化圈。神农氏尝百草采药的传说、"野人"之谜、汉民族神话史诗《黑暗传》、川鄂古盐道、土家婚俗、山乡情韵都具有令人神往的诱惑力。这里山峰瑰丽，清泉甘洌，风景绝妙。神农顶雄踞"华中第一峰"，风景垭名跻"神农第一景"；红坪峡谷、关门河峡谷、夹道河峡谷、野马河峡谷雄伟壮观；阴峪河、沿渡河、香溪河、大九湖风光绮丽；万燕栖息的燕子洞、时冷时热的冷热洞、盛夏冰封的冰洞、一天三潮的潮水洞、雷响出鱼的钱鱼洞令人叫绝；流泉飞瀑、云海佛光皆为大观。

神农架茫茫的林海，完好的原始生态系统，丰富的生物多样性，宜人的气候条件，原始独特的内陆高山文化，共同构成了绚丽多彩的山水画卷。也使神农架享有了"绿色明珠"、"天然动植物园"、"生物避难所"、"物种基因库"、"自然博物馆"、"清凉王国"等等众多美誉。在地球生态环境日益遭到破坏、环境污染日趋严重的今天，神农架正以其原始完美的生态环境引起世人瞩目。

神农架据传是华夏始祖——神农炎帝在此搭架采药、疗民疾苦的地方。他在此"架木为梯，以助攀援"，"架木为屋，以避风雨"，最后"架木为坛，跨鹤升天"。神农炎帝是华夏文明开创者之

▼神农架风光

一，后人将其丰功伟绩列陈有八：训牛以耕、焦尾五弦、积麻衣革、陶石木具、首创农耕、搭架采药、日中为市、穿井灌溉。为缅怀祖先，颂其伟业，林区人民政府于1997年开始在神农架主峰南麓小当阳兴建神农祭坛一座，塑其雕像于群山之中。但见牛首人身的神农氏双目微闭，似思似眠。神农塑像与千年古朴相拥而立，景致恢宏，气宇不凡，蔚为壮观。

神农架人文历史久远，早在20多万年前，就有古人类在此活动。秦汉以来，神农架地区分属历朝历代邻近州郡县管辖（仅三国至隋初设绥阳县），清代隶属湖北省郧阳府房县及宜昌府兴山县。由于这里谷深林密，交通不便，历来为兵家屯守之地。唐中宗被贬为庐陵王后，命神农架山脉为"皇界"。清顺治、康熙及嘉庆年间，义军刘体纯部及白莲教军先后在此屯守11年之久。革命战争时期，贺龙红三军在此建立苏维埃政府。新中国成立后的上世纪50年代中期至60年代初，国家以采伐木材为主要目的着手对神农架进行开发，并于1966年修通贯穿南北的公路。1970年国务院以〔1970〕国发47号文件，批准神农架林区建置，由

▼神农架原始森林

湖北省直辖，行政地域由房县、兴山和巴东三县毗邻区域划出，国土面积3253平方公里。此后行政隶属几经变更，终于在1987年确定直属省辖至今。

神农架文化遗存众似繁星，民俗乡风淳厚质朴。阳日古刹净莲寺、九冲佛影天观庙传承佛教衣钵，川鄂古盐道依稀再现南方丝绸之路的繁荣，残存的木雕、石刻及民间刺绣显示炎帝后裔五千年的智慧。在此发现并已整理出版的《黑暗传》被称为汉民族的创世史诗，从而打破西方关于中国没有自己史诗的百年神话。反映秦巴平民喜怒哀乐的百代民风土家婚俗、打丧鼓、山锣鼓、打火炮堪称中原文化的活化石。神农架不仅是东西南北野生动植物种类的交汇地，而且是华夏民族四大文化种类的交汇地。以神农架为原点，西有秦汉文化，东有楚文化，北有商文化，南有巴蜀文化。神农架是一处文化洼地，各种文化溪流在这里交融。神农架的自然条件和人文背景共同构成了神农架绚丽多彩的画卷。隽秀如屏的群峰，莽莽茫茫的林海，完好的原始生态系统，丰富的生物多样性，宜人的气候，独特的内陆高山文化使神农架成为当今世界人与自然和谐共存的净土和乐园。

神秘的 *Shen Mi De* 黄泉大道 *Huang Quan* >>>

在美洲的著名古城特奥蒂瓦坎，有一条纵贯南北的宽阔大道，被称为"黄泉大道"。黄泉大道在今天的墨西哥城东北处大约 25 英里，具体位置在西经 99.1 度，北纬 19.5 度。它之所以有这么个奇怪的名字，是因为公元十世纪时最先来到这里的阿兹特克人，沿着这条大道进入这座古城时，发现全城空无一人。他们认为大道两旁的建筑都是众神的坟墓，于是就给它起了这个名字。

▲黄泉大道

　　"黄泉大道"全长 4 公里，宽 45 米，南北纵贯全城。街南端为古城的大建筑群，是当时宗教、贸易和行政管理中心，如今已成为博物馆、商场和管理办公室的所在地。对面是占地 6.75 万平方米的城堡，里面有一座羽蛇神庙。现在庙宇已毁，但庙基尚存，庙基斜坡上的羽蛇头栩栩如生。街北端西侧是著名的蝴蝶宫，这是当时古城最繁华的地区。宫内石柱上刻有十分精致的蝶翅鸟身浮雕，形象生动，色彩鲜艳。

　　1974 年，在墨西哥召开的国际美洲人大会上，一位名叫休·哈列斯顿的人声称，他在特奥瓦坎找到了一个适合其所有建筑和街道的测量单位。经过电子计算机计算，该单位长度为 1.059 米。例如特奥蒂瓦坎的羽蛇庙、月亮金字塔和太阳金字塔的高度分别是 21、42、63 个"单位"，其比例为 1:2:3。

　　哈列斯顿用"单位"测量黄泉大道两侧的神和金字塔遗址，发现了一个更加惊人的情况。"黄泉大道"上这些遗迹的距

▼黄泉大道

▲黄泉大道让人肃然起敬，据说黄泉大道上这些遗迹的距离，恰好表示着太阳系行星。

离，恰好表示着太阳系行星的轨道数据。在城神庙废墟中，地球和太阳的距离为96个"单位"，水星为36，金星为72，火星144。"城堡"背后有一条特奥蒂瓦坎人挖掘的运河，"运河堡"的中轴线为288个"单位"，正好是火星和木星之间小行星带的距离。轴线520个"单位"处有一座无名神庙的废墟，这相当于从太阳到木星的距离。再过945个"单位"，又有一座神庙遗址，这是土星到太阳的距离。再走1845个"单位"就到了"黄泉大道"的尽头月亮金字塔的中心，这恰恰是天王星的轨道数据。如果再将黄泉大道的直线延长，就到了塞罗瓦戈多山山顶，那里有一座小神庙和一座塔的遗迹，地基仍在。其距离分别为2880和3780个"单位"，正是海王星和冥王星轨道的距离。

如果说这一切都是偶然的巧合，显然令人难以信服。如果说这是建造者们有意识的安排，那么"黄泉大道"显然是根据太阳系模型建造的，可以肯定特奥蒂瓦坎的设计者们早已了解整个太阳系的行星运行情况，并懂得了各个行星与太阳之间的轨道数据。然而，人类1781年才发现天王星，1845年才发现海王星，1930年发现冥王星。那么在混沌初开的史前时代，是哪一只看不见的手，为建造特奥蒂瓦坎的人们指点出了这一切呢？ 特奥蒂瓦坎古城 (Teotihuacan)，位于墨西哥首都墨西哥城东北约40公里处。在其繁荣兴盛的六、七世纪，全城有20万人口，规模可以和中国当时的长安相比。1987年联合国教科文组织将特奥蒂瓦坎古城作为文化遗产，列入《世界遗产名录》。

墨西哥城北的广阔高原，矗立着两座巍峨壮观的金字塔。墨西哥人骄傲地把它们同埃及的金字塔相比。这就是闻名世界的墨西哥太阳金字塔 (Pyramid of sun) 和月亮金字塔 (Pyramid of Moon)。人们常说，到中国不去长城等于没到过中国。同样，到墨西哥不去看一看这两座金字塔，也就等于没来过墨西哥。

太阳和月亮金字塔是特奥蒂瓦坎古城遗址的主要组成部分。特奥蒂瓦坎古城是哥伦布发现新大陆前，美洲的一个重要政治和宗教活动中心，是光辉灿烂的印第

▼特奥蒂瓦坎古城

安文化之一。它有"诸神之城"的美名。当阿兹特克文化在美洲中部高原兴起时，特奥蒂瓦坎古城已经成为废墟。人们来到寂静广阔的古城废墟时，看到宏伟壮观的建筑遗迹，不禁肃然起敬。

在特奥蒂瓦坎古城挖掘出大量的面具，它们大多由石头雕刻而成。特奥蒂瓦坎城的工匠擅长石器、玉器和陶器的制作，这件石制面具是特奥蒂瓦坎人祭祀时的用品。

特奥蒂瓦坎城在全盛时期，是世界十大城市之一。据估计，居民有 20 多万，面积达 20 平方公里。当时城市建筑结构的严谨，为以后阿兹特克人修建特诺奇提特兰城所效仿。纵贯南北的黄泉大道全长 4 公里、宽 45 米，是古城的重要组成部分。金字塔、庙宇、亭台楼阁以及大街小巷、匀称地分布在黄泉大道的两侧。大概由于宗教的原因，大街南端一片空旷，没有任何建筑。为什么称为黄泉大道？考古学家们已无从考证。有人解释说，因为当时用活人祭神，尸体在大街上火化（特奥蒂瓦坎没有土葬习惯，全城没有发现一座坟墓），黄泉大道由此得名。

特奥蒂瓦坎，在印第安人纳瓦语中是"创造太阳和月亮神的地方"。在印第安传说中，他们崇拜的第四代太阳不再发光了，地球被笼罩在一片黑暗之中，人间万物生灵面临着毁灭的危险。宇宙的诸神听到了从地球上传来濒临死亡的人们的恐怖叫喊和痛苦呻吟，从宇宙中飘落到特奥蒂瓦坎，燃起了篝火。地球又一次见到了光明，万物复苏，生灵获救。

但不久，篝火的火焰越来越弱，最后又被黑暗吞没，地球上再次陷入黑暗。为了使地球永见光明，人类永远欢乐，诸神修筑了太阳和月亮金字塔。在两塔之间，又一次燃起火，熊熊烈火越烧越旺。诸神商定，谁有勇气，自愿跳入火中，就变成第 1 代太阳，永远得到人类的崇敬。诸神中低贱的纳纳瓦特神和高贵的特克西斯特卡尔神都表示愿意作出牺牲，变成太阳，照耀地球。纳纳瓦特神首先勇敢地跃身跳进火里，顿时，一轮红日从东方冉冉升起。而特克西斯特卡尔这个时候却害怕了，只是在看到纳纳瓦特神变成太阳后，才下定决心咬牙跳进已是十分微弱的火堆。只是他已经失去了机会，没有变成太阳，成为了只能在太阳下山后用暗淡光辉照耀大地的月亮。这就是关于特奥蒂瓦坎地名由来的传说。

▼特奥蒂瓦坎圣城

"佛祖显灵" *Fo Zu Xian Ling* —— 惊现 *Jing Xian* "佛光" >>>

佛经中说，佛光是释迦牟尼眉宇间放射出来的光芒。在峨眉山上出现这种自然奇观，又和佛教传入山中的历史密切相关。实际上，佛光是光的自然现象，是阳光照在云雾表面所起的衍射和漫反射作用形成的。佛光是一种非常特殊的自然物理现象，其本质是太阳自观赏者的身后，将人影投射到观赏者面前的云彩之上，云彩中的细小冰晶与水滴形成独特的圆圈形彩虹。

▲佛光

公元 366 年的一天傍晚，在中国西北部的甘肃省敦煌市附近的一座沙山上，"佛光"的一次偶尔呈现被一个叫乐僔的和尚无意中看到了。看到"佛光"的乐僔当即跪下，并朗声发愿要把他见到"佛光"的地方变成一个令人崇敬的圣洁宝地。受这一理念的感召，经过工匠们千余年断断续续的构筑，终于成就了人们今天看到的这座举世闻名的文化艺术瑰宝——敦煌莫高窟。

在敦煌莫高窟第 332 窟李克让《重修莫高窟佛龛碑》的碑文上记载了这一段莫高窟创建的原始动机。文献有将"金光"解释为霞或因幻觉所见的"光象"，也有将它解释为"佛光"的。如余秋雨在其《文化苦旅》中用白话文对李克让《重修莫高窟佛龛碑》前半段，特别是对"乐僔……忽见金光，状有千佛"作了较为详细而生动地阐释。

▼峨眉山佛光

佛光是光的自然现象，是阳光照在云雾表面所起的衍射和漫反射作用形成的。夏天和初冬的午后，摄身岩下云层中骤然幻化出一个红、橙、黄、绿、青、蓝、紫的七色光环，中央虚明如镜。观者背向偏西的阳光，有时会发现光环中出现自己的身影，举手投足，影皆随形。奇者，即使成千上百人同时同址观看，观者

▲黄山佛光

也只能只见己影，不见旁人。谭钟岳诗云："非云非雾起层空，异彩奇辉迥不同。试向石台高处望，人人都在佛光中。"

佛光的出现需要阳光、地形和云海等众多自然因素的结合，只有在极少数具备了以上条件的地方才可欣赏到。峨眉山舍身岩就是一个得天独厚的观赏场所。19世纪初，科学界便把这种难得的自然现象命名为"峨嵋宝光"。在金顶的摄身岩前，这种自然现象并非十分难得。据统计，平均每五天左右就有可能出现一次便于观赏佛光的天气条件，其时间一般在午后3:00~4:00之间。

"佛光"发生在白天，产生的条件是太阳光、云雾和特殊的地形。早晨太阳从东方升起，佛光在西边出现，上午"佛光"均在西方；下午，太阳移到西边，佛光则出现在东边；中午，太阳垂直照射，则没有佛光。只有当太阳、人体与云雾处在一条倾斜的直线上时，才能产生佛光。它是太阳光与云雾中的水滴经过衍射作用而产生的。如果观看处是一个孤立的制高点，那么在相同的条件下，佛光出现的次数要多些。

▼花果山佛光

"佛光"由外到里，按红、橙、黄、绿、青、蓝、紫的次序排列。有时阳光强烈，云雾浓且弥漫较宽时，则会在小佛光外面形成一个同心大半圆佛光，虽然色彩不明显，但光环却分外显现。"佛光"中的人影，是太阳光照射人体在云层上的投影。观看"佛光"的人举手、挥手，人影也会举手、挥手，此即"云成五彩奇光，人人影在中藏"，神奇而瑰丽。

"佛光"出现时间的长短，取决于阳光是否被云雾遮盖

和云雾是否稳定，如果出现浮云蔽日或云雾流走，"佛光"即会消失。一般"佛光"出现的时间为半小时至一小时。而云雾的流动，促使佛光改变位置；阳光的强弱，使"佛光"时有时无。"佛光"彩环的大小则同水滴雾珠的大小有关：水滴越小，环越大；反之，环越小。

"佛光"是一种十分普遍的自然现象，并不神秘，只要具备产生佛光的气象和地形条件，都可能产生。"佛光"在中国的峨眉山金顶最为多见，因为峨眉山的气象条件最容易产生佛光，所以气象学上索性将佛光现象称之为"峨眉光"。

泰山岱顶碧霞祠一带，也经常出现佛光，当地人称为"碧霞宝光"。泰山佛光是岱顶奇观之一。每当云雾弥漫的清晨或傍晚，游人站在较高的山头上顺光而视，就可能看到缥缈的雾幕上，呈现出一个内蓝外红的彩色光环，将整个人影或头影映在里面，恰似佛像头上方五彩斑斓的光环，故得名"佛光"或"宝光"。泰山佛光是一种光的衍射现象，它的出现是有条件的。据记载，泰山佛光大多出现在 6~8 月中半晴半雾的天气，而且是太阳斜照之时。

对于喜欢观测和拍摄"佛光"的人们来说，"佛光"其实并不是那样难觅踪迹。在中国的峨眉山、黄山、泰山、庐山等地，以及在德国的布罗肯山、英国的维尼斯山等人们都能经常欣赏到"佛光"的风采。若乘飞机在云彩上飞行，遇上好的天气，眼睛注

▲庐山佛光

视飞机影子落在云上的地方或方向，人们几乎随时都可以看到"佛光"的呈现。

Qi Shi Pang bo 的巨人之路 >>>
气势磅礴

人之路又称"巨人堤"或"巨人岬"，是北爱尔兰一处著名的自然景观。

巨人之路位于英国北爱尔兰安特里姆平原边缘，大约由四万多根大小均匀的玄武岩石石柱组成，远远望去，这些均匀的岩石从大海中伸出来，蜿蜒成一条有几千米的堤道，这就是巨人之路。巨人之路从空中俯瞰景色更为壮观，蔚蓝色的大海衬托着赭褐色的石柱，构成一幅让人叹为观止的画面。

▲巨人之路

巨人之路曾经的名字是"巨人堤"或"巨人岬"，这要源于一个古老的传说：在远古时期，爱尔兰巨人与苏格兰巨人为了一决高低，决定展开一场决斗。他们开决战之前，把大海用岩石填平，铺了一条石路。后来两个巨人展开激烈的交战，爱尔兰巨人大败，为了自保，他摧毁了堤道阻断了敌人的追击，如今的巨人之路就是当年被摧毁后剩下的一段。

巨人之路是怎么

形成的呢？经过科学家的研究得知，原来这道天然阶梯是由活火山不断喷发产生的火山熔岩形成的。经过长年累月海浪的侵袭，很多石柱群被截断，于是就呈现出如今高低不平的石柱地貌。整条巨人之路海岸线，由四万多根高低不平的玄武岩石柱组成，全长有数千米，气势与规模无不令人叹为观止。

组成巨人之路的石柱主要是六边形的，也有一些四边形、五边形、七边形和八边形的柱子，岬角最宽处宽约十二米，最窄处仅有三四米，最窄处也就是石柱的最高点。石柱中最高有高出水面12米的，有的石柱隐没于水下或者与水面齐平。

从远处遥望，众多高矮不同石柱构成的石林通道宛如一层层的阶梯。巨人之路自然景观是大自然罕见的奇观之一，巨人之路也是大自然呈现给人类的一笔珍贵的财富。

地球上 *Di Qiu Shang* 最具 *Zui Ju* 魅力的十大湖泊 >>>

地球上的湖泊可谓五花八门，种类繁多，其中很多堪称奇迹，绝对是大自然这个最伟大艺术家的杰作。以下是地球上十个最值得的一看的湖泊，上榜湖泊包括大名鼎鼎的俄罗斯贝加尔湖以及神秘莫测的苏格兰尼斯湖。

1. 帕劳群岛水母湖

水母湖位于帕劳群岛其中一座岩岛——埃尔·马尔克，是在大约 1.2 万年前形成的。当时地壳隆起致使这座岛屿高出海平面，海水则被其中部分陷处捕获。

水母湖内生活着数百万只水母，它们是藻类的宿主，通过与藻类形成的共生关系生存。在大约每 10 年出现一次的厄尔尼诺现象影响下，水母湖温度升高，致使水母居民大面积死亡，但这些生命力顽强的动物经常能够实现数量大反弹。

▲帕劳群岛水母湖

2. 美国加州莫诺湖

美国加州莫诺湖位于美国约塞米蒂国家公园东部，加利福尼亚州内与内华达州交界处附近，无论以何种评判标准，它都是世界上最令人惊异的湖泊之一。莫诺湖被称之为超盐度咸水湖，数千年来，这个湖泊一直没有孕育任何河流并且始终处于蒸发状态，致使盐分和矿物质含量提升到极高水平。即便如此，很多

▼加州莫诺湖

顽强的生命仍继续在莫诺湖内生存。湖内盐水虾数量多达 6 万亿只，为迁徙的鸟类提供了一个至关重要的食物来源，同时也使莫诺湖成为一个无法在其他地区发现的独特的小生态环境。

莫诺湖被马克·吐温称之为"地球上最孤独的地方"，但与此同时，它也凭借一座座慑人眼球的石灰华塔为一代又一代艺术家、摄影师和电影制作人员提供灵感。最后一幅图片完美地呈现了莫诺湖周围近乎超现实主义的环境。看着眼前出现的石灰华塔、蔚蓝色的高海拔天空以及泛起涟漪的湖面，来此游玩的人仿佛置身另一个世界。

3. 哥斯达黎加绿色湖泊迭戈——德拉哈亚

海拔 3432 米的伊拉苏山共有 5 个主火山口，其中一个被湖水填满，形成了著名的火山口湖迭戈——德拉哈亚。这个火山口湖因其不断变化的颜色而著称于世，亮绿色、灰色、粉红色和红色都是它的主打颜色，其中以亮绿色较为常见。火山口湖湖水所呈现的颜色取决于伊拉苏山内部，也就是湖底下方火山活动释放的气体类型。

▲德拉哈亚

伊拉苏山上一次喷发是在 1963 年至 1965 年，非常巧合的是，此次喷发是在美国前总统约翰·肯尼迪对哥斯达黎加进行国事访问时上演的。伊拉苏山也许希望以其特有的方式欢迎这位美国领导人的到来。伊拉苏山是一座非常活跃的火山，自 1723 年历史学家第一次记录一场大爆发以来，这座火山已经喷发了 23 次。

4. 喀麦隆尼欧斯湖

摄影师经常以某一重要事件发生前后拍摄的照片展示拍摄对象经历的巨大变化，但这种手法显然不适于展现喀麦隆的尼欧斯湖。尼欧斯湖最让人过目不忘的就是其令人作呕的黄绿色湖水，这是有关 1986 年二氧化碳大喷发的一个看得见的证据，当时有超过 1700 人在这场灾难中窒息身亡。

▲喀麦隆尼欧斯湖

科学家认为，水下岩石滑动打破了保持二氧化碳溶解于水中的微妙压力平衡。一旦形成气泡并升出水面，压力便趋于减弱，就像晃动一瓶苏打水开启瓶盖一样。令人们感到担忧的问题是，这场发生于 1986 年 8 月 21 日的灾难是否会再次上演？通过将一些虹吸管垂直插入湖内进行排气这种方式，这种惨剧可能不会再次发生。形象地说，插管这种方式与使用苏打水吸管类似。

在保持尼欧斯湖二氧化碳水平衡方面，国际项目 Nyos Organ 已经取得成功。除了这个湖泊外，人们也对附近的莫瑙恩湖采取了同样举措。1984 年，莫瑙恩湖爆发类似灾难，共造成 30 多人死亡。

5. 俄罗斯贝加尔湖

俄罗斯的贝加尔湖是湖泊家族的女王，所含淡水总量超过北美五大湖的总和。此外，它也是世界上年代最为久远的湖泊，拥有大约 2500 万年历史。更令人心生向往的是，贝加尔湖内以及周围生活着 2500 种，并未在其他任何地区发现的奇特动物，其中包括贝加尔湖淡水海豹。全球气候变暖也是贝加尔湖不得不面对的问题。由于气候变暖，贝加尔湖的环境受到威胁，由此引发的变化对将这里视为唯一家园的动植物来说是一场噩梦。在贝加尔湖内的奥尔洪岛突出的一个岩层彰显出这个湖泊一种崎岖的美，同时也暴露出这个巨大的湖泊处于与世隔绝的状态。据统计，贝加尔湖所含淡水占世界淡水总量的 20%。

▲贝加尔湖

6. 英国苏格兰尼斯湖

作为苏格兰深度排名第二的湖泊，尼斯湖所含淡水超过英格兰及威尔士所有湖泊的总和。尼斯湖的深度达到约合 230 米，由于周围土壤中的泥炭，这个湖泊一直处于阴暗之中，进而孕育了尼斯湖水怪的传说。一些人表示，偶尔漂浮在湖面的一截原木被人们误认为一条史前蛇颈龙，也就是所谓的水怪。事实真相到底是什么？现在仍没有一个确切结论。

有关尼斯湖水怪的第一个目击报告可追溯到公元 6 世纪，当时的圣科隆巴据说亲眼见到了所谓的水怪。现代目击报告则可追溯到上世纪 30 年代初，但经常描述的并不是生活在湖内的动物。1934 年一篇有关尼斯湖水怪目击者的文章中，此次目击事件发生在午夜，当时一名骑摩托车的男子声称尼斯湖水怪在其面前穿过。"摩托男"遭遇的尼斯湖水怪是不是酒后驾驶看到的假相，就连他本人也无法给出一个准确答案，更不用说根本不会开口说话的尼斯湖水怪了。

▲尼斯湖

7. 死海

死海是一个内陆盐湖，位于以色列和约旦之间的约旦谷地。虽然名称源于古代传说，死海的一些非常奇特的特征仍让人觉得不可思议。与蒙诺湖和其他超盐湖泊一样，死海也只有一个主要入口——约旦河，同时只有少量降雨，无任何出口，进水量大致与蒸发量相等。死海的海拔还特别低：只有422 米，死海的海岸是地球上海拔

▼死海

最低的干燥地区。

死海的密度极不寻常，正是由于这种天然的浮力，游客可以浮在湖面而沉不下去。

死海还能变得多低？亲自踏上死海的土地，你会发现它的最深点在水面以下378米处。死海的湖水含盐量是海水的8倍，虽然海水中97%的"盐"是氯化钠，但死海中只有30.4%的盐是氯化钠，剩余的则由氯化钾、氯化钙、氯化镁和各类溴化物构成。由于湖水的平均含盐度达到33.7%，死海的密度极不寻常，正是由于这种天然的浮力，游客可以浮在湖面沉不下去。

8. 多巴湖

多巴湖位于印度尼西亚苏门答腊北部，是世界上最宁静的地方之一。它形成于距今大约7.3万年前的一次火山喷发，这也是过去2500万年来最大规模的一次火山喷发。由此，多巴湖也成为世界上最大最深的火山湖之一。在这次火山喷发之后，印度次大陆上面覆盖了平均18厘米的火山灰，而整个地球也进入"火山冬天"，这种状况大概持续了6年之久。多巴超级火山的喷发

▲多巴湖

还给人类以重创。据估计，智人在地球上只剩下数万，为了躲避这次灾难造成的影响，原来生活在苏门答腊东部的部落被迫向澳大利亚迁移。

9. 咸海

在人为因素的影响下，咸海变得面目全非，蓄水量急剧减少。咸海（旧译"阿拉海"）曾经是世界上最大的湖泊之一，可如今已成了政府对环境管理不善的典型案例。有人将咸海的破坏归咎于前苏联的中央计划制度；苏联解体以后，咸海归属哈萨克斯坦和乌兹别克斯坦管理，由于不愿对咸海的破坏进行修复，这两个国家也存在一定的责任。正是一个将咸海周围广阔区域变成棉花种植中心的"宏伟"计划，使得原本向咸海注水的河流被水坝所阻拦，或被改流以提供农业灌溉用水。

由于无水注入，海水开始蒸发，变得越来越咸。更为糟糕的是，咸海又受到农业污水的污染。就这样，在人为因素的影响下，咸海变得面目全非，蓄水量急剧减少。在轨卫星和航天器把咸海湖区面积逐渐缩小的过程忠实地记录了下来。今天，咸海的状况在某种程度上已趋于稳定，虽然从长期讲，也只有咸海的北半部才有复苏的希望。

▲咸海

咸海湖面水位下降对该地区气候的影响多是负面的。一方面，降雨量减少阻碍了非灌溉作物的生长；另一方面，凶猛的西风将颗粒状污染物和刺鼻的含盐灰尘吹到城市和农村地区上空，让生活在那里居民的身体健康面临严重危机。

10. 沃斯托克湖

托克湖 (LakeVostok) 位于南极洲冰下近 3.8 公里的深处，面积和形状同北美洲的安大略湖大致相同。数千万年来，虽然饱受阳光曝晒，这个地球上最与世隔绝的湖泊仍保持着液体状态。俄罗斯探险队一直试图在沃斯托克湖面凿孔，提取湖水及湖水所含细菌的样本。

▼冰下湖泊沃斯托克

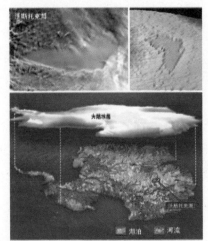

或许，不仅仅只有细菌可以活下来，一些植物和动物经过漫长岁月的进化，也适应了这里骤冷骤热的极端条件，将山洞当作它们美好的家园。由于沃斯托克湖在 4000 万年前，南极洲开始结冰时便具有了各种各样可行的生态系统。于是科学家想搞清一个问题，即是否有生命形式在沃斯托克湖深处活了下来？如果真的存活下来，那些生命形式怕不怕被打扰？

Ru Meng 如梦 **如幻** *Ru Huan* ——海市蜃楼 >>>

海市蜃楼是一种光学幻景，是地球上物体反射的光经大气折射而形成的虚像。海市蜃楼简称蜃景，根据物理学原理，海市蜃楼是由于不同的空气层有不同的密度，而光在不同密度的空气中又有着不同的折射率。也就是因海面上的暖空气与高空中冷空气之间的密度不同，光行经热空气层（密度小）的速度较冷空气层（密度大）快，因此从远处物体发出的光线，经过空气层间的折射和底层的反射后，不是沿直线进入眼睛，而是从路面下的倒影所发出。

▲海市蜃楼

平静的海面、大江江面、湖面、雪原、沙漠或戈壁等地方，偶尔会在空中或"地下"出现高大楼台、城郭、树木等幻景，称海市蜃楼。中国山东蓬莱海面上常出现这种幻景，古人归因于蛟龙之属的蜃，吐气而成楼台城郭，因而得名。海市蜃楼是光线在铅直方向密度不同的气层中，经过折射造成的结果。常分为上现、下现和侧现海市蜃楼。

发生在沙漠里的"海市蜃楼"，就是太阳光遇到了不同密度的空气而出现的折射现象。沙漠里，白天沙石受太阳炙烤，沙层表面的气温迅速升高。

由于空气传热性能差，在无风

▼海面上的城市

时，沙漠上空的垂直气温差异非常显著，下热上冷，上层空气密度高，下层空气密度低。当太阳光从密度高的空气层进入密度低的空气层时，光的速度发生了改变，经过光的折射，便将远处的绿洲呈现在人们眼前了。

在海面或江面上，有时也会出现这种"海市蜃楼"的现象。

蜃景与地理位置、地球物理条件以及那些地方在特定时间的气象特点有密切联系。气温的反常分布是大多数蜃景形成的气象条件。

▲海市蜃楼美景

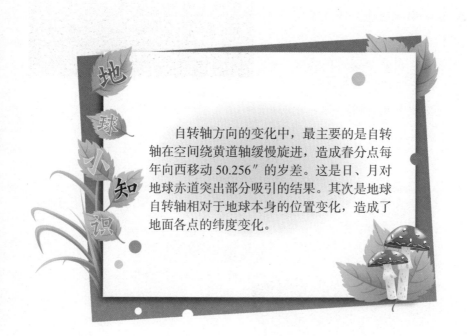

地球小知识

自转轴方向的变化中，最主要的是自转轴在空间绕黄道轴缓慢旋进，造成春分点每年向西移动 50.256″ 的岁差。这是日、月对地球赤道突出部分吸引的结果。其次是地球自转轴相对于地球本身的位置变化，造成了地面各点的纬度变化。

第五章 地球也疯狂

从凶猛的火山到壮丽的雪山，地球向我们展示它的美丽。走进这一章你将会经历一场迷雾重重的惊险之旅，并在旅程中开阔视野，增长见识。大自然的奇趣力求提供最好的精神营养给我们的孩子们，旨在为我们未来的新主人打造一艘艘即将扬帆远航知识海洋的船只。

火山 Huo Shan 爆发 Bao Fa >>>

地壳之下100至150千米处，有一个"液态区"，区内存在着高温、高压下含气体挥发成份的熔融状硅酸盐物质，即岩浆。它一旦从地壳薄弱的地段冲出地表，就形成了火山，能喷出多种物质。

▲火山爆发

古罗马时期，人们看见火山喷发的现象，便把这种山在燃烧的原因归之为火神武尔卡发怒。于是意大利南部地中海利帕里群岛中的武尔卡诺火山便由此而得名，同时也成为火山一词的英文名称——Volcano。

在地球上已知的"死火山"约有2000座；已发现的"活火山"共有523座，其中陆地上有455座，海底火山有68座。火山在地球上分布是不均匀的，它们都出现在地壳中的断裂带。就世界范围而言，火山主要集中在环太平洋一带和印度尼西亚向北经缅甸、喜马拉雅山脉、中亚、西亚到地中海一带，现今地球上的活火99%都分布在这两个带上。

▼海洋火山

火山出现的历史很悠久。有些火山在人类有史以前就喷发过，但现在已不再活动，这样的火山称之为"死火山"；不过也有的"死火山"随着地壳的变动会突然喷发，人们称之为"休眠火山"；人类有史以来，时有喷发的火山，称为"活火山"。

火山活动能喷出多种物质，在喷出的固体物质中，一般有被爆破碎了的岩块、碎屑和火山灰等；在喷出的液体物质中，一般有熔岩流、水、各种水溶液以及水、碎屑物和火山灰混合的泥流等；在喷出的气体物质中，一般有水蒸汽和碳、氢、氮、氟、硫等的氧化物。除此之外，在火山活动中，还常喷射出可见或不可见的光、电、磁、声和放射性物质等。这些物质有时能致人于死地，或使电、仪表等失灵，使飞机、轮船等失事。

火山喷发的强弱与熔岩性质有关，喷发时间也有长有短，短的几小时，长的可达上千年。按火山活动情况可将火山分为三类：活火山、死火山和休眠火山。其中休眠火山指有人类历史的记载中曾有过喷发，但后来一直未见其活动。世界上大约有 500 座活火山。

火山喷发可在短期内给人类和生命财产造成巨大的损失，它是一种灾难性的自然现象。然而火山喷发后，它能提供丰富的土地、热能和许多种矿产资源，还能提供旅游资源。

许多书籍中都对火山喷发的情形做了详细地描述。例如在《黑龙江外传》中记述了黑龙江五大连池火山群中两座火山喷发的情况。"墨尔根（今嫩江）东南，一日地中出火，石块飞腾，声振四野，越数日火熄，其地遂成池沼。此康熙五十八年事。"

▼火山

火山是由什么形成的？地表下面，越深温度越高。在距离地面大约 32 公里的深处，温度之高足以熔化大部分岩石。

岩石熔化时膨胀，需要更大的空间。世界的某些地区，山脉在隆起。这些正在上升的山脉下面的压力在变小，这些山脉下面可能形成一个熔岩（也叫"岩浆"）库。

这种物质沿着隆起造成的裂痕上升。熔岩库里的压力大于它上面的岩石顶盖的压力时，便向外迸发成为一座火山。

喷发时，炽热的气体、液体或固体物质突然冒出。这些物质堆积在开口周围，形成一座锥形山头。"火山口"是火山锥顶部的洼陷，开口处通到地表。锥形山是火山形成的产物。火山喷出的物质主要是气体，但是像渣和灰的大量火山岩和固体物质也喷了出来。

实际上，火山岩是被火山喷发出来的岩浆，当岩浆上升到接近地表的高度时，它的温度和压力开始下降，发生了物理和化学变化，岩浆就变成了火山岩。

火山虽然经常给人类带来巨大的灾害，但它也并非一无是处。火山资源的利用也可以带给我们生活的乐趣与便利。一般来说，火山资源主要体现在它的旅游

▲火山爆发时的黑烟

价值、地热利用和火山岩材料方面。火山和地热是一对孪生兄弟，有火山的地方一般就有地热资源。地热能是一种廉价的新能源，同时无污染，因而得到了广泛的应用。现在，从医疗、旅游、农用温室、水产养殖一直到民用采暖、工业加工、发电方面，都可见到地热能的应用。人们曾对卡迈特火山区进行过地热能的计算，那里有成千上万个天然蒸气和热水喷口，平均每秒喷出的热水和蒸汽达2万立方米，一年内可从地球内部带出热量40万亿大卡，相当于600百万吨煤的能量。冰岛由于地处火山活动频繁地带，可开发的地热能为450亿千瓦时，地热能年发电量可达72亿千瓦时，那里的人民很好地利用了这一资源。虽然目前开发的仅占其中的7%，但已经给当地人民带来了很多效益。其中，雷克雅未克周围的3座地热电站为15万冰岛人提供热水和电力，而整个冰岛有85%的居民都通过地热取暖。地热资源干净卫生，大大减少了石油等能源进口。自1975年后，冰岛空气质量大为改善。冰岛人还善于提高地热资源的使用效率，包括进行温室蔬菜花草种植、建立全天候室外游泳馆、在人行道和停车场下铺设热水管道以加快冬雪融化等。现在，全世界有十几个国家都在利用地热发电，我国西藏羊八井建立了全国最大地热试验基地，取得了很好的成绩。

火山活动还可以形成多种矿产，最常见的是硫磺矿的形成。陆地喷发的玄武岩，常结晶出自然铜和方解石，海底火山喷发的玄武岩，常可形成规模巨大的铁矿和铜矿。另外，我们熟知的钻石，其形成也和火山有关。玄武岩是分布最广的一种火山岩，同时它又是良好的建筑材料。熔炼后的玄武岩称为"铸石"，可以制成各种板材、器具等。铸石最大的特点是坚硬耐磨、耐酸、耐碱、不导电和可作保温材料。

▼火山爆发示意图

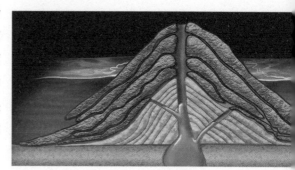

地震 *Di Zhen* 袭来 *Xi Lai* >>>

地震又称地动、地振动，是地壳快速释放能量过程中造成振动，期间会产生地震波的一种自然现象。

▲世界地震带

地球可分为三层。中心层是地核；中间是地幔；外层是地壳。地震一般发生在地壳之中。地壳内部在不停地变化，由此而产生力的作用 (即内力作用)，使地壳岩层变形、断裂、错动，于是便发生地震。超级地震指的是震波极其强烈的大地震。但其发生占总地震总数 7% ～ 21%，破坏程度是原子弹的数倍，所以超级地震影响十分广泛，也十分具有破坏力。

全球板块构造运动地震是地球内部介质局部发生急剧的破裂、产生的震波，从而在一定范围内引起地面振动的现象。地震就是地球表层的快速振动，在古代又称为地动。它就像海啸、龙卷风、冰冻灾害一样，是地球上经常发生的一种自然灾害。大地振动是地震最直观、最普遍的表现。在海底或滨海地区发生的强烈地震，能引起巨大的波浪，称为海啸。地震是极其频繁的，全球每年发生地震约 550 万次。

地震波发源的地方，叫作震源。震源在地面上的垂直投影，地面上离震源最近的一点称为震中。它是接受振动最早的部位。震中到震源的深度叫作震源深度。通常将震源深度小于 30 公里的叫浅源地震，深度在 70~300 公里的叫中源地震，深度大于 300 公里的叫深源地震。对于同样大小的地震，由于震源深度不一样，对地面造成的破坏程度也不一样。震源越浅，破坏越大，但波及范围也越小，反之亦然。

地动仪

破坏性地震一般是浅源地震。如1976年的唐山地震的震源深度为12公里。

破坏性地震的地面振动最强烈处称为极震区，极震区往往也就是震中所在的地区。

某地与震中的距离叫震中距。震中距小于100公里的地震称为地方震，在100~1000公里之间的地震称为近震，大于1000公里的地震称为远震。其中，震中距越长的地方受到的影响和破坏越小。

地震所引起的地面振动是一种复杂的运动，它是由纵波和横波共同作用的结果。在震中区，纵波使地面上下颠动。横波使地面水平晃动。由于纵波传播速度较快，衰减也较快；横波传播速度较慢，衰减也较慢。因此离震中较远的地方，往往感觉不到上下跳动，但能感到水平晃动。

当某地发生一个较大的地震时，在一段时间内，往往会发生一系列的地震。其中最大的一个地震叫做主震，主震之前发生的地震叫前震，主震之后发生的地震叫余震。

地震具有一定的时空分布规律。

从时间上看，地震有活跃期和平静期交替出现的周期性现象。

从空间上看，地震的分布呈一定的带状，称地震带，主要集中在环太平洋和地中海——喜马拉雅山两大地震带。太平洋地震带几乎集中了全世界80％以上的浅源地震（0千米～70千米），全部的中源地震（70千米～300千米）和深源地震，所释放的地震能量约占全部能量的80%。

地震级别

地震的级别是根据地震时释放的能量的大小而定的。是鞭炮级的，还是手榴弹级的，还是炮弹级的，还是原子弹级的，还是氢弹级的，所释放的能量通过测定可以计算出来。一次地震释放的能量越多，地震级别就越大。目前人类有记录的地震是1960年5月22日智利发生的9.5级地震，所释放的能量相当于一颗

▲地震具有很大的破坏性

1800 万吨炸药量的氢弹，或者相当于一个 100 万千瓦的发电厂 40 年的发电量。这次汶川地震所释放的能量大约相当于 90 万吨炸药量的氢弹，或 100 万千瓦的发电厂 2 年的发电量。

1 级地震所释放的能量为 200 万 J（J 是能量单位）。每提高一级，能量大约增加 31 倍。

地震级别的测量与计算是美国地震学家里克特在 1935 年提出来的，所以在说地震级别时常说"里氏"多少多少级地震。

🌐 地震烈度

同样大小的地震，造成的破坏不一定相同；同一次地震，在不同的地方造成的破坏也不一样。为了衡量地震的破坏程度，科学家又"制作"了另一把"尺子"——地震烈度。在中国地震烈度表上，对人的感觉、一般房屋震害程度和其他现象作了描述，可以作为确定烈度的基本依据。影响烈度的因素有震级、震源深度、距震源的远近、地面状况和地层构造等。

一般情况下仅就烈度和震源、震级间的关系来说，震级越大震源越浅、烈度也越大。一般来讲，一次地震发生后，震中区的破坏最重，烈度最高；这个烈度称为震中烈度。从震中向四周扩展，地震烈度逐渐减小。所以，一次地震只有一个震级，但它所造成的破坏，在不同的地区是不同的。也就是说，一次地震，可以划分出好几个烈度不同的地区。这与一颗炸弹爆后，近处与远处破坏程度不同道理一样。炸弹的炸药量，好比

▼被地震震毁的房子

是震级；炸弹对不同地点的破坏程度，好比是烈度。

例如，1990年2月10日，常熟太仓发生了5.1级地震，有人说在苏州是4级，在无锡是3级，这是错的。无论在何处，只能说常熟太仓发生了5.1级地震，但这次地震，在太仓的沙溪镇地震烈度是6度，在苏州地震烈度是4度，在无锡地震烈度是3度。还有就是2008年5月12日的四川汶川发生了8级大地震，造成了很大的损失。

在世界各国使用的有几种不同的烈度表。西方国家比较通行的是改进的麦加利烈度表，简称M.M.烈度表，从1度到12度共分12个烈度等级。日本将无感定为0度，有感则分为Ⅰ至Ⅶ度，共8个等级。前苏联和中国均按12个烈度等级划分烈度表。中国1980年重新编订了地震烈度表。

中国地震烈度表

1度：无感，仅仪器能记录到；

2度：微有感，特别敏感的人在完全静止中有感；

3度：少有感，室内少数人在静止中有感，悬挂物轻微摆动；

4度：多有感，室内大多数人，室外少数人有感，悬挂物摆动，不稳器皿作响；

5度：惊醒，室外大多数人有感，家畜不宁，门窗作响，墙壁表面出现裂纹；

6度：惊慌，人站立不稳，家畜外逃，器皿翻落，简陋棚舍损坏，陡坎滑坡；

7度：房屋损坏，房屋轻微损坏，牌坊，烟囱损坏，地表出现裂缝及喷沙冒水；

8度：建筑物破坏，房屋多有损坏，少数破坏路基塌方，地下管道破裂；

9度：建筑物普遍破坏，房屋大多数破坏，少数倾倒，牌坊、烟囱等崩塌，铁轨弯曲；

10度：建筑物普遍摧毁，房屋倾倒，道路毁坏，山石大量崩塌，水面大浪扑岸；

11度：毁灭房屋大量倒塌，路基堤岸大段崩毁，地表产生很大变化；

12度：山川易景，一切建筑物普遍毁坏，地形剧烈变化动、植物遭毁灭。

例如，1976年唐山地震，震级为7.8级，震中烈度为11度。受唐山地震的影响，天津市地震烈度为8度，北京市烈度为6度。再远到石家庄、太原等就只有 4~5 度了。

地震类型

地震分为天然地震和人工地震两大类。此外，某些特殊情况下也会产生地震，如大陨石冲击地面 (陨石冲击地震) 等。引起地球表层振动的原因很多，根据地震的成因，可以把地震分为以下几种：

▲地震后的场景

构造地震　由于地下深处岩石破裂、错动，把长期积累起来的能量急剧释放出来，以地震波的形式向四面八方传播出去，到地面引起的房摇地动称为构造地震。这类地震发生的次数最多，破坏力也最大，约占全世界地震的 90% 以上。

火山地震　由于火山作用，如岩浆活动、气体爆炸等引起的地震称为火山地震。只有在火山活动区才可能发生火山地震，这类地震只占全世界地震的 7% 左右。

塌陷地震　由于地下岩洞或矿井顶部塌陷而引起的地震称为塌陷地震。这类地震的规模比较小，次数也很少；即使有，也往往发生在溶洞密布的石灰岩地区或大规模地下开采的矿区。

诱发地震　由于水库蓄水、油田注水等活动而引发的地震称为诱发地震。这类地震仅仅在某些特定的水库库区或油田地区发生。

人工地震　地下核爆炸、炸药爆破等人为引起的地面振动称为人工地震。人工地震是由人为活动引起的地震。如工业爆破、地下核爆炸造成的振动。在深井中进行高压注水以及大水库蓄水后增加了地壳的压力，有时也会诱发地震。

Bai Se 妖魔
白色 *Yao Mo*——雪崩 >>>

积雪的山坡上，当积雪内部的内聚力抗拒不了它所受到的重力拉引时，便向下滑动，引起大量雪体崩塌，人们把这种自然现象称做雪崩。也有的地方把它叫做"雪塌方""雪流沙"或"推山雪"。雪崩，每每是从宁静的、覆盖着白雪的山坡上部开始的。突然间，咔嚓一声，勉强能够听见的这种声音告诉人们这里的雪层断裂了。先是出现一条裂缝，接着，巨大的雪体开始滑动。雪体在向下滑动的过程中，迅速获得了速度。于是，雪崩体变成一条几乎是直泻而下的白色雪龙，腾云驾雾，呼啸着声势凌厉地向山下冲去。

▲雪崩

雪崩是一种所有雪山都会有的地表冰雪迁移过程，它们不停地从山体高处借重力作用顺山坡向山下崩塌，崩塌时速度可以达 20~30 米 / 秒，随着雪体的不断下降，速度也会突飞猛涨，一般 12 级的风速为 20m/s，而雪崩将达到 97m/s，速度可谓极大。具有突然性、运动速度快、破坏力大等特点。它能摧毁大片森林，掩埋房舍、交通线路、通讯设施和车辆，甚至能堵截河流，发生临时性的涨水。同时，它还能引起山体滑坡、山崩和泥石流等可怕的自然现象。因此，雪崩被人们列为积雪山区的一种严重自然灾害。

▼被雪崩掩埋的人

造成雪崩的原因主要是山坡积雪太厚。积雪经阳光照射以后，表层雪溶化，雪水渗入积雪和山坡之间，从而使积雪与地面的摩擦力减小；与此同时，积雪层在重力作用

下，开始向下滑动。积雪大量滑动造成雪崩。此外，地震、踩裂雪面也会导致积雪下滑造成雪崩。

雪崩的发生

雪崩常常发生于山地，有些雪崩是在特大雪暴中产生的，但常见的是发生在积雪堆积过厚，超过了山坡面的摩擦阻力时。雪崩的原因之一是在雪堆下面缓慢地形成了深部"白霜"，这是一种冰的六角形杯状晶体，与我们通常所见的冰碴相似。这种白霜的形成是因为雪粒的蒸发所造成，它们比上部的积雪要松散得多，在地面或下部积雪与上层积雪之间形成一个软弱带。当上部积雪开始顺山坡向下滑动，这个软弱带起着润滑的作用，不仅加速

▲超大雪崩

雪下滑的速度，而且还带动周围没有滑动的积雪。

人们可能察觉不到，其实在雪山上一直都在进行着一种较量：重力一定要将雪向下拉，而积雪的内聚力却希望能把雪留在原地。当这种较量达到高潮的时候，哪怕是一点点外界的力量，比如动物的奔跑、滚落的石块、刮风、轻微地震动，甚至在山谷中大喊一声，只要压力超过了将雪粒凝结成团的内聚力，就足以引发一场灾难性雪崩。例如刮风，风不仅会造成雪的大量堆积，还会引起雪粒凝结，形成硬而脆的雪层，致使上面的雪层可以沿着下面的雪层滑动，发生雪崩。

然而，除了山坡形态，雪崩在很大程度上还取决于人类活动。据专家估计，90%的雪崩都由受害者或者他们的队友造成，这种雪崩被称为"人为休闲雪崩"。滑雪、徒步旅行或其他冬季运动爱好者经常会在不经意间成为雪崩的导火索。而人被雪堆掩埋后，半个小时不能获救的话，生还希望就很渺茫了。我们经常会看到这样的报道，说某某人在滑雪时遭遇雪崩，不幸遇难。但那时，雪崩到底是主动伤人，还是在人的运动影响下，迫不得已发生就不得而知了。

▼雪崩

雪崩的危害

雪崩对登山者、当地居民和旅游者是一种很严重的威胁。

在高山探险遇到的危险中，雪崩造成的危害是最为经常、惨烈的，常常造成"全军覆没"。因雪崩遇难的人要占全部高山遇难的 1/2~1/3。但是，探险者遭遇雪崩的地理位置不同，危险性也不一样。如果所遇雪崩处正是在雪崩的通过区，危险要小一些，如果被雪崩带到堆积区，生还的机率就很小了。

▼雪崩后被掩埋的村庄

雪崩摧毁森林和度假胜地，也会给当地的旅游经济造成非常大的经济影响。

通常雪崩从山顶上爆发，在它向山下移动时，以极高的速度从高处呼啸而下，用巨大的力量将它所过之处将一切扫荡尽净，直到广阔的平原上它的力量才消失。一旦发生，其势不可阻挡。这种"白色死神"的重量可达数百万吨。有些雪崩中还夹带大量空气，这样的雪崩流动性更大，有时甚至可以冲过峡谷，到达对面的山坡上。

比起泥石流、洪水、地震等灾难发生时的狰狞，雪崩真的可以形容为美得惊人。雪崩发生前，大地总是静悄悄的，然后随着轻轻的一声"咔嚓"，雪层断裂，白白的、层层叠叠的雪块、雪板应声而起——好像山神突然发动内力震掉了身上的一件白袍，又好像一条白色雪龙腾云驾雾，顺着山势呼啸而下，直到山势变缓。

但是，美只是雪崩喜欢示人的一面，就在美的背后隐藏的却是可以摧毁一切的恐怖。领教过其威力的人更愿意称它为"白色妖魔"。的确，雪崩的冲击力量是非常惊人的。它会以极快的速度和巨大的力量卷走眼前的一切。有些雪崩会产生足以横扫一切的粉末状摧毁性雪云。

据测算，一次高速运动的雪崩，会给每平方米的被打物体表面带来 40～50 吨的力量。世界上根本就没有哪种物体，能经得住这样的冲击。1981 年 4 月 12 日，一块体积约一栋房子那么大的冰块从阿拉斯加的三佛火山顶部冰川上滑下，落在旁边的雪坡上，造成数

▼雪崩阻断的道路

▲高山雪崩

百万吨雪迅速下滚，将沿途 13 千米地区全部摧毁。据有关专家指出，该雪崩产生了长达 160 千米的粉末状雪云，是迄今为止纪录上最为严重的一次。事实上，一旦这种时速可高达 400 千米、足以吞没整座城市的自然怪物开始行动，我们就只能束手就擒了。

了解雪崩的人应该知道，其实在雪崩中，比雪崩本身更可怕的是雪崩前面的气浪。因为雪崩由于从高处以很大的势能向下运动，譬如从 6000 米高处向下坠落或滑落，会引起空气的剧烈振荡，故有极快的速度甚至会形成一层气浪。这种气浪类似于原子弹的爆炸时产生的冲击波。雪流能驱赶着它前面的气浪，而这种气浪的冲击比雪流本身的打击更加危险，气浪所到之处，房屋被毁、树木消失、人会窒息而死。因此有时雪崩体本身未到而气浪已把前进路上的一切阻挡物冲得人仰马翻。1970 年的秘鲁大雪崩中，雪崩体在不到 3 分钟时间里飞跑了 14.5 千米，速度接近于 90 米 / 秒，比十二级台风擅长的 32.5 米 / 秒的奔跑速度还要快得多。这次雪崩引起的气浪，把地面上的岩石的碎屑席卷上天，竟然叮叮咚咚地下了一阵"石雨"。

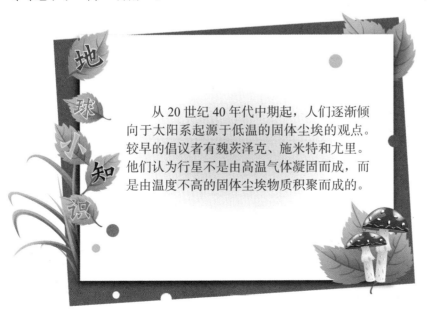

地球小知识

从 20 世纪 40 年代中期起，人们逐渐倾向于太阳系起源于低温的固体尘埃的观点。较早的倡议者有魏茨泽克、施米特和尤里。他们认为行星不是由高温气体凝固而成，而是由温度不高的固体尘埃物质积聚而成的。

地球的终极毁灭者——海啸 >>>

水下地震、火山爆发或水下塌陷和滑坡等大地活动都可能引起海啸。当地震发生于海底，因震波的动力而引起海水剧烈的起伏，形成强大的波浪，向前推进，将沿海地带——淹没的灾害，称为海啸。

海啸在许多西方语言中称为"tsunami"，词源自日语"津波"，即"港边的波浪"（"津"即"港"）。这也显示出了日本是一个经常遭受海啸袭击的国家。目前，人类对地震、火山、海啸等突如其来的灾变，只能通过观察、预测来预防或减少它们所造成的损失，但还不能阻止它们的发生。

海啸通常由震源在海底下 50 千米以内、里氏地震规模 6.5 以上的海底地震引起。海啸波长比海洋的最大深度还要大，在海底附近传播也没受多大阻滞。不管海洋深度如何，波都可以传播过去，海啸在海洋的传播速度大约每小时 500~1000 公里，而相邻两个浪头的距离也可能远达 500 到 650 公里。当海啸波进入陆地后，由于深度变浅，波高突然增大，它的这种波浪运动所卷起的海涛，波高可达数十米，并形成"水墙"。

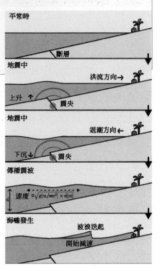

▲海啸发生示意图

由地震引起的波动与海面上的海浪不同，一般海浪只在一定深度的水层波动，而地震所引起的水体波动是从海面到海底整个水层的起伏。此外，海底火山爆发、土崩及人为的水底核爆也能造

▼海啸

成海啸。此外，陨石撞击也会造成海啸，"水墙"可达百尺。而且陨石造成的海啸在任何水域也有机会发生，不一定在地震带。不过陨石造成的海啸可能千年才会发生一次。

海啸同风产生的浪或潮是有很大差异的。微风吹过海洋，泛起相对较短的波浪，相应产生的水流仅限于浅层水体。猛烈的大风能够在辽阔的海洋卷起高度3米以上的海浪，但也不能撼动深处的水。而潮汐每天席卷全球两次，它产生的海流跟海啸一样能深入海洋底部，但是海啸并非由月亮或太阳的引力引起，它由海下地震推动所产生，或由火山爆发、陨星撞击、或水下滑坡所产生。海啸波浪在深海的速度能够超过每小时700千米，可轻松地与波音747飞机保持同步。虽然速度快，但在深水中海啸并不危险，低于几米的一次单个波浪在开阔的海洋中其长度可超过750千米这种作用产生的海表倾斜如此之细微，以致这种波浪通常在深水中不经意间就过去了。海啸是静悄悄地不知不觉地通过海洋，然而如果出乎意料地在浅水中，它会达到灾难性的高度。

海啸时掀起的狂涛骇浪，高度可达10多米至几十米不等，形成"水墙"。另外，海啸波长很大，可以传播几千公里而能量损失很小。由于以上原因，如果海啸到达岸边，"水墙"就会冲上陆地，对人类生命和财产造成严重威胁。

海啸的分类

▼海啸毁坏的城市

海啸可分为4种类型。即由气象变化引起的风暴潮、火山爆发引起的火山海啸、海底滑坡引起的滑坡海啸和海底地震引起的地震海啸。中国地震局提供的材料说，地震海啸是海底发生地震时，海底地形急剧升降变动引起海水强烈扰动。其机制有两种形式："下降型"海啸和"隆起型"海啸。

"下降型"海啸：某些构造地震引起海底地壳大范围的急剧下降，海水首先向突然错动下陷的空间涌去，并在其上方出现海水大规模积聚，当涌进的海水在海底遇到阻力后，即翻回海面产生压缩波，形成长波大浪，并向四周传播与扩散，这种下降型的海底地壳运动形成的海啸在海岸首先表现为异常的退潮现象。1960年智利地震海啸就属于此种类型。

"隆起型"海啸：某些构造地震引起海底地壳大范围的急剧上升，海水也随着隆起区一起抬升，并在隆起区域上方出现大规模的海水积聚，在重力作用下，海水必须保持一个等势面以达到相对平衡，于是海水从波源区向四周扩散，形成汹涌巨浪。这种隆起型的海底地壳

▲海啸的巨大破坏力

运动形成的海啸波在海岸首先表现为异常的涨潮现象。20111年3月11日，日本东北部海域发生里氏90级地震并引发的海啸即属于此种类型。

海啸的危害

剧烈震动之后不久，巨浪呼啸，以摧枯拉朽之势，越过海岸线，越过田野，迅猛地袭击着岸边的城市和村庄，瞬时人们都消失在巨浪中。港口所有设施，被震塌的建筑物，在狂涛的洗劫下，被席卷一空。事后，海滩上一片狼藉，到处是残木破板和人畜尸体。地震海啸给人类带来的灾难是十分巨大的。我国位于太平洋西岸，大陆海岸线长达1.8万公里。但由于我国大陆沿海受琉球群岛和东南亚诸国阻挡，加之大陆架宽广，越洋海啸进入这一海域后，能量衰减较快，对大陆沿海影响较小。

因为地震波沿地壳传播的速度远比地震海啸波运行速度快，所以海啸是可以提前预报的。不过，海啸预报比地震探测还要难。因为海底的地形太复杂，海底的变形很难测得准。

1964年国际上成立了全球海啸警

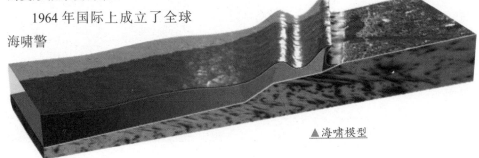

▲海啸模型

报系统协调小组，太平洋由于海啸多发，所以海啸预警系统很发达。此次大地震发生 15 分钟后，太平洋海啸预警中心就从檀香山分部向参与联合预警系统的 26 个国家发布了预警信息。如果印度洋也有预警系统，也许人们就可以更好地利用从震后到海啸登陆印度洋沿岸的宝贵时间。

▲被海啸毁坏的地区

海啸中如何逃生

地震是海啸最明显的前兆。如果你感觉到较强的震动，不要靠近海边、江河的入海口。如果听到有关附近地震的报告，要做好防海啸的准备，注意电视和广播新闻。要记住，海啸有时会在地震发生几小时后到达离震源上千公里远的地方。

海上船只听到海啸预警后应该避免返回港湾，海啸在海港中造成的落差和湍流非常危险。如果有足够时间，船主应该在海啸到来前把船开到开阔海面。如果没有时间开出海港，所有人都要撤离停泊在海港里的船只。

▼海啸后的残破城市

海啸登陆时海水往往明显升高或降低，如果你看到海面后退速度异常快，应立刻撤离到内陆地势较高的地方。

每个人都应该有一个急救包，里面应该有足够 72 小时用的药物、饮用水和其他必需品。这一点适用于海啸、地震和一切突发灾害。

地球上 *Di Qiu Shang* 最快 *Zui Kuai* 最猛的风——龙卷风 >>>

龙卷风是一种强烈的、小范围的空气涡旋，是在极不稳定天气下由空气强烈对流运动而产生的，由雷暴云底伸展至地面的漏斗状云（龙卷）产生的强烈的旋风。其风力可达12级以上，最大可达100米每秒以上，一般伴有雷雨，有时也伴有冰雹。

▲龙卷风

空气绕龙卷的轴快速旋转，受龙卷中心气压极度减小的吸引，近地面几十米厚的一薄层空气内，气流被从四面八方吸入涡旋的底部，并随即变为绕轴心向上的涡流。龙卷中的风总是气旋性的，其中心的气压可以比周围气压低百分之十。

龙卷风是一种伴随着高速旋转的漏斗状云柱的强风涡旋，其中心附近风速可达100～200m/s，最大300m/s，比台风（产生于海上）近中心最大风速大好几倍。中心气压很低，一般可低至400hPa，最低可达200hPa。它具有很大的吸吮作用，可把海（湖）水吸离海（湖）面，形成水柱，然后同云相接，俗称"龙取水"。由于龙卷风内部空气极为稀薄，导致温度急剧降低，促使水汽迅速凝结，这是形成漏斗云柱的重要原因。漏斗云柱的直径，平均只有250m左右。龙卷风产生于强烈不稳定的积雨云中。它的形成与暖湿空气强烈上升、冷空气南下、地形作用等有关。它的生命史短暂，一般维持十几分钟到一两小时，但其破坏力惊人，能把大树连根拔起，建筑物吹倒，或把部分地

▼狂暴的龙卷风

面物卷至空中。江苏省每年几乎都有龙卷风发生，但发生的地点没有明显规律。出现的时间，一般在六七月间，有时也发生在8月上、中旬。

龙卷风在水面上空形成"龙吸水"。

龙卷风的危害

1995年在美国俄克拉何马州阿得莫尔市发生的一场陆龙卷，诸如屋顶之类的重物被吹出几十英里之远。大多数碎片落在陆龙卷通道的左侧，按重量不等常常有很明确的降落地带。较轻的碎片可能会飞到300多千米外才落地。

▲龙卷风有很大的破坏力

在强烈龙卷风的袭击下，房子屋顶会像滑翔翼般飞起来。一旦屋顶被卷走后，房子的其他部分也会跟着崩解。因此，建筑房屋时，如果能加强房顶的稳固性，将有助于防止龙卷风过境时造成巨大损失。

龙卷的袭击突然而猛烈，产生的风是地面上最强的。在美国，龙卷风每年造成的死亡人数仅次于雷电。它对建筑的破坏也相当严重，经常是毁灭性的。

1626年5月30日(明熹宗天启六年五月初六)上午9时许，北京城内王恭厂(今北京市宣武门一带)周围突然爆发了一场奇异的灾变，明代有重要史料价值的官方新闻通讯刊物《天变邸抄》对此灾有详尽的记载，摘录如下："蓟州城东角震坍，坏屋数百间，是州离京一百八十里。初十日，地中掘出二人，尚活。问之，云，'如醉梦'。又掘出一老儿，亦活。"在王恭厂奇灾中，是什么力量能使三个人从北京到蓟州飞行飘达一百八十里皆落地不死？这其中一定有某种必然性因素在起作用，然而这种必然性因素今后能被人类所认识吗？这种神奇的力量今后能被人类所掌握、控制和利用吗？

▼被龙卷风卷起的大树

龙卷风的防范

在家时，务必远离门、窗和房屋的外围墙壁，躲到与龙卷风方向相反的墙壁或小房间内抱头蹲下。躲避龙卷风最安全的地方是地下室或半地下室。

在电杆倒、房屋塌的紧急情况下，应及时切断电源，以防止电击人体或引起火灾。

在野外遇龙卷风时，应就近寻找低洼地伏于地面，但要远离大树、电杆，以免被砸、被压和触电。

汽车外出遇到龙卷风时，千万不能开车躲避，也不要在汽车中躲避，因为汽车对龙卷风几乎没有防御能力。应立即离开汽车，到低洼地躲避。

▲龙卷风卷起的海浪

在 1999 年 5 月 27 日，美国得克萨斯州中部，包括首府奥斯汀在内的 4 个县遭受特大龙卷风袭击，造成至少 32 人死亡，数十人受伤。据报道，在离奥斯汀市北部 64 公里的贾雷尔镇，有 50 多所房屋倒塌，已有 30 多人在龙卷风中丧生。遭到破坏的地区长达 1600 米，宽 180 米。这是继 5 月 13 日迈阿密市遭龙卷风袭击之后，美国又一遭受龙卷风的地区。

一般情况下，龙卷风是一种气旋。它在接触地面时，直径在几米到 1 公里不等，平均在几百米。龙卷风影响范围从数米到上百公里，所到之处万物遭劫。龙卷风漏斗状中心由吸起的尘土和凝聚的水汽组成可见的"龙嘴"。在海洋上，尤其是在热带，类似的景象发生称为海上龙卷风。

大多数龙卷风在北半球是逆时针旋转，在南半球是顺时针，也有例外情况。卷风形成的确切机理仍在研究中，一般认为是与大气的剧烈活动有关。

▼被龙卷风毁坏的汽车

从 19 世纪以来，天气预报的准确性大大提高，气象雷达能够监测到龙卷风、飓风等各种灾害风暴。

龙卷风通常是极其快速的，每秒钟 100 米的风速不足为奇，甚至达到每秒钟 175 米以上，比 12 级台风还要大 5、6 倍。风的范围很小，一般

▲壮观的龙卷风卫星图

直径只有 25 ～ 100 米，只在极少数的情况下直径才达到一公里以上；从发生到消失只有几分钟，最多几个小时。

龙卷风的力气也是很大的。1956 年 9 有 24 日上海曾发生过一次龙卷风，它轻而易举地把一个 22 万斤重的大储油桶"举"到 15 米高的高空，再甩到 120 米以外的地方。

1879 年 5 月 30 日下午 4 时，在堪萨斯州北方的上空有两块又黑又浓的乌云合并在一起。15 分钟后在云层下端产生了漩涡。漩涡迅速增长，变成一根顶天立地的巨大风柱，在三个小时内像一条孽龙似的在整个州内胡作非为，所到之处无一幸免。但是，最奇怪的事是发生在刚开始的时候，龙卷风漩涡横过一条小河，遇上了一座峭壁。显然是无法超过这个障碍物，漩涡便折抽西进，那边恰巧有一座新造的 75 米长的铁路桥。龙卷风旋涡竟将它从石桥墩上"拔"起，把它扭了几扭然后抛到水中。

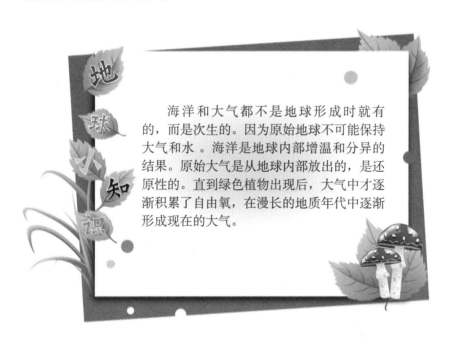

地球小知识

海洋和大气都不是地球形成时就有的，而是次生的。因为原始地球不可能保持大气和水。海洋是地球内部增温和分异的结果。原始大气是从地球内部放出的，是还原性的。直到绿色植物出现后，大气中才逐渐积累了自由氧，在漫长的地质年代中逐渐形成现在的大气。

Ju Feng 来临
飓风 *Lai Lin* >>>

大西洋和北太平洋东部地区将强大而深厚（最大风速达 32.7m/s，风力为 12 级以上）的热带气旋称为飓风，也泛指狂风和任何热带气旋以及风力达 12 级的任何大风。飓风中心有一个风眼，风眼愈小，破坏力愈大。

▲飓风

飓风和台风都是指风速达到 33m/s 以上的热带气旋，只是因发生的地域不同，才有了不同名称。出现在西北太平洋和我国南海的强烈热带气旋被称为"台风"；发生在大西洋、加勒比海、印度洋和北太平洋东部的则称"飓风"。飓风在一天之内就能释放出惊人的能量。

飓风与龙卷风也不能混淆。后者的时间很短暂，属于瞬间爆发，最长也不超过数小时。此外，龙卷风一般是伴随着飓风而产生。龙卷风最大的特征在于它出现时，往往有一个或数个如同"大象鼻子"样的漏斗状云柱，同时伴随狂风暴雨、雷电或冰雹。龙卷风经过水面时，能吸水上升形成水柱，然后同云相接，俗称"龙取水"。经过陆地时，常会卷倒房屋，甚至把人吸卷到空中。

▼飓风

⚛ 飓风的等级

一级最高持续风速 33~2 m/s，74~95 mph，64—82 kt，119—153 km/h。风暴潮：4~5 ft，1.2~1.5 m；潜在伤害，对建筑物没有实际伤害，但对未固定的房车、灌木和树会造成伤害。一些海岸会遭到洪水，小码头会受损。

▲飓风的威力

二级 最高持续风速 43~49 m/s，96~110 mph，83~95 kt，154~177 km/h。 风暴潮 6~8 ft，1.8~2.4 m；潜在伤害，部分房顶材质、门和窗受损，植被可能受损。洪水可能会突破未受保护的泊位使码头和小艇会受到威胁。

三级 最高持续风速 50~58 m/s，111~130 mph，96~113 kt，178~209 km/h。风暴潮 9~12 ft，2.7~3.7 m；潜在伤害，某些小屋和大楼会受损，某些甚至完全被摧毁。海岸附近的洪水摧毁大小建筑，内陆土地洪水泛滥。

四级最高持续风速 59~69 m/s，131~155 mph，114~135 kt，210~249 km/h。风暴潮 13~18，ft 4.0~5.5 m；潜在伤害，小建筑的屋顶被彻底地完全摧毁。靠海附近地区大部分淹没，内陆大范围发洪水。

五级最高持续风速 ≥ 70m/s，≥ 156mph，≥ 136kt，≥ 250 km/h。风暴潮 ≥ 19 ft，≥ 5.5 m；中心最低气压 <27.17 inHg <920 mbar。潜在伤害，大部分建筑物和独立房屋屋顶被完全摧毁，一些房子完全被吹走。洪水导致大范围地区受灾，海岸附近所有建筑物进水，定居者可能需要撤离。

飓风的危害

在北半球，台风呈逆时针方向旋转，而在南半球则呈顺时针方向旋转。它一般伴随强风、暴雨，严重威胁人们生命财产，对于民生、农业、经济等造成极大的冲击，为一严重的天然灾害。

▼飓风卷起的海浪

台风
Tai Feng >>>

台风和飓风都是产生于热带洋面上的一种强烈的气旋，只是发生地点不同，叫法不同，在北太平洋西部、国际日期变更线以西，包括南中国海范围内发生的强热带气旋（其中风速要超过 32.6 米／秒）称为台风；而在大西洋或北太平洋东部的热带气旋则称飓风。也就是说在美国一带称飓风，在菲律宾、中国、日本一带叫台风。台风经过时常伴随着大风和暴雨天气。由于台风是气旋的一种，其中心气压低，风会由四周吹向中心，在北半球风向呈逆时针方向旋转。

▲台风

在热带海洋上，海面因受太阳直射而使海水温度升高，海水容易蒸发成水汽散布在空中，故热带海洋上的空气温度高、湿度大。这种空气因温度高而膨胀，致使密度减小，质量减轻，而赤道附近风力微弱，所以很容易上升，发生对流作用，同时周围之较冷空气流入补充，然后再上升，如此循环不已，终必使整个气柱皆为温度较高、重量较轻、密度较小之空气，这就形成了所谓的"热带低压"。然而空气之流动是自高气压流向低气压，就好像是水从高处流向低处一样，四周气压较高处的空气必向气压较低处流动，而形成"风"。在夏季，因为太阳直射区域由赤道向北移，致使南半球之东南信风越过赤道转向成西南季风侵入北半球，和原来北半球的东北信风相遇，更迫使此空气上升，增加对流作用，再因西南季风和东北信风方向不同，相遇时常造成波动和旋涡。这种西南季风和东北信风相遇所造成的辐合作用，和原来的对流作用继续不断，使已形成为低气压

▼台风将大树连根拔起

▲台风卷起的海浪

的旋涡继续加深，也就是使四周空气加快向旋涡中心流。流入愈快时，其风速就愈大；当近地面最大风速到达或超过每秒 32.6 米时，我们就称它为台风。

从台风结构看到，如此巨大的庞然大物，其产生必须具备特有的条件。

要有广阔的高温、高湿的大气。热带洋面上的底层大气的温度和湿度主要决定于海面水温，台风只能形成于海温高于 26℃ ~27℃ 的暖洋面上，而且在 60 米深度内的海水水温都要高于 26℃ ~27℃；要有低层大气向中心辐合、高层向外扩散的初始扰动。而且高层辐散必须超过低层辐合，才能维持足够的上升气流，低层扰动才能不断加强；垂直方向风速不能相差太大，上下层空气相对运动很小，才能使初始扰动中水汽凝结所释放的潜热能集中保存在台风眼区的空气柱中，形成并加强台风暖中心结构；要有足够大的地转偏向力作用，地球自转作用有利于气旋性涡旋的生成。地转偏向力在赤道附近接近于零，向南北两极增大，台风发生在大约离赤道 5 个纬度以上的洋面上。

2006 年第 8 卷第 2 期刊登了王存忠《台风名词探源及其命名原则》一文，文中论及"台风一词的历史沿革"。作者认为：在古代，人们把台风叫飓风，到了明末清初才开始使用"颱风"（1956 年，颱风简化为台风）这一名称，飓风的意义就转为寒潮大风或非台风性大风的统称。

台风来历

关于"台风"的来历，有两类说法。第一类是"转音说"，包括三种：一是由广东话"大风"演变而来；二是由闽南话"风筛"演变而来；三是荷兰人占领台湾期间根据希腊史诗《神权史》中的人物泰丰 Typhoon 而命名。第二类是"源地说"，也就是根据台风的来源地赋予其名称。

▼回港躲避台风的船只

根据近几年来台风发生的有关资料表明，台风发生的规律及其特点主要有以下几点：一是有季节性。台风（包括热带风暴）一般发生在夏秋之间，最早发生在五月初，最迟发生在十一月。二是台风中心登陆地点难准确预报。台风的风向时有变化，常出人预料，台风中心登陆地点往往与预报相左。三是台风具有旋转性。其登陆时的风向一般先北后南。四是损毁性严重。对不坚固的建筑物、架空的各种线路、树木、海上船只、海上网箱养鱼、海边农作物等破坏性很大。五是强台风发生常伴有大暴雨、大海潮、大海啸。六是强台风发生时，人力不可抗拒，易造成人员伤亡。

▲台风巨浪

中国把进入东 150 以西、北纬 10 度以北、近中心最大风力大于 8 级的热带低压、按每年出现的先后顺序编号，这就是我们从广播、电视里听到或看到的"今年第 × 号台风 (热带风暴、强热带风暴)"。

台风应对措施

▼被台风毁坏的水利工程

警惕台风动向，注意收听、收看媒体报道或通过气象咨询电话、气象网站等了解台风的最新情况。

台风来的时候应该关紧门窗防雨，搬移窗台或阳台上的花盆以防砸落等。

台风光临的时候，容易发生一些大型广告牌掉落、树木被刮倒、电线杆倒地的事情，台风来时最好尽量避免外出。

不得已需外出作业的人员在避风避雨时要选择安全地带，小心"飞"来横祸。在野外主要小心公路塌方、树倒枝折等危险。

台风天气会令到路面出现积水、地滑，这些都会影响开车或者汽车，引发意外事故。所以司机开车一定要放慢速度，骑车的朋友在恶劣天气下最好选择步行、乘坐公交车。

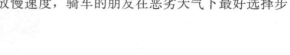

台风编号

台风的编号也就是热带气旋的编号。人们之所以要对热带气旋进行编号，一方面是因为一个热带气旋常持续一周以上，在大洋上同时可能出现几个热带气旋，有了序号，就不会混淆；另一方面是由于对热带气旋的命名、定义、分类方法以及对中心位置的测定，因不同国家、不同方法互

▲台风引发的洪水

有差异，即使同一个国家，在不同的气象台之间也不完全一样。因而，常常引起各种误会，造成了使用上的混乱。

我国从 1959 年起开始对每年发生或进入赤道以北、180 度经线以西的太平洋和南海海域的近中心最大风力大于或等于 8 级的热带气旋（强度在热带风暴及以上）按其出现的先后顺序进行编号。近海的热带气旋，当其云系结构和环流清楚时，只要获得中心附近的最大平均风力为 7 级及以上的报告，也进行编号。编号由四位数码组成，前两位表示年份，后两位是当年风暴级以上热带气旋的序号。如 2003 年第 13 号台风"杜鹃"，其编号为 O313，表示的就是 2003 年发生的第 13 个风暴级以上热带气旋。热带低压和热带扰动均不编号。

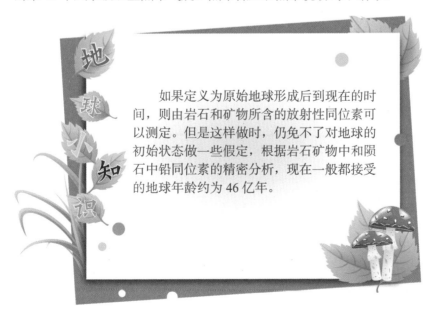

地球小知识

如果定义为原始地球形成后到现在的时间，则由岩石和矿物所含的放射性同位素可以测定。但是这样做时，仍免不了对地球的初始状态做一些假定，根据岩石矿物中和陨石中铅同位素的精密分析，现在一般都接受的地球年龄约为 46 亿年。

泥 **石流** Ni Shi Liu >>>

泥 石流是山区沟谷中，由暴雨、水雪融水等水源激发的，含有大量的泥砂、石块的特殊洪流。其特征往往突然暴发，浑浊的流体沿着陡峻的山沟前推后拥，奔腾咆哮而下，地面为之震动、山谷犹如雷鸣。在很短时间内将大量泥砂、石块冲出沟外，在宽阔的堆积区横冲直撞、漫流堆积，常常给人类生命财产造成重大危害。

▲泥石流

泥石流是介于流水与滑坡之间的一种地质作用。典型的泥石流由悬浮着粗大固体碎屑物并富含粉砂及粘土的粘稠泥浆组成。在适当的地形条件下，大量的水体浸透山坡或沟床中的固体堆积物质，使其稳定性降低，饱含水分的固体堆积物质在自身重力作用下发生运动，就形成了泥石流。泥石流是一种灾害性的地质现象。泥石流经常突然爆发，来势凶猛，可携带巨大的石块，并以高速前进，具有强大的能量，因而破坏性极大。它爆发突然、来势凶猛，具有很大的破坏力。

泥石流流动的全过程一般只有几个小时，短的只有几分钟。泥石流是一种广泛分布于世界各国一些具有特殊地形、地貌状况地区的自然灾害。是山区沟谷或山地坡面上，由暴雨、冰雪融化等水源激发的、含有大量泥沙石块的介于挟沙水流和滑坡之间的土、水、气混合流。泥石流大多伴随山区洪水而发生。它与一般洪水的区别是洪流中含有足够数量的泥沙石等固体碎屑物，其体积含量最少为15%，最高可达80%左右，因此比洪水更具有破坏力。

泥石流的主要危害是冲毁城镇、矿山、乡

▼泥石流的形成

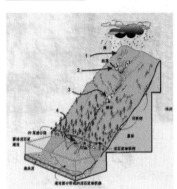

村，造成人畜伤亡，破坏房屋及其他工程设施，破坏农作物、林木及耕地。此外，泥石流有时也会淤塞河道，不但阻断航运，还可能引起水灾。影响泥石流强度的因素较多，如泥石流容量、流速、流量等，其中泥石流流量对泥石流成灾程度的影响最为主要。此外，多种人为活动也在多方面加剧上述因素的作用，促进泥石流的形成。

泥石流形成条件

泥石流的活动强度主要与地形地貌、地质环境和水文气象条件三个方面的因素有关。比如崩塌、滑坡、岩堆群落地区，岩石破碎风化程度深，则易成为泥石流固体物质的补给源；沟谷的长度较大、汇水面积大、纵向坡度较陡等因素为泥石流的流通提供了条件；水文气象因素直接提供水动

▲ 清理泥石流堵塞的道路

力条件。往往大强度、短时间出现暴雨容易形成泥石流，其强度显然与暴雨的强度密切相关。

泥石流的形成必须同时具备以下 3 个条件：陡峻的便于集水、集物的地形、地貌；有丰富的松散物质；短时间内有大量的水源。

地形地貌条件：在地形上具备山高沟深，地形陡峻，沟床纵度降大，流域形状便于水流汇集。在地貌上，泥石流的地貌一般可分为形成区、流通区和堆积区三部分。上游形成区的地形多为三面环山，一面出口的瓢状或漏斗状，地形比较开阔、周围山高坡陡、山体破碎、植被生长不良，这样的地形有利于水和碎屑物

▼ 山坡上的泥石流

质的集中；中游流通区的地形多为狭窄陡深的峡谷，谷床纵坡降大，使泥石流能迅猛直泄；下游堆积区的地形为开阔平坦的山前平原或河谷阶地，使堆积物有堆积场所。

松散物质来源条件：泥石流常发生于地质构造复杂、断裂褶皱发育，新构造活动强烈，地震烈度较高的地区。地

表岩石破碎，崩塌、错落、滑坡等不良地质现象发育。为泥石流的形成提供了丰富的固体物质来源；另外、岩层结构松散、软弱、易于风化、节理发育、或软硬相间成层的地区，因易受破坏，也能为泥石流提供丰富的碎屑物来源；一些人类工程活动，如滥伐森林造成水土流失，开山采矿、采石弃渣等，往往也为泥石流提供大量的物质来源。

▲被泥石流毁坏的建筑

水源条件：水既是泥石流的重要组成部分，又是泥石流的激发条件和搬运介质（动力来源），泥石流的水源，有暴雨、水雪融水和水库（池）溃决水体等形式。中国泥石流的水源主要是暴雨、长时间的连续降雨等。

泥石流危害

泥石流常常具有暴发突然、来势凶猛、迅速之特点。并兼有崩塌、滑坡和洪水破坏的双重作用，其危害程度比单一的崩塌、滑坡和洪水的危害更为广泛和严重。它对人类的危害具体表现在如下四个方面：

对居民点的危害：泥石流最常见的危害之一，是冲进乡村、城镇，摧毁房屋、工厂、企事业单位及其他场所设施。淹没人畜、毁坏土地，甚至造成村毁人亡的灾难。如1969年8月云南省大盈江流城弄璋区南拱泥石流，使新章金、老章金两村被毁，97人丧生，经济损失近百万元。

对公路、铁路的危害：泥石流可直接埋没车站、铁路、公路，摧毁路基、

▼泥石流中挣扎的人

桥涵等设施，致使交通中断，还可引起正在运行的火车、汽车颠覆，造成重大的人身伤亡事故。有时泥石流汇入河道，引起河道大幅度变迁，间接毁坏公路、铁路及其他构筑物，甚至迫使道路改线，造成巨大的经济损失。如甘川公路394公里处对岸的石门沟，1978年7月暴发泥石流，堵塞白龙江，公路因此被淹1公里，白龙江改道使长约两公里的路基变成了主

河道，公路、护岸及渡槽全部被毁。该段线路自 1962 年以来，由于受对岸泥石流的影响已 3 次被迫改线。中国自建国以来，泥石流给铁路和公路造成了无法估计的巨大损失。对水利、水电工程的危害：主要是冲毁水电站、引水渠道及过沟建筑物，淤埋水电站尾水渠，并淤积水库、磨蚀坝面等。对矿山的危害：主要是摧毁矿山及其设施，淤埋矿山坑道、伤害矿山人员、造成停工停产，甚至使矿山报废。

泥石流脱险技术

▲ 被泥石流困住的汽车

沿山谷徒步时，一旦遭遇大雨，要迅速转移到安全的高地，不要在谷底过多停留。注意观察周围环境，特别留意是否听到远处山谷传来打雷般声响，如听到要高度警惕，这很可能是泥石流将至的征兆。要选择平整的高地作为营地，尽可能避开有滚石和大量堆积物的山坡下面，不要在山谷和河沟底部扎营。发现泥石流后，要马上与泥石流成垂直方向向两边的山坡上面爬，爬得越高越好，跑得越快越好，绝对不能往泥石流的下游走。

泥石流历史记录

1970 年，秘鲁的瓦斯卡兰山爆发泥石流，500 多万立方米的雪水夹带泥石，以 100 公里每小时的速度冲向秘鲁的容加依城，造成 2.3 万人死亡，灾难景象惨不忍睹。

▼ 泥石流的巨大破坏

1985 年，哥伦比亚的鲁伊斯火山泥石流，以 50 公里每小时的速度冲击了近 3 万平方公里的土地，其中包括城镇、农村、田地，哥伦比亚的阿美罗城成为废墟。造成 2.5 万人死亡，15 万家畜死亡，13 万人无家可归，经济损失高达 50 亿美元。

Qie Chu 切除 *Di Qiu* 地球上的"三大毒瘤" >>>

人一直以为地球上的陆、空是无穷尽的，所以从不担心把千万吨废气送到天空去，又把数以亿吨计的垃圾倒进海洋。大家都认为世界这么大，这一点废物算什么？我们错了，其实地球虽大（半径6300多公里），但生物只能在海拔8千米到海底11千米的范围内生活，而占了95%的生物都只能生存在中间约3公里的范围内，人竟肆意地从三方面来玷污这有限的生活环境。

▲海洋污染

海洋污染：主要是从油船与油井漏出来的原油，农田用的杀虫剂和化肥，工厂排出的污水，矿场流出的酸性溶液；它们使得大部分的海洋湖泊都受到污染，结果不但海洋生物受害，就是鸟类和人类也可能因吃了这些生物而中毒。

▼城市垃圾

陆地污染：垃圾的清理成了各大城市的重要问题，每天千万吨的垃圾中，好些是不能焚化或腐化的，如塑料、橡胶、玻璃、铝等废物。它们成了城市卫生的第一号敌人。

空气污染：这是最为直接与严重的了，主要来自工厂、汽车、发电厂等等放出的一氧化碳和硫化氢等，每天都有人因接触了这些污浊空气而染上呼吸器官或视觉器官的毛病。我们若仍然漠视专家的警告，将

▲大气污染

来一定会落到无半寸净土可住的地步。

环境污染是指人类直接或间接地向环境排放超过其自净能力的物质或能量，从而使环境的质量降低，对人类的生存与发展、生态系统和财产造成不利影响的现象。具体包括：水污染、大气污染、噪声污染、放射性污染等。水污染是指水体因某种物质的介入，而导致其化学、物理、生物或者放射性污染等方面特性的改变，从而影响水的有效利用，危害人体健康或者破坏生态环境，造成水质恶化的现象。大气污染是指空气中污染物的浓度达到有害程度，以致破坏生态系统和人类正常生存和发展的条件，对人和生物造成危害的现象。噪声污染是指所产生的环境噪声超过国家规定的环境噪声排放标准，并干扰他人正常工作、学习、生活的现象。放射性污染是指由于人类活动造成物料、人体、场所、环境介质表面或者内部出现超过国家标准的放射性物质或者射线。例如，超过国家和地方政府制定的排放污染物的标准，超种类、超量、超浓度排放污染物；未采取防止溢流和渗漏措施而装载运输油类或者有毒货物致使货物落水造成水污染；非法向大气中排放有毒有害物质，造成大气污染事故，等等。

随着科学技术水平的发展和人民生活水平的提高，环境污染也在增加，特别是在发展中国家。环境污染问题越来越成为世界各个国家的共同课题之一。

由于人们对工业高度发达的负面影响预料不够，预防不利，导致了全球性的 三

▼水体污染导致鱼类大量死亡

▲严重的工业污染

大危机：资源短缺、环境污染、生态破坏。人类不断地向环境排放污染物质。但由于大气、水、土壤等的扩散、稀释、氧化还原、生物降解等的作用。污染物质的浓度和毒性会自然降低，这种现象叫做环境自净。如果排放的物质超过了环境的自净能力，环境质量就会发生不良变化，危害人类健康和生存，这就发生了环境污染。

　　古往今来，地球妈妈用甘甜的乳汁哺育了无数代子孙。原来的她被小辈们装饰得楚楚动人。可是，现在人类为了自身的利益，将她折磨得天昏地暗。人类只有一个地球，而地球正面临着严峻的环境危机。因此，"救救地球"已成为世界各国人民最强烈的呼声。

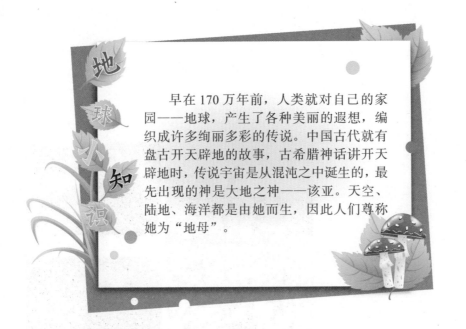

地球小知识

　　早在170万年前，人类就对自己的家园——地球，产生了各种美丽的遐想，编织成许多绚丽多彩的传说。中国古代就有盘古开天辟地的故事，古希腊神话讲开天辟地时，传说宇宙是从混沌之中诞生的，最先出现的神是大地之神——该亚。天空、陆地、海洋都是由她而生，因此人们尊称她为"地母"。

第六章 地球奥秘大猜想

本章有最好奇、最想了解的自然及人文科学领域。童话与故事赐予我们想象，它们是基石，垫高我们迈向前方的脚。当我们把"为什么"变成惊叹号，当我们无畏地闯入大自然的怀抱，成长的轨迹便会向未来伸展成有力的形状。

Bai Mu 百慕 大三角 Da Shan Jiao >>>

百慕大三角又称魔鬼三角，有时又称百慕大三角洲（据近年研究表明实际该位置并非三角形，百慕大三角是梯形的，范围远至墨西哥湾、加勒比海）。位于北大西洋的马尾藻海，是由英属百慕大群岛、美属波多黎各及美国佛罗里达州南端所形成的三角区海域，据称经常发生超自然现象及违反物理定律的事件，面积约390万平方公里（150万平方英里）。

▲百慕大三角

从 1880 到 1976 年间，有数以百计的船只和飞机失事，数以千计的人在此丧生。约有 158 次失踪事件，其中大多是发生在 1949 年以来的 30 年间，发生失踪 97 次，至少有 2000 人在此丧生或失踪。这些奇怪神秘的失踪事件，主要是在西大西洋的一片叫"马尾藻海"地区，为北纬 20°～40°、西经 35°～75°之间的宽广水域。这儿是世界著名的墨西哥暖流以每昼夜 120~190 千米，且多漩涡、台风和龙卷风。不仅如此，这儿海深达 4000~5000 米，有波多黎各海沟，深 7000 米以上，最深达 9218 米。

百慕大成因

▼百慕大三角

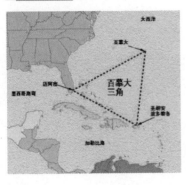

"百慕大魔鬼三角"的解释可归纳为如下几类：一类认为，这些失踪是由于超自然的原因造成的，联想到是否是外星人的飞碟在作怪。第二类则认为是自然原因造成的，如地磁异常、洋底空洞，甚至还有人提出泡沫说、晴空湍流说、水桥说、黑洞说等等，用一些奇异自然现象来解释"百慕大魔鬼三角"。最近，英国地质学家，利兹大学的克雷奈尔教授提出了新观点，他认为：

造成百慕大海域经常出现沉船或坠机事件的元凶是海底产生的巨大沼气泡。在百慕大海底地层下面发现了一种由冰冻的水和沼气混合而成的结晶体。当海底发生猛烈的地震活动时被埋在地下的块状晶体被翻了出来，因外界压力减轻，便会迅速气化。大量的气泡上升到水面，使海水密度降低，失去原来所具有的浮力。恰逢此时经过这里的船只，就会像石头一样沉入海底。如果此时正好有飞机经过，当沼气遇到灼热的飞机发动机，无疑会立即燃烧爆炸，荡然无存。与此相反，有些人认为这些奇特的失踪现象彼此间并无联系，因而也就否定百慕大魔鬼三角的存在。百慕大三角这层神秘的面纱是否已经揭开，沿待后人的研究验证。

百慕大失踪者再现之谜

▲百慕大三角

"时空无时不在，无处不在。"这是一个哲学命题，也是人们通常最普遍的认识误区之一。根据科学家们判定：在通古斯陨石坠落的地区、核武器实验地区、切尔诺贝利原子能发电站附近以及其他有死亡威胁的地方，即使最精确的表也会不准。有时发生的某种不可思议的事，好像"时间断裂"一样……神奇的海洋上，似乎也时时向人们展示着时间断裂。

●失踪三十六年的气球再现

1954年在加勒比海，驾驶员夏里·罗根和戴历·诺顿驾驶气球和其他50个参赛者参加气球越洋比赛。当时天气晴朗，视野清晰。突然，在众人面前，这个气球一下子莫名其妙地消失了。

▼百慕大三角的沉船

1990年，消失多年后的气球又突然在古巴与北美陆地的海面上出现。它的出现曾使古巴和美国政府大为紧张，特别是古巴，误以为美国派出秘密武器来进攻了呢。

古巴飞机驾驶员真米·艾捷度少校说："一分钟前天空还什么也没有，一分钟后那里便多了一个气球。"当时古巴军方在雷达上发现了这个气球，以为是美国的秘密武器，曾一度派飞机想把它击落，最后大气球被古巴飞机迫降在海上，两名驾驶员则由一艘巡洋舰救起，送到古巴一个秘密海军基地受审。

这件怪事不但古巴人感到惊讶，连两个驾驶员诺顿和罗根也同样感到迷惑不解。这两个驾驶员说他们当时正在参加由夏湾拿到波多黎各的一项气球比赛。他们不知道时间已经过去了36年，他们只是感到全身有一种轻微的刺痛感觉，就好像是微弱电流流过全身一样，然后一眨眼他们面前的一切包括大海和天空

▲船只在百慕大三角失踪

都变成一片灰白色，接着他们记得有一架古巴飞机在他们气球面前出现。

芝加哥调查员卡尔·戈尔曾查证过罗根与诺顿的讲话，他们确实在1954年参加一项气球比赛途中神奇地失踪，戈尔认为这气球进入了时间隧道。"对他们来说可能只是一瞬间，可在地球上却已过去了36年，相差很大。"因此说，这是比地球时间慢的一条神奇隧道。

类似上述的案例还可以列举许多，其共同点就是失踪者再现时时间变慢。但是，也有失踪者感到时间变快的案例。

● 93名船员骤然衰老之谜

在百慕大魔鬼三角区出现过这样的怪事，一艘前苏联潜水艇一分钟前在百慕大海域水下航行，可一分钟后浮上水面时竟在印度洋上。在几乎跨越半个地球的航行中，潜艇中93名船员全部都骤然衰老了5~20年。

此事发生后，前苏联军方和科学界立即开始对潜艇和所有人员进行调查，并作出三份报告。其中研究人员阿列斯·马苏洛夫博士认为："这艘潜艇进入了一个时间隧道的加速管道。虽然对它仍知之甚少，不过除此之外，无其他更合理的解释。""至于在穿越时空之际，速度对人体有何影响，我们也知道不多，只知道对人体某些部位有影响。那些船员竟在很短时间内衰老了5~20年，却是我们前所未见的。"

▼百慕大三角的沉船

该潜艇指挥官尼格拉·西柏耶夫说："当时我们正在百慕大执行任务，一切十分正常，不知什么原因，潜艇突然下沉。""它来得突然，也停得突然，接着一切恢复了正常，只是我们感觉有些不妥，便下令潜艇浮出水面。""整个事件发生得实在太快了，我们连想一下的时间都没有，而当时我们的领航仪表明我们

的位置已在非洲中部以东，就是说与我们刚才的位置相差 1 万千米。潜艇立即与前苏联海军总部进行无线电联系，联系结果证实他们潜艇的位置的确在印度洋而不在百慕大。

这艘潜艇回到黑海的潜艇基地后，艇上人员立即由飞机送往莫斯科一个实验室接受专家检查，结果发现他们明显地衰老了，典型特征是：皱纹、白发、肌肉失去弹性和视力衰退等。从使人衰老这方面看，这的确是一个悲剧，但从科学上看，这却是一个可喜的新发现。这些船员所经历的事告诉我们，可能有一个比地球时间快的时间隧道。

百慕大三角大猜测

▲ 飞过百慕大三角的飞机离奇失踪

百慕大三角对于人类来说是神秘莫测的。它是否存在"神秘力量"的还是自然形成的？它与周围大海域连续发生的海难或空难有什么关系？这些都有待于人们的进一步探讨。因此，对它的神秘也出现了不同的解释，在各种解释中比较有代表性的是下面的这几种：

● 磁场说

在百慕大三角出现的各种奇异事件中，罗盘失灵是最常发生的。这使人把它和地磁异常联系在一起。人们还注意到在百慕大三角海域失事的时间多在阴历月初和月中，这是月球对地球潮汐作用最强的时候。

地球的磁场有两个磁极，即地磁南极和地磁北极。但它们的位置并不是固定不变的，而是在不断变化中。地磁异常容易造成罗盘失误而使机船迷航。还有一种看法认为，百慕大三角海域的海底有巨大的磁场，它能造成罗盘和仪表失灵。

1943 年，一位名叫袭萨的博士曾在美国海军配合下，做过一次有趣的试验。他们在百慕大三角区架起两台磁力发生机，输以十几倍的磁力，看会出现什么情况。试验一开始，怪事就出现了。船体周围立刻涌起绿色的烟雾，船和人都消失了。试验结束后，船上的人都受到了某种刺激，有些人经治疗恢复正常，有的人却因此而神经失常。事后，袭萨博士却莫名其妙地自杀了。临死前，他说试验出现的情况与爱因斯坦的相对论有关。他没有留下任何其他论述，以致连试验的本身也成了一个谜。

● 黑洞说

黑洞是指天体中那些晚期恒星所具有的高磁场超密度的聚吸现象。它虽看不见，却能吞噬一切物质。不少学者指出，出现在百慕大三角区机船不留痕迹的失踪事件，颇似宇宙黑洞的现象，但难以解释它何以刹那间消失得无影无踪。

● 次声说

声音产生于物体的振荡。人所能听到的声音之所以有低浑、尖脆之分，这是由于物体不同的振荡频率所致。频率低于 20 次／秒的声音是人的耳朵听不见的次声。次声虽听不见，却有极强的破坏力。百慕大海域地形的复杂性，造成了次声的产生及其加剧了次声的强度。波多黎各海岸附近的海底火山爆发、海浪和海温的波动都是产生次声的原因。

● 水桥说

据认为百慕大三角区的海底有一般不同于海面潮水涌动流向的潜流。因为，有人在太平洋东南部的圣大杜岛沿海，发现了在百慕大失踪船只的残骸。当然只有这股潜流才能把这船的残骸推到圣大杜岛来；当上下两股潮流发生冲突时，就是海难产生的时候。而海难发生之后，那些船的残骸又被那股潜流拖到远处，这就是为什么在失事现场找不到失事船只的原因了。

▲ 在百慕大三角沉没的飞机

● 晴空湍流说

晴空湍流是一种极特殊的风。这种风产生于高空，当风速达到一定强度时，便会产生风向的角度改变的现象。这种突如其来的风速方向改变，常常又伴随着次声的出现，这又称"气穴"。航行的飞机碰上它便会激烈震颤。当然严重的时候，飞机就会被它撕得粉碎。可惜，这些仅仅是假说而已，而且，每一种假说只能解释某种现象，而无法彻底解开百幕大之谜。何况，除了飞机和船只无端失踪之外，百慕大海底和海面还有一些令人难以置信的怪事呢！

永不 *Yong Bu* 停止的 *Ting Zhi De* "时间膨胀" >>>

时间膨胀是说时间并不是永远以人们感受到的现在的这种速度进行的，它也会发生变化。它一般是和速度有关的：速度越快，越接近于极限速度，时间就会越慢。这里有个名词：极限速度，人们所处宇宙的极限速度是光速，但并不是所有的宇宙其极限速度都是光速，可能更快。也可能更慢。举个设想的例子说吧，假如有一个人一分钟的心跳是60下，当他高速运动时，如果速度足够大，他的心跳可能会变

▲时间膨胀

成40下，20下，甚至更慢，因为随速度的增加，他的时间变慢了。他自身的新陈代谢也随之变慢。这样，相对于他的时间就发生了膨胀。

🔬 时间膨胀的发现过程

▼时间膨胀

人们通常会认为，光波的速度因与人们运动的方向相同或相反或取各种角度而有所不同。

令人惊奇的是，爱因斯坦却认为事实上不会是这样。20世纪初，爱因斯坦就认识到，人们的时空观并不完善。他是通过分析电和磁相结合产生电磁辐射（例如光辐射）特性的规律得出这个结论的。他认为，如果光在一切测量中具有协调一致的特性的话，在物理学中光速必定扮演着主要角

色。特别是，真空中的光速必须不变，无论光源和观察者做什么样的相对运动，真空光速总是每秒三十万千米。

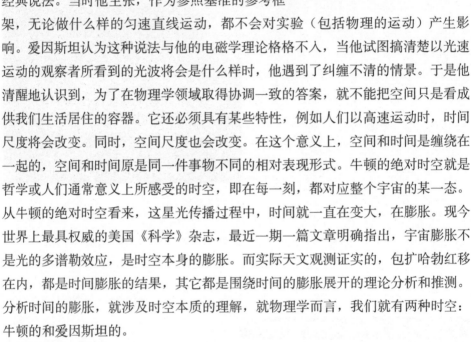

▲时间膨胀

🌸 牛顿与爱因斯坦的对立

17世纪，牛顿曾提出过一个相对性的经典说法。当时他主张，作为参照基准的参考框架，无论做什么样的匀速直线运动，都不会对实验（包括物理的运动）产生影响。爱因斯坦认为这种说法与他的电磁学理论格格不入，当他试图搞清楚以光速运动的观察者所看到的光波将会是什么样时，他遇到了纠缠不清的情景。于是他清醒地认识到，为了在物理学领域取得协调一致的答案，就不能把空间只是看成供我们生活居住的容器。它还必须具有某些特性，例如人们以高速运动时，时间尺度将会改变。同时，空间尺度也会改变。在这个意义上，空间和时间是缠绕在一起的，空间和时间原是同一件事物不同的相对表现形式。牛顿的绝对时空就是哲学或人们通常意义上所感受的时空，即在每一刻，都对应整个宇宙的某一态。从牛顿的绝对时空看来，这星光传播过程中，时间就一直在变大，在膨胀。现今世界上最具权威的美国《科学》杂志，最近一期一篇文章明确指出，宇宙膨胀不是光的多谱勒效应，是时空本身的膨胀。而实际天文观测证实的，包扩哈勃红移在内，都是时间膨胀的结果，其它都是围绕时间的膨胀展开的理论分析和推测。分析时间的膨胀，就涉及时空本质的理解，就物理学而言，我们就有两种时空：牛顿的和爱因斯坦的。

牛顿的时空称绝对时空，表面看起来。它的时间和空间是毫不相关的，实际上。从它的引力所具有的无限大速度的假设，可以知道，牛顿的绝对时空就是哲学或人们通常意义上所感受的时空，即在每一刻，都对应整个宇宙的某一态。从宇宙的各向同性和平滑性，知这一刻对一态虽然在观测上不可行，但理论和人们思维上却是可行的。空间的三维始终应对时间的一维，这是用思

▼牛顿绝对时空概念

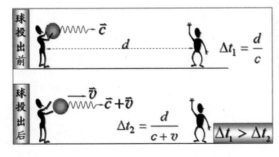

球投出前 $\Delta t_1 = \dfrac{d}{c}$

球投出后 $\Delta t_2 = \dfrac{d}{c+v}$ $\Delta t_1 > \Delta t_2$

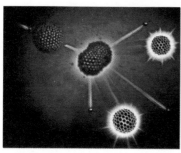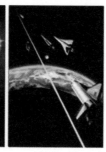

▲速度效应

维观时空，是横向看时空，空间的三维和时间的一维一一对应，我称之为三一时空。三一时空的同时性并不是没有物理实质，如产生了量子纠缠的量子所具有的同时性。爱因斯坦的时空称相对时空，它以观察者为核心，强调可观察，是用眼睛看时空，以光速为极限，将过去和现在联系在一起，是纵向看时空，时间和空间缠绕在一起，人称四维时空。爱因斯坦曾有过一个设想，当一个人以光速运动时，一道光在人眼前穿过，这个人所看到的光应为弯曲的。

时间的膨胀是观察者观察的结果，是四维时空的产物，时间依观察者而变，观察者的时间代表着真实的唯一存在，是四维时空模型中时间的最大值；观察者的时间代表着此刻，若设这个时间为零，其它被观察体的时间都为负值。在观察者本身却无法发现时间膨胀的原因，必须横向看时空，用牛顿的绝对时空观，就能发现时间膨胀的原因。例子：假设一星体离地球 60 亿年，星像分离的一刻，宇宙的态对应时间为 T，10 亿年过去，这星体的像走了 10 亿光年，宇宙的态对应时间为 T+10；再 10 亿年过去，这星体的像又走了 10 亿光年，宇宙的态对应时间为 T+20；最后，经过 T+30，T+40，T+50，到达地球时，宇宙的态对应的时间为 T+60 亿年。从牛顿的绝对时空看来，这星光传播过程中，时间就一直在变大，在膨胀。从横向思考时空，就会发现一个星体的像离开实体一刻起，在传播过程中，时间就一直在膨胀，直到被观察者接收为止。由于星体和观察者之间的时间膨胀是一定的，人们收到的星光的红移值就是一定的。这时间膨胀现在被解释为空间的膨胀，即这星光经过的路程被延长，延长的原因是过去比较热，空间热膨胀，道理上应能说得过去，但事实是现在空间已经这么冷了，人们却发现时间膨胀在加速，时间膨胀解释为空间膨胀就说不过去了。

空间性质的改变也能造成时间的延长，比如光不从空气中而从水中传播，接收者就会发现时间延长了。由热力学第二定律看，时间是不可逆的，空间尽管是真空，随时间的性质变化也是不可逆的。真空性质能有什么变化？真空的电场磁场引力场总在，电向磁的变化，引力的变化都是不可逆的。宇宙的星系一直都在不断变化中，空间的性质也在不断变化中。就地球而言，地球在诞生时空间还没

有大气，也不是一个蓝色星球；现在地球的温室效应，地球膨胀引起的空间的膨胀，都会产生空间性质的变化，同样会产生时间膨胀效应。空间本身由电向磁的转换，即由红向蓝的转变，就当然地造成红移，时间的膨胀。也许这一切分析都是多余的，时间的膨胀就是时间的膨胀，从被观察物体到观察者，横向看时空，就有时间膨胀发生，太阳光到地球就有红移发生。不能也不要把时间变换成人们能理解的空间的什么东西，这样会犯错误的。道可道，非常道；时间是我们永远猜不完的谜。

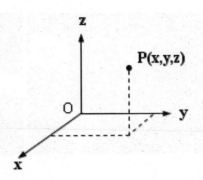

▲绝对时间和绝对空间构成了牛顿力学的绝对时空观

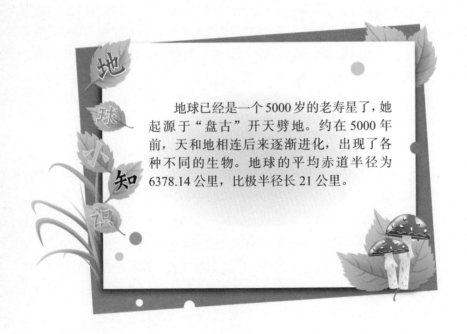

地球已经是一个5000岁的老寿星了，她起源于"盘古"开天劈地。约在5000年前，天和地相连后来逐渐进化，出现了各种不同的生物。地球的平均赤道半径为6378.14公里，比极半径长21公里。

Mi Nuo Si 文明的 猜想 >>>
米诺斯 *Wen Ming De*

米诺斯文明，也译作弥诺斯文明，是爱琴海地区的古代文明，出现于古希腊，迈锡尼文明之前的青铜时代，约公元前 3000 年～前 1450 年。该文明的发展主要集中在克里特岛。最早出现于希腊的文明是爱琴海的米诺斯文明，它的存在从大约公元前 3000 年一直持续到约前 1450 年。我们对于米诺斯人知之甚少，甚至连这个名字也只一个是现代的称呼，来自传说中克里特岛的国王米诺斯。他们似乎属于前印欧民族；他们的语言米诺斯语，可能使用仍未被解读的线性文字 A 书写；他们主要是海上的商人。虽然他们示威的原因不详，但是可以确定的是他们最终为希腊大陆的迈锡尼人所入侵和统治。

▲ 米诺斯文明遗迹

腊克里特岛的中、晚期文化。又称克里特文化或克里特文明。约始自公元前 1900 年，至前 1450 年左右克里特为迈锡尼人占领而结束。"米诺斯文明"一名，来自古希腊神话中之克里特贤王米诺斯。它是欧洲最早的古代文明，也是希腊古典文明的前驱。以精美的王宫建筑、壁画及陶器、工艺品等著称于世。

米诺斯文明的起源

▼ 米诺斯文明

"米诺斯"这个名字源于古希腊神话中的克里特国王米诺斯。20 世纪初英国考古学家阿瑟·爱文斯在希腊诺索斯挖掘出古代的王宫遗址（就是现在的诺索斯王宫博物馆）后，认为这就是传说中米诺斯的迷宫。因此，爱文斯将此遗址所代表的

▲克里特岛

文明称为"米诺斯文明"。但人们并未确定传说中的米诺斯即是一位真实的米诺斯统治者。米诺斯人自己如何称呼自己的文明仍然是一个未知数。不过，古埃及人所称的"Keftiu"和闪米特人的"Kaftor"或"Caphtor"都指米诺斯时期的克里特岛，也许是一种启发。

米诺斯人主要以从事海外贸易为主。他们的文化在约前1700年之前显现出高度的组织性，与继后以军事贵族统治为特点的文化相迥。许多历史学家和考古学家相信米诺斯人在青铜时期重要的锡交易中扮演了重要的角色：锡与产自塞浦路斯的铜的合金被用来制造青铜。而随后青铜工具逐渐由性能更优的铁器所取代的过程，似乎与米诺斯文明的衰落相吻合。此外，米诺斯人还进行番红花的贸易，这是一种产自爱琴地区的自然基因变种。很难找到这种贸易的实物证据，不过在圣托里尼有一幅著名的壁画"番红花采集者"。这种贸易形式可能在米诺斯文明之前就存在，作为对乳香，或更晚的对辣椒的交换。考古学家倾向于强调更耐用的交易品：陶、铜、锡，以及大量的金银奢侈品。

采集者，圣托里尼壁画各地发现的米诺斯制造的物品显示，它有一个与希腊本土（迈锡尼文明）、塞浦路斯、叙利亚、安纳托利亚、埃及、西班牙及美索不达米亚通商的网络。

▼米诺斯文物

对他们的语言，人们所知甚少，一般称之为（"原克里特文"），它可能是用仍未被破解的线性文字A书写。后期文化中，由于迈锡尼文明的入侵，他们转用线性文字B，一种早期希腊语字母来记事。由于这种文字的失落，使得我们仍无法对这个灿烂的文明进行深入的了解。

一个有争议的结论指出，在米诺斯文明统治时期，克里特岛从未经受战争的磨难。

米诺斯文明在 Unicode 整理"Linear A"和"Linear B"文字时重

现，主要是由于处理这些古代语言文本时，无意中找出文字与古希腊语的对应关系，使这些神秘文字得以解读。

米诺斯文明的发祥地—克里特岛

克里特岛是一个多山的地中海岛屿，有自然的港口。有迹象表明米诺斯遗址受过地震侵袭，属地中海式气候。

荷马记录说克里特岛有90个城市，诺索斯原址是最重要的一个。此外，考古学家在法伊斯托斯和马里亚也发现了宫殿。岛屿可能被划分为四个政治区域，北面的从诺索斯管理，南面的从法伊斯托斯管理，中东部的从马里亚，最东端由下扎克罗斯管理。在别处还发现了更小的宫殿。值得注意的是，没有一个米诺斯城市拥有城墙，并且很少有武器被发掘。

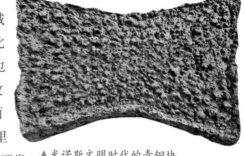

▲米诺斯文明时代的青铜块

文明的衰落

有证据表明贸易网络的失败导致米诺斯的城镇为饥荒所毁：米诺斯的麦子供应据信来自于黑海海岸的农场。许多学者相信古代的贸易王朝通常因为不经济的贸易而崩塌，因为缺乏会计手段，食品和粮食通常未被适当地重视，而奢侈品则被不当地过高估价。结果导致饥荒和人口的减小。而同时，日臻成熟的铁器渐渐取代铜器，米诺斯商人的贸易受到了严重的打击。当饥荒无法为贸易所缓解的时候，文明的衰落就不可避免了。

▼克里特岛风光

另一个理论指出，米诺斯的航海能力因为锡拉火山的喷发而遭到重创。这可能间接导致了迈锡尼的入侵，而后者的管理技能无法维持一个

贸易王国。锡拉火山的喷发对米诺斯文明的影响仍旧在争议中。既然锡拉火山的喷发可能是近10000年间最猛烈的一次，考古学家和地质学家质问为何在根据碳同位素测定出的喷发的时间（根据狐尾松测定为前1628年，根据格陵兰冰层为前1645年）和米诺斯文明灭亡的时间（约前1450年）间有如此大的间隔。这个间隔激起了全世

▲昔日火山

界许多学者的兴趣，而越来越多的证据和理论被提出，试图解释米诺斯文明衰落这个谜团。

这些理论都围绕着锡拉火山的爆发展开。作为贸易中心的克里特的稳定与它的航海能力息息相关。这次喷发如今被定级为VEI-7，如此大的能量足以引发巨大的海啸，吞噬周围岛屿的一切港口和船只，从而给克里特经济带来重创。而另一大理论认为爆发引发的火山灰遮蔽了太阳，导致持续数年的饥荒。而迈锡尼人利用这个时机进攻并征服了克里特岛。

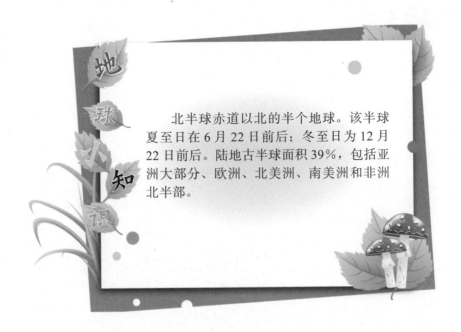

地球小知识

北半球赤道以北的半个地球。该半球夏至日在6月22日前后；冬至日为12月22日前后。陆地古半球面积39%，包括亚洲大部分、欧洲、北美洲、南美洲和非洲北半部。

通古斯 Tong Gu Si 大爆炸 Da Bao Zha >>>

1908年6月30日早上7:17分，俄罗斯西伯利亚通古斯地区上空突然爆发出一声巨响，其破坏力后来估计相当于1500~2000万吨TNT炸药，并且让超过2150平方公里内的6千万棵树倒下，爆炸甚至殃及其他欧洲国家，英国伦敦的许多电灯当时竟突然熄灭，这就是著名的俄罗斯通古斯大爆炸，该次爆炸是世界十大著名爆炸之一，多年来有关通古斯大爆炸的原因说法不一。

▲通古斯大爆炸

在俄罗斯帝国西伯利亚森林的通古斯河畔，突然爆发出一声巨响。巨大的蘑菇云腾空而起，天空出现了强烈的白光，气温瞬间灼热烤人，爆炸中心区草木烧焦，七十公里外的人也被严重灼伤，还有人被巨大的声响震聋了耳朵。不仅附近居民惊恐万状，而且还涉及到其他国家。英国伦敦的许多电灯骤然熄灭，一片黑暗；欧洲许多国家的人们在夜空中看到了白昼般的闪光；甚至远在洋彼岸的美国，人们也感觉到大地在抖动。现在科学家认为是一颗彗星或者小行星的残片引发了"通古斯大爆炸"。

▼通古斯大爆炸公认是陨石撞击形成

在贝加尔湖西北方的当地人观察到一个巨大的火球划过天空，其亮度和太阳相若。数分钟后，一道强光照亮了整个天空，稍后的冲击波将附近650公里内的窗户玻璃震碎，并且观察到了蕈状云的现象。这个爆炸被横跨欧亚大陆的地震站所记录，其所造成的气压不稳定甚至被当时英国刚发明的气压自动记录仪所侦测。

▲通古斯大爆炸使 2000 平方公里内的树木夷为平地

接下来几个星期，欧洲和俄国西部的夜空有如白昼，亮到晚上不必开灯读书。在美国，史密松天文物理台和威尔逊山天文台观察到大气的透明度有降低的现象至少数个月。如果这个物体撞击地球再迟几小时，那么这个爆炸应该发生在欧洲，而不是人口稀少的通古斯地区，造成更大的人员伤亡。

当时俄国的沙皇统治正处在风雨飘摇之中，无力对此组织调查。人们笼统地把这次爆炸称为"通古斯大爆炸"。十月革命后，苏维埃政权于 1921 年派物理学家库利克率领考察队前往通古斯地区考察。他们宣称，爆炸是一次巨大的陨星造成的。但他们却始终没有找到陨星坠落的深坑，也没有找到陨石。只发现了几十个平底浅坑。因此，"陨星说"只是当时的一种推测，缺乏证据，库利克又两次率队前往通古斯考察，并进行了空中勘测，发现爆炸所造成的破坏面积达 20000 多平方公里。同时人们还发现了许多奇怪的现象，如爆炸中心的树木并未全部倒下，只是树叶被烧焦。爆炸地区的树木生长速度加快，其年轮宽度由 0.4~2 毫米增加到 5 毫米以上。爆炸地区的驯鹿都得了一种奇怪的皮肤病枣癞皮病等等。不久二战爆发，库利克投笔从戎，在反法西斯战争中献出了宝贵的生命。前苏联对通古斯大爆炸的考察，也被迫中止了。

特别是在通古斯拍到的那些枯树林立、枝干烧焦的照片，看上去与广岛上的情形十分相似。因此卡萨耶夫产生了一个大胆的想法。他认为通古斯大爆炸是一艘外星人驾驶的核动力宇宙飞船，在降落过程中发生故障而引起的一场核爆炸。索罗托夫等人进一步推测该飞船来到这一地区是为了往贝加尔湖取得淡水。还有人枣指出，通古斯地区驯鹿所得的癞皮病与美国 1945 年在新墨西哥进行核测验后当地牛群因受到辐射引起的

▼通古斯爆炸波及地区

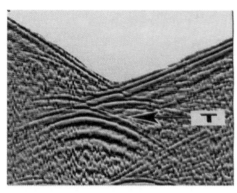

▲ 通古斯大爆炸契科湖底的地震反射波

皮肤病十分近似，而通古斯地区树木生长加快，植物和昆虫出现遗传性变异等情况，也与美国在太平洋岛屿进行核试验后的情况相同。

五、六十年代，前院多次派出考察队前往通古斯地区考察，认为是核爆炸的人和坚持"陨星说"的人都声称考察找到了对自己有利的证据，双方谁也说服不了谁。对于没有找到中心陨星坑的情况，有人认为坠落的是一颗彗星，因此只能产生尘爆，而无法造成中心陨星坑。1973年，一些美国科学家对此提出了新见解，他们认为爆炸是宇宙黑洞造成的。某个小型黑洞运行在冰岛和纽芬兰之间的太平洋上空时，引发了这场爆炸。

令人惊讶的是，当时只有很少的科学家对这个冲击感到兴趣，大概是因为通古斯地区过于偏远。就算当时有任何对这地区的调查，那些记录也应该会在接下来混乱的时代遗失——第一次世界大战、俄国革命和俄国内战。

现存第一个对此地区最早的调查已经是几乎20年后了。1921年俄罗斯科学院的矿物学家 Leonid Kulik 到达通古斯河地区，并在这个地区调查当时陨石撞击的确切地点。他用陨石上的铁可能解救苏联工业的理由，说服苏联政府对科学调查队给予资金。

Kulik 的调查队在1927年终于找到爆炸地点。让他们惊讶的是，没有发生任何陨石坑。烧焦枯死的树横跨了大约50公里。少数靠近爆炸中心的树没有倾倒，它们的树枝和树皮则被脱去。倾倒的树则是向爆炸中心相反的方向倾倒。

接下来10年，有另外3支队伍被派到这一地区。Kulik 发现一个小沼泽可能是陨石坑，但在排光其中的水后，他在底部发现一些树木残枝，所以确定那不是陨石坑。1938年，Kulik 又找人来空照整个区域，显示树是以一个像蝴蝶的巨大形状倾倒，然而他仍然没有发现任何陨石坑。

50和60年代的调查队在这个地区发现了极小的玻璃球洒在土地上。

▼ 通古斯大爆炸陨坑

▲ 通古斯爆炸

化学分析显示球内含有大量的镍和铱—在陨石中常见的金属，而且也确定它们是来自地球以外的。另外由 Gennady Plekhanov 所领导的研究队发现并没有辐射异常的迹象，这表示这并不是自然的核自爆现象。

多年来，有关通古斯大爆炸的原因说法不一，从 1927 年开始寻找陨石碎片以来，人们不断提出各种假说，试图揭示通古斯大爆炸的原因，其中包括陨石撞击说、核爆炸说、飞船坠毁说、黑洞撞击说等法。

● 一、陨石撞击说

前苏联科学家、第一位亲临通古斯现场的莱奥尼德·库利克认为，1908 年通古斯大爆炸是由于一颗流星落到了地面。后来，美国科学家也在实验室里用计算机模拟出了陨石高速撞地引发的大爆炸效果，计算机模拟很好地解释了冲击波扬起的地面尘埃高达大气外层，反射回的日光造成了当年通古斯卡周边地区如昼之夜的景象。但令人感到遗憾的是，很长时间以来，所有的实地考察都没有发现任何陨石残骸。

● 二、核爆炸说

1945 年 8 月，第二次世界大战后期，美国在日本广岛投下了震惊世界的第一颗原子弹。这颗在距离地面 1800 英尺上空爆炸的原子弹，给广岛人民带来了巨大的灾难。然而，广岛原子弹的破坏景象却意外地给研究"通古斯大爆炸"的科学家们以新的启示。那雷鸣般的爆炸声、冲天的火柱、蘑菇状的烟云，还有剧烈的地震、强大的冲击波和光辐射，这一系列的现象与通古斯大爆炸简直相似到了惟妙惟肖的地步。于

▼ 通古斯大爆炸

是，前苏联的军事工程专家卡萨茨夫第一次大胆地提出了 1908 年通古斯大爆炸是一场热核爆炸的新见解。

●三、冰质彗星撞地球所致

俄罗斯克拉斯诺亚尔斯克的科学家们最近公布了他们关于通古斯爆炸之谜的新设想——1908 年发生的震惊全球的通古斯爆炸并非石质陨石撞击地球，而是由水和碳构成的冰质彗星引发的。

据物理学家戈纳迪·贝宾表示，爆炸发生 20 年后找到的浓缩冰里面含有可燃性气体就充分证明了新设想的真实性。他称对于来自远方的彗星来说，地球就是一个烧得炽热的煎锅。彗星在飞临地球时迅速融化并发生了爆炸。他认为，他从事颇令研究人员头痛的通古斯爆炸已经 30 多年了，如今终于在列昂尼德·库利克 (第一个在坠落地进行实地研究的科学家) 的日记中找到了能证实这一新设想的线索。当前该理论已经对外公布并需要进一步分析。2008 年 6 月 30 日将是通古斯爆炸 100 周年。戈纳迪·贝宾希望他提出的这一新设想会成为通古斯爆炸之谜的最终答案。

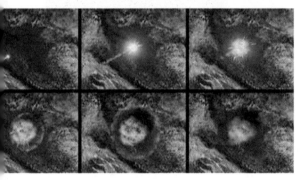
▲通古斯大爆炸俯视拍摄图

1946 年卡萨茨夫不仅肯定了通古斯爆炸是一场核爆炸，更惊人的是，不久他还第一次提出了这样一个大胆的推测：通古斯爆炸的神秘怪物是第一艘访问我们地球的太空飞船。在当时对于这种推测不要说其他人，就是卡萨茨夫本人也不得不承认这纯属科学幻想。五十年代末，科学家对收集到的通古斯爆炸区的泥土进行高度放大，结果发现有球状的硅酸化合物和磁铁矿。它们的大小仅有几个毫米左右，其中有些磁铁矿颗粒粘在一串，有些甚至钻进了透明的硅酸盐颗粒里去。而这些颗粒只有在极高温度下才会粘结起来。这种材料无疑是制造宇宙飞船外壳最理想的防爆材料。

不久人们又在通古斯地区的地下和树上，发现了成千上万颗亮晶晶的小球，这些小球象子弹一样深深地嵌在里面。经过分析，在这些小球中发现了钴、镍、铜和锗等金属。这似乎说明，铜是从那艘太空飞船的仪器导线中来的，而锗可能是来自仪器中半导体器件。此外，从这个圆柱形怪物的飞行速度来看，它似乎有一种有效的制动系统使自己的速度很快慢下来。因为它的速度似乎跟目前人类制造的超音速高空侦察机的速度相仿，远小于地外物体（如反物质、黑洞等）落入地球的速度。

如果把数十年来研究通古斯大爆炸的资料一一串联起来，那么，对于外太空文明世界曾向我们地球发射过一艘太空飞船的推测是合情合理的。有人推测：这艘飞船以接近光速的速度飞抵地球。在将要进入地球轨道时，飞船的

▲通古斯大爆炸破坏性极大

推进舱发生的故障，但是飞船依然继续前进。到了 7 月 30 日清晨进入到印度洋上空。飞船进入地球大气层后，速度进一步减速慢，时速只有 2000 英里左右，这时防爆的飞船外壳由于与大气剧烈摩擦，温度迅速上升到华氏 5000 度，船壳子由于电离，使整个飞船看上去象一团火球。最后，太空飞船在西伯利亚中部的通古斯上空，终于因核燃料舱的最后一道防护壁被融化而爆炸，发出了震天的巨响，一场热核爆炸使这艘太空飞船顷刻化成了灰烬。当然，卡萨茨夫对于通古斯爆炸的见解也仅是一种假设。不过，在大多数人不再怀疑存在超级球外文明的今天，这种假设却是最令人信服的。

通古斯大爆炸爆炸之后的若干年，科学家们先后在那里发现了 3 个与月球火山口相似、直径为 90～200 米的爆炸坑；一片面积为 2000 平方公里的原始森林被冲击波击倒，至少 30 万棵树呈辐射状死亡；有些地方的冻土被融化变成了沼泽地。在随后的探险考察中，科学家们还发现爆炸地区土壤被磁化；1908～1909 年的树木年轮中出现放射性异常，某些动物出现遗传变异。据伊尔库茨克地震站的研究人员测定，这次奇怪的爆炸能量，相当于 1000 万～1500 万吨 TNT 炸药，是 30 多年后广岛原子弹爆炸的能量的 1000 倍。

关于通古斯大爆炸的起因，目前有许多假说与猜测。总体说来，可以归纳为"陨石撞击说"、"核爆炸说"、"外星飞船爆炸说"和"彗星撞击说"4类，但均没有得到普遍的认可。

人体 Ren Ti 漂浮 Piao Fu 之谜 >>>

在传说中常会提及一些人类的超凡能力，如他们不借助任何外力便可飘飘然的从地面升起来。然而，在现实生活中，这些"漂浮者"大有人在，依据一些历史真实记录和部分近年来的实例，漂浮者似乎具有一种超凡能力，可以克服地心引力将自己的身体慢慢的漂浮起来。

现代超心理学家至今也无法破解这些漂浮现象。被称为瑜珈行者的印度教超在禅定派大师，他们也懂得悬浮术，并有其独到之处。1986年，美国华盛顿曾进行了一场瑜珈修行者飞行大赛，这次竞赛是面对公众进行的。

▲人体漂浮

大约20名瑜珈修行者一比高低，他们漂浮在空中最低也有60厘米，最高可达1.0米。据报道，来自中国的僧侣们也可以轻易将身体漂浮在空中。近年来，科学家们一直尝试解开人体是如何摆脱地心引力漂浮在空中的。

▼人体漂浮

印度的物理学家辛格·瓦杰巴博士观察、研究人体飘浮术多年，也接触过几位有此功能的人。令他奇怪的是这些人都隐居在深山大泽之中，从不愿展示自己，过着与世隔绝的生活。他们的行为方式及逻辑思维与现代社会格格不入，如果他们讲解此功是如何练成的就更困难了。瓦杰巴博士曾用几种现代物理探测仪器来探测其中的微妙，均无结果。越研究越感到这是奇妙的神话，令人难以理解。所以，瓦杰巴博士认为：印度军事

▲人体漂浮术

家想把人体飘浮术用到军事作战方面，那是令人不可思议的幻想，要揭开此谜尚需要更长的时间，人类的科技水平能真正发现、挖掘人体内潜在的特殊功能，才能揭开谜底。

印度的军事学家早就注意到人体飘浮术确实存在，并且在设想把它用于军事作战。组织一支"超人"的军队，那就不怕敌方的地雷、坦克、导弹、轰炸机的攻击，随时可以突击到敌人的后方击败对方，就不必再花更多的钱研制尖端武器。而印度的一些科学家们却认为：这样的设想很难实现，因为当前科学家尚弄不懂人体飘浮是如何形成的。当今为世人所了解的四种力量，即：重力、电磁力以及两种核力之外，我们只能假设还有第五种力量。这第五种力量又是如何从人体产生的？又如何推动人身升空？至今仍然是一个谜。

如果人体飘浮术确实存在，物理学原理就彻底被推翻了。当然如今的科学水平尚不能解释自然界中的所有特异现象。特别是瑜珈术的超越冥想功，更难用科学的道理去解释。正如许多不可思议的现象一样，"人体飘浮"至今尚未找到合理的解释。有人认为，人体飘浮者其实是借助外力或小道具，进行飘浮，又或是运用小法术，令观众产生幻觉。

在印度北方的边远山区纳米罗尔村，有一位60多岁的老人名叫巴亚·米切尔。他修炼瑜珈功有40多年了，据说他的身体能在山林上空飘浮，如同仙人。

美国物理学家卡莱曼思教授曾在印度各地多年，他决定去拜访这位"超人"。和他同行的有印度著名的生物学家辛格、米巴尔教授、人体形功能学者雷曼尔博士及美国《科学与生活》杂志的记者等。纳米罗尔村地处边远山区，道路艰险，人们要骑马，步行十多天才能到达。这里几乎与世隔绝。

▼人体悬浮术

卡莱曼思教授一行人到达后，拜会了巴亚·米切尔。这位老人长着浓密而长的银色头发、胡子，浓眉下的锐利眼神，俨然一副哲学家的风度。他能讲一口流利、纯正的英语。当卡莱曼思教授

▲ 如梦如幻的悬浮术

问巴亚·米切尔能否展示一下"超人"的功能，飘浮上天空时，老人马上答应："可以。"并请众人在第二天早晨太阳升起时，在他独自居住的茅舍门前观看。

第二天一早，卡莱曼思教授等人聚集在茅舍门前，架起了录像机及各种探测仪。巴亚·米切尔盘腿坐在门前的一块薄毯上，闭目养神。人们的目光、录像机镜头、各种探测仪全集中在米切尔身上。大约在 2～3 分钟之后，只见他身体轻轻上升，约升到 10 米高时，他改变了盘腿的姿势，伸出双臂，如同鸟儿的翅膀，开始旋转飞翔。浮在半空中的米切尔像进入浑然的忘我状态。

这一情景真令人目瞪口呆。大约在空中飘浮了 30 分钟左右，米切尔的身体开始摇动，接着以水平状态慢慢降下。录像机拍摄了他在空中的每一个角度。米切尔落地以后，几位科学家发现：他身体变得非常柔软，像棉花一样。当米切尔慢慢升空时，探测仪已测出从他身上喷发出一股气流把他托起。80 公斤体重的人升空需要相当大的能量，这股气流和能量是从何而来的呢？科学家们百思不得其解。

美国《科学与生活》杂志记者史密斯，目睹了现实生活中的真正"超人"后，心中无比振奋，如同哥伦布发现了新大陆一样。史密斯提出：用重金聘请巴亚·米切尔去美国作表演。

巴亚·米切尔很有礼貌地回绝重金之聘。他说："我是个虔诚的印度教徒，练瑜珈功有 40 年了。在这深山丛林中安静地生活，对金钱、名利早已淡泊了……"当几位科学家问他是如何练成这奇妙的功夫时，巴亚·米切尔很认真地回答："这必须经过严格的精神训练，才能学到这门技巧，而肉体上的训练更为艰辛。只有精神高度集中，才能将人体内潜藏的巨大'魔力'解放出来……"这些话，并不能解除科学家们心里的疑问，人体内潜藏的"魔力"到底是什么？是如何突破物理学上的万有引力定律的？

▼ 人体悬浮

▲人体悬浮魔术

关于人体在空中飘浮，卡莱曼思教授和印度的几位科学家发现：在印度的古书——《佛经》上早有记载：早在2千年前，佛教的高僧们就能毫不费力地飞向天空，他们将空中所看到的景色，绘成巨画。印度考古学家们曾发现一幅巨大的石雕，它绘制的是印度2千年前恒河流域的曼达尔平原景色，完全是以高空鸟瞰角度绘制的。当时没有直升飞机，人们怎样从高空来绘制的呢？科学家们一直把印度古《佛经》中的记载当做神话，如今他们亲眼目睹了人体飘浮升空，不能不承认记载是事实。

1910年英国著名的探险家彼得·亚巴尔到缅甸北部丛林考察探险，在一座边远山区的大寺院里认识了一位修行老僧。这位老僧每天早晨在寺院门前静坐十多分钟，然后盘坐的身体慢慢升空，在深山的丛林上空飘一圈，才慢慢地落到地上。亚巴尔被这一神奇情景惊呆了，他用照相机从不同的角度拍摄了这位修行僧空中飘浮的镜头。回国以后，他在英国《卫报》发表了自己拍下的照片及自己看到的这位僧人升空的情景。当时有些英国科学家们不相信，认为亚巴尔是幻觉，中了一些宗教巫师卖弄的障眼法伎俩。亚巴尔坚决否认，他认为自己当时头脑清醒，目睹的情景真真切切。这位僧人在做人体高空飘浮时，并没有邀请他观看，是他偶尔碰上的，根本没有什么障眼法之说。

1912年，法国的探险家欧文·罗亚尼在尼泊尔和我国西藏交界的喜马拉雅山一带考察、探险。他请了一位西藏喇嘛做向导。这位藏人喇嘛在走路时，竟脚不沾地，似飘浮前进。喜马拉雅山一带积雪很深，罗亚尼每进一步，脚都陷在雪里，而要跋涉前进，非常艰难。而这位藏

▼人体悬浮

人喇嘛行走时脚不沾雪，非常轻松，并且时时在拉他前进。如有一阵风来，这位喇嘛的身体如同树叶一样，身体飘起，随风前进。

最令欧文·罗尼亚惊奇的是这位喇嘛带着他过康尔尼峡谷时的情景。这道峡谷约二百多米深，一百多米宽。如果爬山越

▼人体悬浮表演

过，需要大半天时间，而且非常危险。因无道路可行，随时可能跌入峡谷中，不粉身碎骨也要跌成重伤。罗尼亚正为过峡谷需要冒险发愁时，喇嘛弯下腰，把罗尼亚背在身上，要他别害怕，闭上眼睛。罗尼亚突然感到身体飘起，睁开眼睛一看，他惊呆了，喇嘛背着他腾云驾雾地在空中飞行，仅仅几分钟时间就越过了峡谷。他实在难以相信，在这荒凉的雪山地带，竟有如此本领的奇人。

欧文·罗尼亚返回法国后，把这位藏人喇嘛随风飘浮的照片和自己的奇遇写成文章登在《巴黎时报》上。有众多的读者不相信，认为这位探险家在写"天方夜谭"般的神话。

人体漂浮魔术，大多数魔术师都运用了光影效果遮住了某些机关或者利用人眼睛的视觉成像原理，给人制造的一种视觉假象。

比如在昏暗的灯光舞台效果下，让表演者坐在或者站在一个和黑背景色相同的升降平台上，由于升降平台和背景融为一体，观众肉眼几乎看不出来任何端倪。

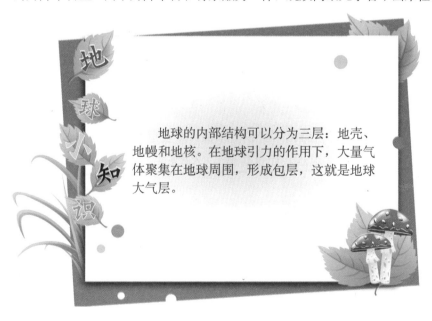

地球小知识

地球的内部结构可以分为三层：地壳、地幔和地核。在地球引力的作用下，大量气体聚集在地球周围，形成包层，这就是地球大气层。

鄱阳湖 Po Yang Hu 魔鬼 Mo Gui 三角 >>>

江西省鄱阳湖的北湖区，有一片形似三角的被称为老爷庙的水域。几百年来，在这里葬身鱼腹的生命不计其数。仅1985年考察期间，就有20余条船只在这里遇难，死伤40余人。因此，人们把这里称为鄱阳湖的"魔鬼三角"。

1945年4月16日，2000多吨级的日本运输船"神户丸"行驶到江西鄱阳湖西北老爷庙水域突然无声无息地失踪（沉入湖底），船上200余人无一逃生。其

▲ 俯瞰鄱阳湖

后，日本海军曾派人潜入湖中侦察，下水的人中除山下堤昭外，其他人员全部神秘失踪。山下堤昭脱下潜水服后，精神恐惧，接着就精神失常了。

抗战胜利后，美国著名的潜水专家爱德华·波尔一行人来到鄱阳湖，历经数月的打捞仍一无所获，除爱德华·波尔外，几名美国潜水员再度在这里失踪。

在江西省的北部，长江下游南岸，有一片浩浩荡荡，一望无际的水域，这就是中国第一大淡水湖——鄱阳湖。每当渔讯到来，湖上的渔船都会因丰厚的收获忙个不停，而沿湖的市场，也是一派繁忙喜悦的丰收景象。然而，就在这平静安详的鄱阳湖中，却有一个阴森恐怖的死亡地带。因为它的东岸有座老爷庙，人们

▼ 鄱阳湖的"魔鬼三角"

就叫它"老爷庙水域"。千百年来，不知有多少船只在这里被湖水无情地吞噬，然而更为离奇的是，上千吨的货船居然会在这片只有18米深的水域里神秘地消失，任凭人们如何寻找，也没有发现它们的踪迹。这同百慕大有些相似。

老爷庙水域位于鄱阳湖的咽喉要道，水域好似一个喇叭口，每当冷气南下盛吹偏

▲鄱阳湖的"魔鬼三角"

北风时，由于"狭管效应"，使湖面风速剧增。春夏季节，天气变化较剧烈复杂，湖岸地带每年都会出现破坏力很强的龙卷风。如1985年8月3日6时，在水域西南方湖面，就出现过一次水龙卷风，把一条船卷起十多米高，然后摔成碎片，还把另一条船从湖内卷到围堤外边。

此外，这里的水文情况也相当复杂。许多江河支流的强大水流都在这里交汇，有五大江河必经这里并注入长江。由于这里地势狭窄，同样造成水流的"狭管效应"，使流速增大、水流紊乱并产生漩涡。

由此可见，老爷庙水域的地理环境、天气和气候特点及复杂的水文状况，才是这里船只频频肇事的主要原因。

不过，"魔鬼三角"还出现过一连串神秘现象，如黑夜中湖上会闪烁硕大的荧光图，附近的井里会发出奇怪的声响，那湖底的"白光"、"大箱子"是何物等等，都令人不解。

为了彻底揭开"魔鬼三角"之谜，中外科学家将联手再度进驻鄱阳湖。他们决心，借助激光、远红外线、卫星遥测等高科技手段，圆这个揭谜之梦。

1984年9月，江西省组成探险队深入凶险水域——老爷庙水域考察。这支考察探险队由自然、气象、地质专家和有关科研人员组成。他们以严肃的科学研究态度，对鄱阳湖"魔鬼三角"水域进行全面的考察和探测。

首先，考察队在老爷庙东南、西北、西南"魔鬼三角"水域内，建立了三座气象观测站，以测试老爷庙周围地势、风力等诸多自然环境因素。经过一系列的考察，测试和对当地渔民的走访，得出了这样几点结论：老爷庙水域内所发生的沉船事故，没有任何先兆，船和船上的人几乎在毫无防备的情况下，突遇狂涛巨浪。狂风恶浪持续时间短，从浓黑的雾气弥漫、滚滚浊流吞噬船只到湖面上风平浪静，也就仅仅几分钟。狂浪扑来时，伴有风雨、怪啸和船体的碎裂声。四周黑气沉沉，难辨五指。

考察队经过多次测算、反复查阅沉船事故记录，发现老爷庙沉船事故多发

▼鄱阳湖的"魔鬼三角"夜景

▲鄱阳湖

生于每年春天的三四月。在这个时候，无论白天或夜晚，过往船只常面临被巨浪吞没的危险。另外，出事的当天，往往天气很好，晴空丽日，蓝天白云，或皓月当空、繁星点点。而在阴雨天却从未发生沉船事件，这似乎成了谜中之谜。考察队员们百思不得其解。

考察队从当地史料记载和流传在民间的传说故事中得知落星山和隔岸遥遥相望的是星山同是二千多年前，一颗硕大的流星坠毁于此而形成的。另外，一起意外事件也引起当地人和考察队员们的注意。七十年代中期，曾有人在鄱阳湖西部地区，目睹了一块呈圆盘状的发光体在天空游动，长达八九分钟之久。当地曾将上情况报告上级有关部门，而有关部门未作出建设性的解释。所以有人猜测，是因为"飞碟"降临了老爷庙水域，像幽灵在湖底运动，从而导致沉船不断。显然这一猜测缺乏科学依据。

考察队在对老爷庙进行精确测量后，惊奇地发现，老爷庙的建筑正处在落星山的东西线的上下正中，三角形庙体的三个直角和平面锥相等，毫厘不差。这使得人们无论站在哪个方向都始终与老爷庙面对面。老爷庙的建立距今已有一千多年了。这就让人猜测这精妙的建筑是不是外星人所为？但这也仅仅是猜测，更缺乏科学依据，因为无数古代的精妙建筑使这种猜测不攻自破。

老爷庙水域的最大风力达8级，风速可达每小时六七十公里，冠鄱阳湖，乃江西省之首。

为了解开老爷庙水域神秘沉船之谜，江西省气象科研人员组成了专门的科研小组，在老爷庙附近设立了三座气象观测站，对该水域的气象进行了为期一年的观测研究。从搜集到的20多万个原始气象数据看，老爷庙水域是鄱阳湖的一个少有的大风区。全年平均两天中就有一天属大风日，也就是说每两天就有一天风力达到6级。

▼鄱阳湖老爷庙

从当地历史上保存的气象资料中，已显示出这块水域的大风频繁在历史上就存在。这与70年代"飞碟"的传说并无干系。

那么，老爷庙水域的大风何以如此之大，且持续时间

▲ 老爷庙水域

长呢？

经过科学的调查证明风景秀丽的庐山却充当了制造大风的"罪魁祸首"。

老爷庙水域最宽处为 15 公里，最窄处仅有三公里。而这三公里的水面就位于老爷店附近。在这条全长 24 公里水域的西北面，傲然耸立着"奇秀甲天下"的庐山。

庐山海拔 1400 多米，其走向与老爷庙北部的湖口水道平行，离鄱阳湖平均距离仅 5 公里。

庐山东南峰峦为风速加快提供了天然条件。当气流自北面南下时，即刮北风时，庐山的东南面峰峦使气流受到压缩。根据流体力学原理，气流的加速由此开始，当流向仅宽约 3 公里的老爷庙处时，风速达到最大值，狂风怒吼着扑来。

就如同我们在空旷的地带没有感觉，而经过一狭窄的小巷顿感风阵阵吹来一样，"狭管效应"的结果加快了风速。

无风不起浪波浪的冲击力是强大的。经计算，鄱阳湖水面刮六级大风时，也就是属大风日，波浪高达 2 米。而此时每平方米的船体将遭到六吨冲压力的冲击。也就是说，一艘载重量 20 吨的船舶，其船侧面积按 20 平方米计算，波浪对其的冲击力则达到 120 吨，超出船重量的五倍。

大风狂浪使这块神秘水域沉船频繁。在这块水域中，风浪最为肆虐的多发在一块呈三角形状的大水面上，约占整个水域面积的 70% 左右。

据调查显示，船舶沉没时，大多数都是风起浪激作用的结果。近几年间，每年均有 10 多条船由此沉没或被浪击毁。

老爷庙水域的"魔三角"之谜可以说已经基本上解开了，似乎又未完全解开。因为这里面所涉及水域底部的地形状态等依然无人去观测，而这不属于气象科研人员研究的范畴。这一切，有待今后继续探究。

▼ 夕照下的老爷庙

六 *Liu* 盘山 *Pan Shan* 水怪 >>>

2008年11月，六盘水市牂牁湖出现"不明水生物"一事引发了各界猜测，并在当地引发广泛讨论。

▲水中巨大黑影即为水怪

六盘水市水城县野中乡、六枝特区中寨乡等地的牂牁江不断传出奇闻：江中有巨型"水怪"出没，一艘运煤的轮船曾被其掀翻至江底。2008年11月30日，六盘水市副市长范三川带队考察牂牁湖时，长约8米的"不明水生物"再次出现在湖面翻腾，随行的摄像记者用镜头记录了长达1分钟的全过程。

牂牁江系珠江流域北盘江水系支流，其流经六枝特区毛口乡老王山形成的水域面积比红枫湖还要大5.5平方米被称为牂牁湖，因其地貌复杂，落差悬殊，具备"一山有四季，十里不同天"的立体气候特征。

▼牂牁湖水怪

2008年11月30日下午2：30，当考察船正在调头回行时，突然水面波涛翻滚，一个黑影从约百米远外的水底翻出，扇动着七八米长的鱼鳍一样的家伙。清澈的水面顿时浪打浪，随行的电视台记者王述慷连忙打开摄像机记录下"不明水生物"1分多钟的闹腾过程。王述慷称："那家伙体重

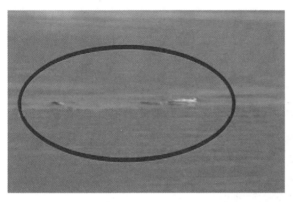

▲相传水怪曾掀翻渔船

肯定不会低于 1 吨。”

在当地一个沸沸扬扬的传闻是：大约 1 个月前，在沿江的水城县野中乡，一艘运煤货轮从江面不幸沉入江底，船上一人遇难，而获救的那名船工则称：船行进过程中遭到了水底不明水生物的袭击。记者就此求证野中乡党委书记李显平，李证实 1 个月前确曾发生运煤货轮沉入江底的事，但是否是巨鱼袭击所致，仍无法得到证实。

这一巨型不明水生物是否属于鱼类？当地官方和民间都希望得到水产专家进一步考证。

在场目击者称“水怪”其实就是一条巨鱼。

船工卢香勇是当地毛口乡村民，已有 8 年驾驶渡轮经验的他也惊叹“从未见

▼牂牁湖

过这么大的'鱼'"，激动的人群忙请他驾船追上去看个究竟。此时，"巨鱼"渐渐沉入水底，船上有人提醒说：不要再追了，前不久在上游的水城县野钟乡沉了一艘运煤的船，据说就是遭到"巨鱼"的袭击所致。

▲水怪泛起的大片水花

据六盘水师专长期从事动物教学和研究的校长田应洲教授介绍，20 世纪 50 年代，毛口一代曾钓出上百斤重的鲢鱼。1986 年曾在该流域的发耳乡采集到一枚鲢鱼标本，虽然该标本体积较小，但与最近获取的视频资料显示的鱼鳍很相似；由于沿江溶洞较多，也有可能因筑坝拦水导致溶洞内藏身多年的"巨鱼"游入湖泊，因此不排除该"巨鱼"是鲢鱼的可能。但上述推测仍需进一步考证才能成立。

"巨鱼"的出现已经引起有关水产、动物研究专家的重视。

据安顺市的周先生讲述，他前不久在普定夜郎湖上发现了两头"怪物"，"怪物"的形体非常大，每一头有约 300 多斤重。当时，他将"怪物"出现在湖面上的情景用摄像机摄了下来。

周先生说，2008 年 7 月 27 日中午，他正在夜郎湖畔一山庄吃饭时，突然听到湖中心有声响，抬头一看，只见距他约 100 米远的湖中心被溅起一片巨大的浪花，等湖面稍平静后，周先生及山庄的人突然发现湖中心有两个巨大的黑影正在游动。周先生急忙拿出随身携带的摄像机对着两个黑影拍了起来。只见两个黑影如影相随，一前一后，非常亲密。几分钟后，两个黑影消失。当天，周先生的朋友游到发现黑影的地方，他站在同样的位置将朋友拍了下来，将朋友与黑影比较，发现朋友仅有黑影的三分之一大，因此周先生判断，每一个"怪物"至少有300 多斤重。

夜郎湖发现两个"怪物"的消息传开后，一些人认为不是怪物，是两条大鱼，但一些人认为就是两个不知名的水生动物。

雪人
Xue Ren >>>

传说在尼泊尔喜马拉雅山区有一种大雪怪，世界各地的探险队、科学家和媒体都相继前往喜马拉雅山区，希望能揭开雪人的神秘面纱。一名美国的摄影师在 2007 年 9 月意外拍到这个奇异生物，它全身长毛，用四肢屈膝行走，这个大怪物也因此轰动全球。另外一支考察团则是在文殊河河岸沙地上发现了三枚脚印，其中一枚脚印长约 33公分、特别清晰，极有可能是在被发现前 24 小时留下。

▲喜马拉雅山雪人尸体

雪人的传说

传说在高寒地带活跃着一种神秘生物，它们身形高大，行动迅捷，经常出没于风雪之中。这种神秘生物就是人们常说的"雪人"。据记载，"雪人"活动范围相当广泛，欧洲东南部的高加索山脉、喜马拉雅山、喀喇昆仑山、帕米尔高原以及蒙古高原都是它们出没的场所。神出鬼没的"雪人"在这些冰雪之地已

▼ "雪人"可能的外形

有 300 多年的历史，他们被描绘得活灵活现，以致成百上千的科学家、探险家为之耗尽心力，苦苦探寻。在喜马拉雅地区，雪人（在西藏被叫做"岩熊"）一直是当地的一个民间传说。对其大小、外形、肤色和习惯的描述可谓千奇百怪。不过，多数人一致认为，雪人的来历颇为神秘，而且一般都会避开人。

关于雪人的传说也有另外的版本。在中亚和东亚的雪山间，"雪人"被称为"夜帝"，意思为"怪物"。据看见过"夜帝"的山民讲，它们高 1.5 ～ 4.6米不等，头颅尖耸，红发披顶，周身长满灰黄色的

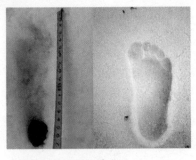
▲喜马拉雅山雪人脚印

毛，步履快捷。其硕大的双脚可以在不转身的情况下迅速调向 180 度，方便爬升和逃跑。

关于"夜帝"好色的传说很多，如雄性"夜帝"遇见女人便会穷追不舍，反之亦然。高加索山民揣测 1920 年初有一连红军战士的神秘失踪事件，极有可能是雌性"夜帝"群体所为。

女作家吉尔宁的探险记《"雪人"和它的伴侣们》一书中描述了据说是她亲眼所见的一群"夜帝"掳走在雪山间的一条山涧里裸泳嬉戏的一群尼泊尔少女的情景，正好验证了"夜帝"好色的传说。

1889 年，有关雪人的第一次权威描述和它的传说出自英国探险家梅杰·瓦德尔之手。在穿越锡金东北部的雪地时，他偶然发现了一组很大的足印，他的手下认为足印是雪人留下的。手下表示，雪人相当危险，它们吃人。梅杰写道："雪地里的一些大足印把我们一路引上更高的山峰。这些被认为是多毛的野人留下的足印，野人生活在一望无垠的雪地里，和传说中的白狮子住在一起，白狮子的吼声因能在暴风雨中听到而出名。在西藏人中间普遍认为雪人是存在的。不过，我询问的西藏人中没有一人能提供一份可靠的证据。"梅杰认为，这些足印是熊留下的。

❀ 雪人的特征

摄影爱好者提供的"雪人"照片在一些史籍中记载，舍尔巴族猎人曾在风雪中用陷阱捕获过一些体形高大的怪物。这些怪物高约 3.5 米，挥身披毛，头发垂至眼睛，但脸部无毛，露出浅色的皮肤，同猿猴的相貌差不多。它们体形宽肩驼背，吊着一双很长的手臂，身体前倾，用两脚走路，但有时也用四肢并行，因为以肉为食，所以体味很重。它们喜好夜间活动，能

▼电影中的雪人

发出各种叫声，最典型的是尖叫，足以撕裂人们的耳膜。一些生物学家根据猎人们的记叙推测他们捕捉到的可能就是传说中的"雪人"。

此外，1907 年至 1911 年间，年轻的俄国动物学家维·哈·卡克卡在高加索山脉搜集到当地称为"吉西·吉依克"的"雪人"材料。1914 年，他将资料在圣

▲早期拍摄的野人模样

彼得堡皇家科学院公之于众，不过当时并未引起人们注意。1958 年，前苏联人类学家波尔恰洛夫才重新研读了这些材料。后者发现，当年卡克卡为"吉西·吉依克"勾勒出一个相当完整的复原像：像小骆驼那样高大，全身长满棕褐色或淡灰色的毛；长臂短腿，爬山和奔跑都极敏捷；脸阔，颧骨凸出；嘴唇极薄甚至很难看出，但嘴巴宽阔，脸上皮肤色深而且无毛；既食鸟蛋、蜥蜴、乌龟和一些小动物，也吃树枝、树叶和浆果。它们像骆驼那样睡觉，用肘和膝支持身体，前额对地，双手放在后脖颈上。

在 1921 年的一次探险之前，很少有人对这个感兴趣，那次探险引发了一场寻找雪人的热潮。英国皇家地理学会组织的一次珠穆朗玛峰探险报告在海拔 21000 英尺的雪地发现了足印。探险小组组长查尔斯·霍华德·贝里中校认为，足印是一匹狼留下的，但他的夏尔巴人向导认为是雪地里的野人留下的，他们把这种野人称为 metoh － kangmi，意思是"人熊雪人"。当探险队回到印度时，搬运工接受了一位名叫亨利·纽曼的自由记者的采访。结果，他把"雪人"这个词错译成意为"污秽的"的"metoh"，一个传说诞生了。

不久之后，另一个英国人报告遇到了他以为是"雪人"的家伙。在冰天雪地里发现它时几乎一丝不挂……全身有点偏浅黄，和中国人的肤色相近，一头浓密的头发，脸上有少许毛，张开的脚和大得恐怖的手。它手臂、大腿和胸部的肌肉非常发达。它手里拿着看上去像某种远古时候的弓一样的东西。"

1925 年，在英国皇家地理学会的另一次探险中，不止一次看到了所谓的雪人。"无疑，草图里的轮廓确实很像一个人，直立行走，偶尔停下来用力扯一些矮小的杜鹃花草丛。它成为白茫茫雪地中的一点黑，而且就我了解的，它没有穿衣服。"当地人称它是一个魔鬼。

探寻雪人热潮

据称是雪人的"表亲"大脚怪上个世纪 50 年代是发现雪人的黄金时代。这股热潮是由 1951 年英国珠峰勘察探险激发起来的，那次探险带回埃里克·史普顿在珠峰上拍下的奇怪足印的清晰照片。一位登山者后来解释说："他们似乎偶然

▲神秘雪人

穿过海拔大约 19500 英尺的山峰，下到 19000 英尺，在那儿，我们第一次看到它们，然后继续往山下走。我们跟着它们走了大半英里路。我不知道它是什么，但我非常清楚，它不是住在喜马拉雅地区的人类已知的动物，而且体形非常庞大。"

持怀疑态度的人表示，它们是动物留下的足印，只是已经被风或冰川运动弄得变形了。虽然如此，这些照片引起了一阵轰动。雪人复活了。两年后征服珠峰只是进一步刺激了寻找雪人的兴趣，尤其是在袭击中发现越来越多奇怪的足印时。据档案记载，两个爬上珠峰的人在雪人是否存在这个问题上产生了分歧。夏尔巴人腾金·诺盖声称 1949 年看到过一个，皮肤微红的棕色头发的"半人半兽"。埃德蒙·希拉里爵士却对此表示怀疑。

为了证明或平息这场争论，该报于 1954 年作出了最为坚决的努力，《每日邮报》资助了一项为期 16 周的"雪人探险"活动，专门到喜马拉雅山上一探究竟。尽管发现了大量不明足印，但没有看到任何动物。当地人声称是雪人头皮的东西结果证实来自其他动物的皮。它是一次伟大的冒险，但结果不尽如人意。

在接下来的数年里，其他无确实根据的报告不断出现。1958 年，村民们报告发现了一个淹死的雪人。它没有被采纳为证据。西方的登山者曾在其他海拔高的地方看到过奇怪的动物。有些人曾在夜晚听到过怪异的叫声，并发现了足印。这些全给雪人之谜增添了一层神秘色彩。

更有甚者，受《每日邮报》那次探险的启发，汉默电影公司还拍了一部名叫《极地战将》的惊悚片。电影海报尖叫："雪人太恐怖了，无法带活的回来！洞穴是陷阱：诱饵是一个人！"自然，片中的演员发现了雪人。作为汉默电影公司拍摄的一部影片，雪人之死引来了可怕的报复。你和雪人在一起，时刻处于危险中。这个传说还在流传。有人声称在美洲看到了叫做"大脚"的 8 英尺高像雪人一样的动物，附有照片作"证据"。

▼雪人

最新出现有关雪人的消息是在 2007 年 12 月 4 日，据《每日邮报》报道，美国电视节目"终极真相"制作小组 11 月 30 日宣称，他们在尼泊尔一侧珠穆朗玛峰附近地区

▲ "雪人"可能的外形

发现了类似传说中的雪人的足印。虽然暂时还没有看到所谓的雪人，但正如这些照片上展示的一样，该小组已经发现了一组新足印，虽然是偶然发现的，但它提供了雪人可能存在的直接证据。

12月1日，在珠峰地区尼泊尔一侧，美国电视台主持人乔舒亚盖茨正和当地向导一起展示他们发现的脚印。该小组在珠穆朗玛峰附近的尼泊尔昆布地区花了一个星期的时间搜寻所谓的雪人。这次探险没能看到传说中的雪人，更不用提带回活样本作分析了。但该小组声称在海拔差不多10000英尺的文殊河河岸上偶然发现了3个巨大的足印。这些保存完好的足印似乎约有13英寸长，与第一个和第五个脚趾末端之间的宽度差不多。它差不多有都市报那么大。他们制作了足印模型。

探险小组成员受过训练的考古学家乔希·盖茨说："我认为它不是熊的足印。对我们来说它颇有几分神秘。"他表示，这些足印相对较新，是在我们发现他们大概24小时前留下的。无论这些足印是一头熊、是原始人类还是赤脚雪人留下的，这一发现将再次点燃有关雪人的传说，西方人在差不多90年前首次探究了雪人之谜。

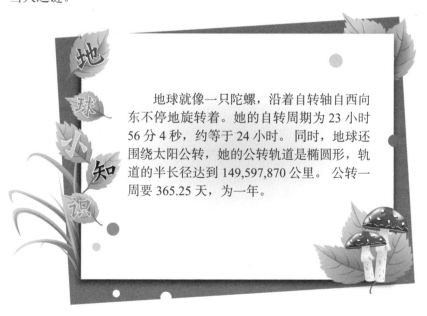

地球小知识

地球就像一只陀螺，沿着自转轴自西向东不停地旋转着。她的自转周期为23小时56分4秒，约等于24小时。同时，地球还围绕太阳公转，她的公转轨道是椭圆形，轨道的半长径达到149,597,870公里。公转一周要365.25天，为一年。

红海 Hong Hai 扩张 Kuo Zhang 之谜 >>>

红海是个奇特的海。它不仅在缓慢地扩张着，而且有几处水温特别高，达 50 多摄氏度；红海海底又蕴藏着特别丰富的高品位金属矿床。这些现象长期以来没有得到科学的解释，被称为红海之谜。

▲红海海底风光

1978 年 11 月 14 日，北美的阿尔杜卡巴火山突然喷发，浓烟滚滚，溢出了大量熔岩。一个星期以后，人们经过测量发现，遥遥相对的阿拉伯半岛与非洲大陆之间的距离增加了 1 米，也就是说，红海在 7 天中又扩大了 1 米。

红海之谜在 20 世纪 60 年代才有了端倪。海洋地质学家解释说，红海海底有着一系列"热洞"。在对全世界海洋洋底经过详细测量之后，科学家发现大洋底像陆上一样有高山深谷，起伏不平。从大洋洋底地形图上，我们可以看到有一条长 75000 多公里，宽 960 公里以上的巨大山系纵贯全球大洋，科学家把这条海底山系称作"大洋中脊"。狭长的红海正被大洋中脊穿过。沿着大洋中脊的顶部，还分布着一条纵向的断裂带，裂谷宽约达 13~48 千米，窄的也有 900～1200 米。科学家通过水文测量还发现，在裂谷中部附近的海水温度特别高，好像底下有座锅炉在不断地烧，人们形象地称它为"热洞"。科学家认为，正是热洞中不断涌出的地幔物质加热了海水，生成了矿藏，推挤着洋底不断向两边扩张。

▼红海卫星图片

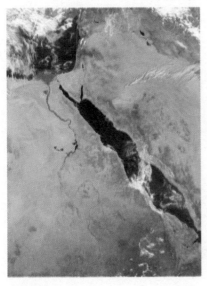

▲红海之滨

1974年，法美开始联合执行大洋中部水下研究计划。考察计划的第一个目标就是到类似红海海底的亚速尔群岛西南的124公里的大西洋中脊裂谷带去考察。

经过考察，科学家把海底扩张形象地比作两端拉长的一块软糖，那个被越拉越薄的地方，成了中间低洼区。最后破裂，而岩浆就从这里喷出，并把海底向两边推开。海底就这样慢慢地扩张着。根据美国"双子星"号宇宙飞船测量，我们已经知道了红海的扩张速度是每年2厘米。

海洋科学家们的海底考察不仅解决了红海扩张之谜，而且在海底裂谷附近意外地发现了一幅使人眼花缭乱的生物群落图影：热泉喷口周围长满红嘴虫，盲目的短颚蟹在附近爬动，海底栖息着大得异乎寻常的褐色蛤和贻贝，海葵像花一样开放，奇异的蒲公英似的管孔虫用丝把自己系留在喷泉附近。最引人注目的是那些丛立的白塑料似的管子，管子有2~3米长，从中伸出血红色的蠕虫。

科学家们对与众不同的蠕虫作了研究。这些蠕虫没有眼睛，没有肠子，也没有肛门。解剖发现，这些蠕虫有性繁殖的，很可能是将卵和精子散在水中授精的。它们依靠30多万条触须来吸收水中的氧气和微小的食物颗粒。

科学家们对于喷泉口的生物氧化作用和生长速度特别感兴趣。放化试验表明，喷口附近的蛤每年长大4厘米，生长速度比能活百年的深海小蛤快500倍。这些蠕虫和蛤肉的颜色红得使

▼红海美景

人吃惊。它们的红颜色是由血红蛋白造成的，它们的血红蛋白对氧有高得非凡的亲和力，这可能是对深海缺氧条件的一种适应性。

生物学家们认为，造成深海绿洲这一奇迹的是海底裂谷的热泉。热泉使得附近的水温提高到12~17摄氏度，在海底高压和温热下，喷泉中的硫酸盐便会变成硫化氢。这种恶臭的化合物能成为某些细菌新陈代谢的能源。细菌在喷泉口迅速繁殖，多达1立方厘米100万个。大量繁殖的细

▲红海日出

菌又成了较大生物如蠕虫甚至蛤得以维护生命的营养，在喷泉口的悬浮食物要比食饵丰饶的水表还多4倍。这样，来自地球内部的能量维持了一个特殊的生物链。科学家称这一程序为"化学合成"。

科学家们在加拉帕戈斯水下裂谷附近2500米深处的海底一共发现了5个这样的绿洲。全世界海洋中的裂谷长达75000多公里，其中有许多热泉喷出口。那么总共会有多少绿洲呢？还会有更多的生物群落出现吗？这些问题不仅关系到人类对海洋的开发，还涉及到生命起源这一基础理论课题的研究。

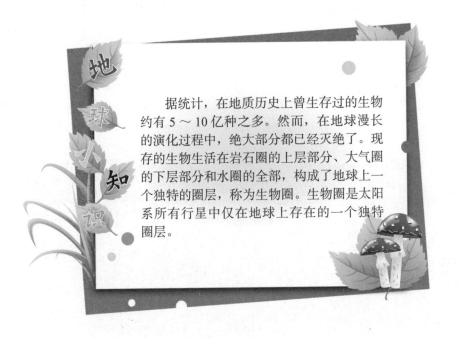

地球小知识

据统计，在地质历史上曾生存过的生物约有5～10亿种之多。然而，在地球漫长的演化过程中，绝大部分都已经灭绝了。现存的生物生活在岩石圈的上层部分、大气圈的下层部分和水圈的全部，构成了地球上一个独特的圈层，称为生物圈。生物圈是太阳系所有行星中仅在地球上存在的一个独特圈层。

古老 *Gu Lao* 而 *Er* 神奇的地中海 >>>

现在地中海，位于欧、亚、非三大洲陆地海岸的环抱之中。如果没有西面的直布罗陀海峡与大西洋相连，它就是个典型的内陆海了。地中海东西长约 4000 多千米，南北最大宽度约 1800 余千米，总面积为 251.6 万平方千米，平均水深为 1491 米，是世界上最深、最大的陆间海。

▲地中海

特提斯洋又名古地中海，是个中生代时期的海洋，位于劳亚大陆与冈瓦纳大陆之间。

大约在距今 2.8 亿年前，地球上的海陆分布格局与今天完全不同。那时，在冈瓦纳古陆的北部与欧亚古陆的南部，是一片规模巨大的古海洋——古地中海，地质学家也称它为"特提斯海"。

▼地中海卫星图

当时的古地中海面积非常大，它不仅覆盖了整个中东以及今天的印度次大陆，就连中国大陆和中亚地区，也几乎全被古地中海浸没。

地中海的形成原因，一直是科学家们深入探讨的重要问题之一。科学家根据自己获得的资料，形成多种观点，各种观点之间既有排斥否定，又有渗透融

合。实际上，围绕地中海的形成原因，形成了两大学派：一个是固定论，另一个是活动论。活动论的观点，实际上运用了本书文章中要介绍的"大陆漂移"说、"板块构造"说，就像本文面前所介绍的那样。不同的看法，自然有不同的资料作根据，要取得认识上的一致，还需获得更新的、更有说服力的地质资料。但是，地中海曾经是个大沙漠，这一点已被钻探资料所证实。古地中海曾经消失过，而今天的地中海是否有一天还会消失呢？

令人难以想象的是，如今的地中海过去曾是一个比现在大数百倍的喇叭形巨洋。更令人惊奇的是，当年的巨洋——今天的地中海，曾有过一个完全干涸的历史时期。近几十年，各国科学家运用各种先进的手段，为探索古地中海这个千古之谜，进行了大量艰苦卓绝的调查研究工作，使人们对古地中海的演化过程有了一个清晰的轮廓。

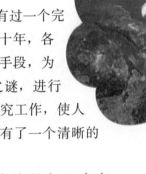

▲地中海

古地中海海底岩石大约距今 2.5 亿年前，冈瓦纳古陆开始向北漂移，到 2 亿年前，冈瓦纳古陆开始与欧亚大陆相撞，逐渐使古地中海封闭。古地中海从中国大陆退出，可能发生在 1.8 亿年前，而古地中海从西藏北部、东部和云南西部完全退出，可能发生在 1 亿年前。

到了距今 7000 万年前，西藏、云南等地壳开始上升，迫使古地中海完全退出中国大陆。距今 800 万年前，范围辽阔的古地中海。由于两个大陆靠拢并发生碰撞，它的面积不仅大为缩小，而且逐步呈现封闭状态，失去了与世界大洋的联系。

约在 2 亿 5000 万年前的晚二叠纪，盘古大陆南部（后来的冈瓦纳大陆）的北缘出现一道裂谷，辛梅利亚大陆开始分裂，古特提斯洋的南边开始出现新的海洋。在接下来的 6,000 万年间，辛梅利亚板块与盘古大陆分离，往北方移动，使古特提斯洋往盘古大陆北部（劳亚大陆）的东南缘缩小。盘古大陆南部与辛梅利亚大陆（现今的土耳其、伊朗、阿富汗、西藏、印度支那、马来亚）之间出现新海洋－特提斯洋，取代原本古特提斯洋的位置。

在 1 亿 5000 万年前的侏罗纪，辛梅利亚大陆与盘古大陆北部（后来的劳亚大陆）碰撞、接合，并形成隐没带，称为特提斯海沟。海平面上升，特提斯洋延伸入西边的欧洲。同一时期盘古大陆分裂为劳亚大陆与冈瓦纳大陆，大西洋开始出现。在侏罗纪与白垩纪期间（约一亿年前），冈瓦纳大陆开始分裂，非洲与印度往北离开，穿越特提斯洋，印度洋开始出现。特提斯洋的四周都有陆块推进者，在1500万年前的中新世晚期，特提斯洋缩减为特提斯海道，或称第二特提斯海。

现今印度、印尼、印度洋等区域，过去曾被特提斯洋覆盖者。现今的地中海是西特提斯洋的残余部分，而黑海、里海与咸海则是副特提斯海的残余部分。特提斯洋的海底，大部分隐没到辛梅利亚大陆与劳亚大陆之下。休斯等地理学家在喜马拉雅山脉的岩层中发现海洋生物的化石，这个地区过去是特提斯洋的海底，直到印度大陆与基梅里大陆碰撞，使海底上升。欧洲的阿尔卑斯造山运动也有类似的证据，显示非洲板块造成阿尔卑斯山脉。

对古生物学家而言，特提斯洋非常重要，因为特提斯洋的周围有许多陆棚。可在这些昔日陆棚中发现栖息于海洋、沼泽、河口的许多生物化石，可研究长时间的生物变化。

▲地中海风景

地中海完全封闭之后，成为一潭死水。由于气候炎热，风急沙多，降雨少，蒸发量大，地中海逐年缩小。

大约在距今600万年前，地中海干枯了，留下了个比大西洋海平面低3000米的沙漠盆地。

这个沙漠盆地起码比今天的地中海要大，这个干枯的大沙漠在地球上存在了数十万年。

大约到了550万年前，地壳发生了一次大规模构造变动，把直布罗陀海峡崩裂开来，大西洋的海水由这个裂口灌入地中海盆，4万立方千米的大西洋海水像湍急的山洪，倾入地中海盆，其流量比今天尼亚加拉瀑布大1000多倍。

尽管如此，把地中海灌到今天的水平，也花了数百年的时间。

绿孩子之谜 Lv Hai Zi >>>

1887年8月的一天，对西班牙班贺斯附近的居民来说，是终生难忘的。这天人们突然看见从山洞里走出两个绿孩子。人们简直不敢相信自己的眼睛，就十分小心翼翼地走到跟前仔细观看。没错，这两个孩子的皮肤真是绿色的，身上穿的衣服面料也从来没有见过。他们不会说西班牙语；而只是惊恐的、不知所措地站着。好奇和同情心使人们很快给这两个孩子送来了食物，可惜起初他们不肯进食，那个男孩也就很快地死去了。而那绿女孩还比较乖巧，她居然学会了一些西班牙语，并能和人们交谈。据她后来自己解释自己的来历时说，她们是来自一个没有太阳的地方，有一天，

▲电影绿巨人海报

被旋风卷起，后来就被抛落在那个山洞里。这个绿女孩后来又活了5年，于1892年死去。至于她到底从哪里来？为什么皮肤是绿色？人们始终无法找到答案。

　　但是这两个奇怪的绿孩子的事件并不是在地球上独一无二的。早在十一世纪，据传说从英国的乌尔毕特的一个山洞里也曾走出来两个绿孩子。他们的长相、皮肤和西班牙的这两个绿孩子极为相似。令人惊异的是当时的那个绿女孩也说，她们也是来自一个没有太阳的地方。

　　这两次奇怪的事件，始终使人们困惑不解。因为人们都知道地球上的人只有白、黄、黑三种肤色，而有些自称见过外星人的人在说到外星人时，总是把他们描绘成身材矮小，发出绿色的类人生物，也被称为"小绿人"。这不禁使人们想到，在西班牙发现的绿孩子是不是有与被称为"小绿人"的外星人有关。而绿孩

▲野人

子自称的"没有太阳的地方"，到底是哪儿？也没有人能够解释。

近年来，世界上有的地方不断有人发现类似人一样的生物在活动。

在中国湖北省的神农架地区，近年来不断有人发现"野人"的足迹与粪便。

在世界其他地区出现过"野人"，或者说出现过类似于人的生物。

1952年9月，美国弗吉尼亚地区的一个小村庄的一群孩子发现一个怪物从村后面的树林里走出来，它很像一个鲜红的大球。孩子们报告了当地的宪兵队，宪兵队派人同孩子们一道到树林里去搜查。果然找到了那个怪物。它身高约4米，身体与人体相似，它穿着衣服，像是用橡胶一类材料做的。它头上还戴着防护帽子，面孔呈红色，两只大眼睛呈桔黄色。从它身上散发出一股难闻的气味，这个怪物像是在地面上移动，并不是在走动。孩子们见此情形，吓得四处逃窜，连宪兵带去的狗也吓得跑开了。他们跑回去用电话报告了县长，等县长再派人到那森林里寻找时，已经找不到"怪物"了。但那股难闻的味仍未消散，并且还留下了一些难以解释的痕迹，好像有什么东西在空气里移动似的。

1963年7月23日午夜1点，美国俄勒冈州有3个人同乘一辆小汽车，行驶在公路上。突然，汽车前面出现了一个像人一样的庞然大物，它高4米，灰色的头发，绿色的眼睛，正在漫不经心地横穿马路。那天以后，还是在俄勒冈州，一对夫妇正在刘易斯河边钓鱼，突然，他们看见河对岸一个像人一样的东西在瞧着他们。这"野人"还穿戴着像风帽一样的护身衣，身高也不

▼传说中的神农架野人

下4米。这对夫妇吓得连忙逃走。同年8月,《俄勒冈日报》派记者前往野人出现的地区调查,终于拍到了许多奇怪的脚印。这些脚印长40厘米、宽15厘米,估计留下脚印的生物体重超过200公斤。同时,有人在刘易斯河附近还拍摄到了另一些脚印:两个脚印间距离达2米,估计这个野人体重达350公斤。由此可见,在刘易斯河附近发现的不只是一个"野人"。

▲野人出现

那么,"绿色孩子"和上述那些类似人类的生物究竟是什么呢?它们是从什么地方来的呢?目前,尚没有确凿的证据得出结论,所以只能提出各种各样的假设。

科学家们指出,在浩翰的宇宙中,类人生物肯定不是唯独我们人类,有一亿颗星球完全有指望能有生命存在,仅仅在银河系,依然还有1.8万颗行星适合类人生物居住,这里面至少有10颗行星的文明能得到发展并很可能超过我们地球,所以即使真的有小绿孩子来光顾我们的地球,我们也将不足为怪地欢迎它们。

神秘的 *Shen Mi De* 骗局 *Pian Ju* ——尼斯湖水怪 >>>

▼尼斯湖水怪

尼斯湖水怪,是地球上最神秘也最吸引人的谜之一。早在1500多年前,就开始流传尼斯湖中有巨大怪兽常常出来吞食人畜的故事。古代一些人甚至宣称曾经目击过这种怪兽,有人说它长着大象的长鼻,浑身柔软光滑;有人说它是长颈圆头；有人说它出现时泡沫层层，四处飞溅；有人说它口吐烟雾，使湖面有时雾气腾腾……各种传说颇不一致，越传越广，越说越神奇，听起来令人生畏。

▲尼斯湖水怪

尼斯湖是位于英国苏格兰的一个大淡水湖，面积 56.4 平方千米，在苏格兰湖泊中排在第二位，但是如果按水量来算，则排第一，因为它的湖水很深，最深处达到了 230 米。1934 年拍摄到水怪。

尼斯湖水中含有大量泥炭，这使湖水非常混浊，水中能见不足三、四尺。而且湖底地形复杂，到处是曲折如迷宫般的深谷沟壑。即使是体形巨大的水生动物也很容易静静地其间，避过电子仪器的侦察。湖中鱼类繁多，水怪不必外出觅食，而该湖又与海相通，水怪出入方便，因此，想要捕获水怪，谈何容易。

但只要没有真正找到水怪，这个谜就没有揭开。直到现在，人们对于水怪是否存在，谁也不能妄下结论。对此，英国作家齐斯特说道："许多嫌疑犯的犯罪证据，比尼斯湖水怪存在的证据还少，也都绞死了。"这倒不失为古今对水怪之谜的一个幽默而又巧妙的评价。

▼尼斯湖水怪的影子

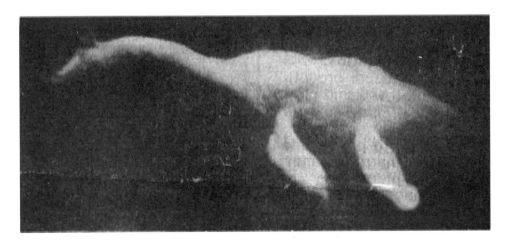

▲尼斯湖水怪

苏格兰的尼斯湖水怪是全球最著名的传说之一，每年都吸引着来自世界各地的大量游客前往参观，希望能一睹水怪真面目。同时也吸引着许多科学家和探险者的目光，数百年来已经有无数次的搜捕水怪行动，尽管最后都是以失败告终，但后继者仍然络绎不绝。

近一百多年来，此怪兽像幽灵似地时隐时现，不断有人声称亲眼看到过它。根据那些声称见过它的人们描述，它那蛇一样的头和长脖子，一般伸出水面一米多高，人们较多看到的是怪兽的巨大背部，有人说是两个背，有人又说是三个背。有时它突然露出水面，水从它的肋腹部上像瀑布似的泻下来，一下它又迅速潜到湖下，在湖面掀起一阵恶浪。

自古至今，有不少学者对"尼斯湖水怪之谜"一直持怀疑甚至完全否定的态度。他们认为，尼斯湖根本就没有什么怪兽，而是一种光的折射现象给人们造成的错觉。有的则认为很可能是在尼斯湖底有一些具有浮力的浆沫石，这些浆沫石在一定的条件下浮上水面随波飘荡。当人们站在湖岸边时，远远望去，由于视觉的错误，往往把奇形怪状的浆沫石误认为是怪兽。

尼斯湖水怪猜测探索

尼斯湖水怪是百岁鳗鱼？苏格兰的尼斯湖水怪是全球最著名的传说之一，据说，1500 年前就有了尼斯湖水怪的记载。以后的十多个世纪，此类消息多达一万多种。

英国人为尼斯湖究竟有没有水怪已经吵了几十年。不过，最近有了结果，尼斯湖的水怪原来是好几条无法生育的"太监鳗"。专门进行此类研究的科学家弗利曼说，根据现有拍摄到的水怪照片判断，尼斯湖水怪实际上是好几条七八米长的老鳗鱼。他认为，尼斯湖的几条鳗鱼大概已活了 100 岁左右。弗利曼说，尼斯湖的鳗鱼通常 10 岁大时就会游进大西洋，游到美国佛罗里达州，在那里产卵后老死。不过，其中也有些鳗鱼变成了无法生育的"太监鳗鱼"。由于这

▲尼斯湖水怪

些鳗鱼不产卵，所以，其中一些可能不会冒险游往海里，有的就留在了尼斯湖里。留在尼斯湖的鳗鱼因为没有天敌，所以越长越大，最后就成了现在许多人所说的"水怪"。

"尼斯湖水怪"可能是古代蛇颈龙的嫡系后裔？据英国多家媒体报道，日前，一名67岁的英国老翁在尼斯湖畔发现了一块

1.5亿年前的蛇颈龙化石，新恐龙化石的发现证实，早在侏罗纪时代尼斯湖畔就曾有恐龙生活和繁衍过，而近百年来频频出没，困扰整个科学界的所谓"尼斯湖水怪"很可能正是古代蛇颈龙的后裔！ 据报道，新发现的化石是恐龙的四截椎骨，呈灰白色，上面可清晰地看到已变成石灰石状态的脊椎腱和血管。这块恐龙化石是67岁的英国老翁杰拉德·麦克索里在尼斯湖的一片浅水中发现的。

蛇颈龙，是生活在一亿多年前到七千多万年前的一种巨大的水生爬行动物，也是恐龙的远亲。它有一个细长的脖子、椭圆形的身体和长长的尾巴，嘴里长着利齿，以鱼类为食，是中生代海上的霸王。如果尼斯湖水怪真是蛇的话，那它无疑是极为珍贵的残存下来的史前动物，这一发现也将在动物学上占有重要地位。

▼尼斯湖水怪照片

进入70年代，科学家们开始借助先进的仪器设备，大举搜索水怪。1972年8月，美国波士顿应用一些利用水下摄影机和声纳仪，在尼斯湖中拍下了一些照片，其中一幅显示有一个两米长的菱形鳍状肢，附在附加一巨大的生物体上。同时，声纳仪也寻得了巨大物体在湖中移动的情况。苏格兰民族博物馆科学家们15日证实，这的确是一块侏罗纪时代

蛇颈龙的骨椎化石，并且是在英国尼斯湖畔发现的第一块古代恐龙的化石。它证实了有着 35 英尺长的古代海洋杀手——蛇颈龙的确曾经生活在尼斯湖区域。

长 37 公里、宽 1.68 公里的尼斯湖是英国最大的淡水湖。很多人相信湖水深处有一个古老的生物，它避开世人的目光，在湖底平静地生活。人们相信这是一只蛇颈龙，并把它称为"尼斯水怪"。

1933 年苏格兰《信使》月刊登载了一位匿名记者讲述的一对夫妇从湖面上方看见一只巨型怪物在水下活动的消息。从这一年开始尼斯水怪常在湖水中出没，但 1951 年后却不见踪迹，或许是它厌倦了"狗仔队"的穷追不舍。1960 年航空工程师蒂姆丁斯代尔在福耶斯河注入尼斯湖的河口拍摄到尼斯水怪的影片。

起了关键作用的一张照片原来是伪造的！

1994 年 3 月 14 日加拿大出版的环球邮报，头版刊登了一条路透社从伦敦发来的消息，参与伪造这张照片的克里斯蒂安·斯堡林在头年 11 月临终前，为此而忏悔，道出了真情。原来这张照片中的怪物形象，是用玩具潜艇加上按照海蛇模样用软木作成头和长脖子装配起来，再放到湖中去拍照产生的效果，策划者是《每日邮报》派来寻访水怪的记者马尔马杜克·韦特雷尔，也就是他的继父，共有五人参与此事，其他四人此时都已去世，他把伪造的经过告诉了两位参与尼斯湖计划的科学研究人员。

◄ 蛇颈龙

地球上*Di Qiu Shang* 是 *Shi* 否存在特异功能 >>>

人类这个地球上的高级物种，揭开人类起源的奥秘，我们会发现存在着许许多多让人们不可思议的事情，心灵感应就是其中一个不可捉摸的话题。心灵感应是现代科学界的一个难题，经典的科学定义的充要条件是：不以人的意志为转移的，可重复性的，实验设备和装置可以测量和演示的，对任何人来说都是对等的观察和认识地位的一系列现象和现象下面通过相同的推理过程来可认识到的认识结果。

▲心灵感应

什么是心灵感应

心灵感应是一种大多数人认为存在的能力。此能力能将某些讯息透过普通感官之外的途径传到另一人的心中。这种讯息在报道中往往描述为和普通感官接收的讯息相同。

▼孪生妹妹"心灵感应"救姐姐

又称心电感应，他心通，犀牛角。由于此一（某些人声称存在的）现象的各种解释都无法与现今科学衔接，心灵感应目前属于玄学（也叫"形而上学"）领域，而不能称为"心灵感应理论"。但由于人类长久以来时常观察到所谓"奇异的交流"和类似现象，当代人常在研究历史、虚构作品或信仰时用心灵感应或类似的观念来作解释。

有些人往往把心灵感应和预知、透视、共情等几个类似的玄学现象连在一起。某些宗教概念也认为心灵感应是连接仪式与人的心性（爱、情感等）的重要成分，是两个人心灵相通。当一个人想起对方的时候，另一个人也可以感觉到。比如拿起电话，突然感觉到有人要打电话给自己，结果很快电话就响了！这就是心灵感应。可能人的意识是有形的，存在于无形的空间中，当两个相同的意识重叠的时候，就出现了心灵感应。一般来讲，感情很深的人之间会存在心灵感应，像热恋中的情侣一样。

心灵感应的规律

心灵感应的规律一："这个规律跟距离有关，就是我跟一个人坐的近的时候，我可能感觉到。但是如果我走出去，走出门外可能这个感觉就没了。但是为什么我不清楚，我是看不到的。当我想去感觉他的时候，一般的我的做法就是，当然我当时要自己心态比较平静，我会静下心来体会，主要是体会胸口，体会这个地方，那么我会感觉到，我坐的很近的那个人的情绪是不是

▲很多双胞胎都称有心灵感应

焦虑的，如果他焦虑的话，我就会焦虑，如果他不焦虑我也不焦虑。"

心灵感应的规律二："相似的人容易心灵感应。那么更相似的为什么有心灵感应呢？像双胞胎，大多数的双胞胎都会有心灵感应，虽然科学家不承认，但是双胞胎都会有很多事情。案例：比如姐姐有病了，妹妹就会很难受，哪怕离的很远。好比我在这边弹一个琴，旁边的其他的琴，假如有一个琴跟我的琴一样，那我在弹的时候，那个琴一定会共振，那是相似的，如果不相似的话，就不会这样的。"

"亲人之间容易有心灵感应，相爱的人也容易有心灵感应。因为他比较相似，还有血缘的相似，还有一点是更相爱的人，所

▼身体能清晰"听"到别人的感受

以在我的培训里经常讲一句话，大家都特别重视各种各样的特异功能，但是最值得追求的特异功能就是爱。当你真正特别爱一个人的时候，你很容易感受到他，为什么呢？因为当这种时候，你的心对他是打开的，如果我看到一个人很讨厌的时候，我待在他旁边，我整个人会很紧张，好像内心中一个无形的门会关上。我们看到很讨厌的人有一个传统的动作就是吐口水。为什么要吐呢？就是一个象征，我看到你这个人就像看到一个脏东西一样，一个脏东西进到我的嘴里一样，所以我要吐出来，吐出来是自我清洁，我看到这个人，就像我吃了脏东西一样，所以要吐出来。那这种心态的时候，你是不可能感觉到的，但如果我爱这个人，我就不会排斥他，我的心是对他敞开的。

心灵感应的规律三：跟身体健康没有关系，有的人在身体不健康的时候，反而更强，当他身体健康的时候，他想做的事情很多，很乱，他脑子很杂。当他不健康得病了，他没事干的时候，心灵感应比较重，所以能力本身跟身体健康没有什么关系，跟智商也没有关系。

心灵感应真相大揭秘

心灵感应大体上可以分为两大类：一、已经发生的事情，对相应人、事物的影响，即心灵感应，这种类型是已经发生的事，没有什么可神秘的，大家也容易认可。心灵感应如何传递，传递的机理是什么？如何解码？这还有待于科学的进一步探索。不可否认，中国文化的"解梦"、易经八卦等对解码方面都有特别的论述。外国家也有类似的文字记录，如吉普赛人的占卜、西方占星术等等。如果能充分利用显"心灵感应"，还是有许多帮助的，如地震等自然灾害的预防，这里实际上动物的感应更灵敏。再如，一些人们还没有认识的东西频频出现，肯定在人们的感应中留下许多印象，基本原因是人的大脑许多功能现代人类并没有完全掌握与开发出来。比如"苯环"的发现过程，就是在晚上坐了一个咬头的环状蛇而得到启发发现的。科学发现是不是人类自身的发现呢？还是受到一定规律的感应而发现？人们想还是会受到感

▲心灵感应并不是灵异事件，它能让你在无声中觉察隐秘事件。

应的一定影响的。

二、第二类心灵感应可以称为"暗"心灵感应，就是说事件并没有发生，但其未来必然发生的影响已经提前感应出来了。这种情况大多是人的潜意识经过加工的产物。

这个问题大多人还是不愿意接受的。比如，还没有发生灾害，梦中已经感应出灾害的情况等。这种情况，现在人们更愿意解释为预测，如今天预报明天天气等。

科学解释心灵感应

2103 年，移动电话已经销声匿迹，电子邮件变成了一种怀旧方式。22 世纪的世界是建立在思想能力上的，人

▲心灵感应无处不在

们已经学会只用思想力量来分享信息。在千年之交，科学家开始努力研究改善神经功能的药物和芯片，另外一些人则致力于研究人类思想中鲜为人知的领域。他们相信自己能够发现或唤醒人脑中不同寻常的潜在能力。由此，被旧科学视为欺骗活动的心灵感应和超感觉等现象变成了生物上和物理上的真实。22 世纪的人类学会了运用思想来跨越时空与远方的同类互相交流，他们甚至能清醒地预见未来。

很多人以为上述假想可能是好莱坞的又一个科幻大片，然而也许其中某些事情距离现实并不遥远。人类的思想可以达到何种程度呢？即使思想的能力是有限的，目前科学家仍不能确定它的界限在哪里，甚至连人脑这个汇集了所有智慧的、创造性的、有感情的活动的器官都还不愿将它的秘密完全显示出来。被视为 DNA 之父和神经研究大家的克里克承认，"我们对于人脑不同部位的认识仍处于初级阶段"。

一些从事思想开发的科学家目前正行进在不同的研究道路上。在意识形态研究上独树一帜、颇受争议的英国生物化学家鲁珀特·谢尔德雷克 20 年来一直在进行科学实验，以证明人类思想能力的强大远远超过人们所想象，心灵感应和预感等现象可以从生物角度得到解释，它们是正常的动物行为，经过了数百万年的

演变，是为适应生存的需要而形成的。他说："我们从祖先那里继承了这些技巧，对这些技巧的研究可以帮助我们理解动物、人类、尤其是思想的本质。"

是什么促使生物界的革命者作出上述结论呢？谢尔德雷克认为，思想不是头脑的同义词，它不是关闭在脑子里的，而是"延伸到我们周围的世界，与我们所看到的一切相连接"。此外，正如现代物理所证明的，思想不是被动的关系，而是"我们对外部世界的感觉，意味着两者之间的互动"。也就是说，人类的思想是受外部环境影响的，但它同时也在周围环境中留下了自己的痕迹。

这个被称为"延伸的思想"的理论认为，与电磁场的存在一样，思想也有自己的场域，或曰形态发生场，形态场里流动着各种有意识或无意识的想法、愿望和意见。根据该理论，人的各种想法甚至记忆会在这些"信息高速公路"上行进，"因为每当出现一种新的行为方式，例如一项体育技术或电脑游戏，就会产生一个涉及很多人的经验"。各种思想的大范围参与使新技巧进入流通，从而产生自己新的独特的形态场。"我相信这个形态场使其他人在后来学习技巧时更容易。"也许关于这个问题有其他社会学解释，但根据今天孩子对电脑操作的熟练程度来看，谢尔德雷克的理论至少有点道理。

▲双胞胎兄弟考试分数相同，疑是心灵感应。

显然，并非所有的思想和行为都是相同的，因此并不是每个人都有自己的形态发生场。就像基因突变一样，形态场里的思想会经历自然选择。"一个可以适用其他人的好主意，会被模仿、传播，变得很普遍。思想观念越常见，成为潜意识的可能性就越大。因此最后文化的总体标准自然而然就形成了。"从这个过程得出的一个可能结论是，本能实际上是对祖先行为的一种回忆。谢尔德雷克说："本能依靠的是物种的集体记忆，是世代积累而成的。例如，一只从来没见过羊的牧羊犬，即使之前没有受过训练，通常也会自觉地将羊群集中起来。有许多影响人们所有人的无意识习惯都是通过集体记忆形成的。"

自己的想法和意识正在空气中游荡，并可能被任何人捕捉，这也许会让许多人感到不安。不要担心，因为根据谢尔德雷克对数千种经验的观察显示，无论何

种技巧，总有一部分人比另一部分人对它更敏感，此外，心灵感应只在互相了解很深的人之间发生，并决定于人的感情和社会联系。

意愿在思想传播中是非常重要的。当一个人决定干某件事情，例如打电话或回家，就会向事情对象，如接电话的人或家里的人反映他的意愿。据谢尔德雷克认为，某些人或动物能够捕捉到这种意识。事实上，最近对脑电波的分析证明，某个行动的意愿可以使神经网络在事件发生之前先行运作起来。去年美国人的一项实验偶然发现了第六感或心灵感应存在的证据。研究者们在一个视觉感应实验中惊奇地发现，三分之一的实验参与者能够在眼睛看到之前提前几秒钟预先感到照片的变化效果。谢尔德雷克在自己的最新著作中对自己在1970年至1993年间关于心理间谍可能性的实验做了介绍。用思想来传播图像的准确度远远高于信口而说的预言。

也许有人对此感到无法理解。如果有人在18世纪描述出一个使用手机、卫星向全球发送信息的未来，可能会被视为疯子。谢尔德雷克在80年代推出自己的理论时，也有科学家把他的理论视为胡言乱语。对此，谢尔德雷克认为："许多科学家之所以害怕和排斥心灵感应是因为它不符合唯物主义理论。在科学史上，当旧有典范改变，更加广泛的模式取代原先范围有限的模式时，革命也随之发生。"而某些量子学科学家则接受了另一个与物质世界并行的精神世界的存在，他们从科学上相信形态发生场，甚至时间旅行。

▼心灵感应

寻找 *Xun Zhao* 地球 *Di Qiu* 外的生命 >>>

神秘的地外文明

生命是美妙的，正是生命的繁衍才使地球上生机勃勃，气象万千。生命不是神造的，生命是天体演化的必然结果。生命存在的条件又是非常苛刻的，所在的天体要有坚硬的外壳，要有适宜的大气和适合的温度，要有一定数量的水。同时，行星围绕的天体必须是一颗稳定的恒星。就太阳系来说，符合上述条件的只有金星、地球和火星。其中地球位于金星和火星之间，处于生命繁衍的最有利的空间。现在还没有发现金星和火星上有生命。太阳系中其它行星上就更不适合生命存在了。

▲地外文明

▼地球以外是否有其他的文明

一种在自然条件下无法形成的物质，再一次引起人们对地外文明的极大兴趣寻找太阳系以外的行星系，这是探索地外文明的又一个方向。科学家们早已开始了潜心地观测和研究。到目前还没有发现一个被确认的行星系。如果真的发现一个行星系，那里也不一定就有生命。如

果真的发现一个有比较适合生命存在的行星系。

地外文明是指地球以外的其他天体上可能存在的高级理智生物的文明。探索地外文明首先要根据地球上生命存在的状况，弄清生命存在的条件和环境。

探索地外文明的方法

美启用射电望远镜阵列，艾伦望远镜阵列全部建成后将包括 350 个碟形卫星天线。

目前，探索地外文明的方法主要有 3 大类：接收并分析来自太空的各种可能的电波。这方面的工作从 1960 年就开始了。

人类主动向外层空间发出表明人类在太阳系内存在的信号。1974 年 11 月 16 日，美国利用设在波多黎各的阿雷西博 305 米直径的射电望远镜，发出人类第一组信号，对准武仙座球状星团，发射 3 分钟。

发射探测器去登门拜访外星人。美国发射的"先驱者"10 号和 11 号，"旅行者"1 号和 2 号，都在完成对太阳系内的探测任务后，带着许

▼地外文明探索

▲地外文明 UFO

多人类的信息，作为人类使者，漫游在恒星际空间。如果巧遇人类的知音，他们将从探测器中了解人类的活动，确定进一步交往的可能。由此可见，探索地外文明是一项综合性的科学使命，过于乐观是不现实的，过于悲观也是没有根据的。

接触地外文明

▲搜寻地外文明 (SETI) 的巨大试验

在电影中常常看到这样的情节：闪闪发光的飞碟从天而降，然后从里面走出绿皮肤、大眼睛的小矮人，口中念叨着"我们为和平而来"（当然，也有不打声招呼就要毁灭地球的那种）。而在现实中，飞碟总是能成为报纸关注的焦点，或者说，一种时髦。马丁·加德纳的一段话正好能描述这种情况："当人人都看到飞碟时，你自己当然也愿意看到一次。"于是就有了各种各样的飞碟和外星人：像草帽的飞碟、像雪茄的飞碟、像蛋糕的飞碟；绿色的外星人、红色的外星人，绑匪外星人、小偷外星人（专门偷走牧场上动物的器官）以及浪费粮食的外星人（"麦田怪圈"的骗局）。

然而，这一切都不可信。当我们向这些现象寻求非同寻常的证据时，发现

▼搜索地外文明大跃进，美启用射电望远镜阵列。

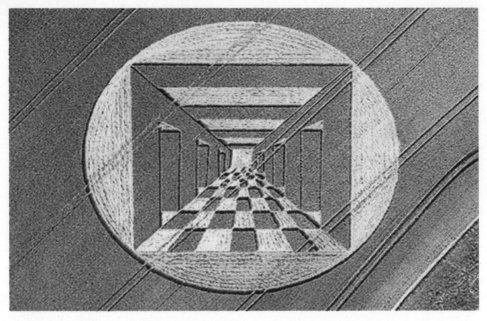

▲地外文明英国威尔特郡出现三维版麦田怪圈

大多数现象可以归结于人类的飞行器、气球、自然现象、目击者的幻觉以及彻头彻尾的骗局。而剩下的案例也不能提出强有力的证据证明那就是外星人的飞船。而把不明飞行物当作外星人的飞碟也是不合适的。你看到的任何"不明"物体都可以被称作不明飞行物，例如你的邻居在21楼扔下的一个垃圾桶盖子（有趣的是，某些"飞碟"照片正是用类似的物体伪造拍摄的）。

▼探索地外文明

事实上，科学家认为，一个地外文明曾经造访，并且现在还在地球附近监视人类的说法是不可信的。有人曾经计算过，假如银河系内有100万个文明，而每年只有一艘飞船到达地球，那么整个银河系中每年发射的飞船大约有100万艘，而且制造这些飞船所需的金属大约是银河系中所有金属储量的1%。换句话说，一个文明只有倾其所有才能达到造访我们的可能，而像旅行者号这样的人造物体被另一个文明发现的可能性基本上可以忽略不计。

这一结论或许让人非常失望，那些原本让人激动的飞碟和外星人全都变成的泡影。或许你要指责我打碎了一些人的梦想，然而，世界上还有更令人激动地、严肃的科学研究：科学家虽然不屑于飞碟和外星人的传奇，却一直致力于科学的搜寻地外生命的迹象。

▲科学家在过去 50 年里一直致力于搜寻外星人

宇宙漂流瓶

1974 年 11 月 16 日，在波多黎各落成了一座巨大的射电望远镜——阿雷西博射电望远镜。正如新船下水要敲碎一个酒瓶，作为落成典礼的一部分，科学家用它向武仙座球状星团 m13 发出了一封"地球电报"。这个地球漂流瓶需要 2 万 4 千年才能到达 m13 附近。这是人类第一次有意识的向宇宙的其他部分表明自己的存在。既然我们能向外拍发这样的电报，为什么不去听一听别人会不

▼艾伦望远镜阵列搜寻地外文明

▲科学家在过去50年里一直致力于搜寻外星人

会给我们广播一点什么事实，早在1960年，天文学家弗兰克·德雷克就领导开展了这样的一个计划。称之为"奥兹玛"计划（这个名字来源于鲍姆的童话《绿野仙踪》）。这个计划使用一架26米的射电望远镜进行了几个月的观测，结果一无所获。然而，科学家认为使用无线电追踪地外文明的踪迹是可行的。经过计算，把1个英文单词用波长三厘米的微波发射到1000光年外的地方，并且用地球现有的技术把它接收到，只需花费不到一美元。这与前面提到的向银河系发射宇宙飞船的花费形成了鲜明对比。

旅行者号携带的"地球之声"金唱盘。它的象征意义更为明显，而不能过于指望其他文明能够听到它。

人类第一次有意识地向宇宙表明自己的电报。这个电报以二进制方式发送。普通人大概只能看出双螺旋、人类外形和阿雷西博射电望远镜的形状。然而科学家相信地外文明能够理解其中的含义。

▼艾伦望远镜

那么，应该在什么频率上追踪地外文明的"漂流瓶"呢？科学家主要把目光放在了1.42ghz、1.667ghz、22ghz附近的微波波段上。第一个频率是氢原子发出的无线电波的频率、第二个是羟基（-oh）的频率、第三个则是水分子的。这些频率被形象地称为宇宙"水坑"——不是非洲大草原上动物们喝水的地方，而是被认为最有可能进行星际通讯的波段。选择这些波段的理由是，氢是宇宙中最丰富的元素，羟基和水在生命活动中扮演了至关重要的角色。

所有这些寻找"漂流瓶"的项目有一个共同的名称：搜寻地外文明（seti）。现在，最大的无线电seti是"凤凰"计划。seti不产生任何短期的、直接的经济效益。像所有的seti计划一样，"凤凰"计划的研究人员也时常感到经费的拮据。不过，人们可能更加熟悉另外一个seti计划，那就是seti@home。它是由加州大学伯克利分校开展的，借助一个屏幕保护程序处理阿雷西博射电望远镜接收的无线电信号，目前已经有几百万人参与到了这个计划中。

▲搜索地外文明

当然，科学家也不紧紧盯着"水坑"，他们同样也监视某些红外线、紫外线甚至可见光波段。光学波段的seti是最近才兴起的，追踪目标是地外文明发出的激光脉冲。

❀ 寻找行星

像我们这样的有机体，不能忍受高温。所以，我们只能生活在条件适宜的行星上。如果地外文明也是有机体，那么他们也要有一个适宜的行星。我们的银河系有1000亿颗恒星，没有理由认为适合生命产生的行星只有我们地球一个。

人类一直在不断的探索，然而，寻找行星要困难得多。行星不发光，体积相对来说非常小，即使是今天最大的望远镜也不能直接看到恒星。科学家使用一种"间接"的方法寻找行星。如果某颗恒星拥有行星，在旁观者看来，它们其实是在相互绕行，就像跳舞一样。在这个过程中，恒星到我们的距离忽近忽远，它的光谱也一会儿"偏蓝"，一会儿"偏红"。这叫做多普勒效应，类似于汽笛在

迅速靠近我们时的变调。借助于这种方法，科学家已经辨认出了大约 80 颗类似的行星。有点让人失望的是，他们大多类似于木星，是气体行星，质量是地球的数百倍，并不适宜生命的存在。

幸运的是，科学家还拥有别的观测手段。nasa 进行的一项被称为"类地行星搜寻"（tpf）计划就是其中之一。tpf 利用所谓的"干涉测量法"，让科学家能够"看到"数十光年之内的行星。

▲地外文明波多黎各阿雷西博太空射电望远镜

另外一项计划是所谓的"开普勒"空间望远镜。"开普勒"是一个 1 米直径的望远镜，计划于 2006 年发射升空。当行星从恒星表面掠过的时候，对于观察者，恒星的亮度会稍微降低。"开普勒"的工作就是辨别出这样的亮度降低现象，尤其是类似地球这样的行星造成的亮度降低。

▼无意拍到 UFO

氧气也能成为寻找地外生命迹象的标志。氧气的性质比较活泼，很快就和别的物质结合。正是因为光合作用才导致地球大气中较高的氧气浓度，而在 10 亿年前，它的浓度还不到现在的一半。天文学家可以借助光谱分析测量出行星大气层的氧气含量。如果某颗行星的氧气含量异乎寻常的高，那么那里就可能存在着生命。同样，二氧化碳和水也在被关注之列。

最终的答案

搜寻地外文明是一项严肃的科学研究，我们什么时候才能得到答案？或许是明天，或许是 1 万年。既然地球上的生命能够从无生命的物质中产生出来，那么在宇宙中的其他地方也有可能发生类似的故事。德雷克提出过一个计算银河系中文明数量的著名公式，即德雷克公式。这个公式中包含一个重要的因子，即一个文明能够维持的时间。作为一个物种，能不能安全地度过掌握危险技术的最初阶段（例如，人类能否不被自身创造出来的核武器毁灭？），而变得理性，这至关重要。不同的人对于文明延续的时间有不同的看法，乐观的人得出的结论是银河系中有 1000 万个文明，而悲观者的数字是不超过 1 个。

▼搜寻地外文明

吉林大学出版社为中国

《学生健康成长必读书系》带给他们最需要的成长力量

《学生健康成长必读书系》 学习方法系 共：10本

◎提高记忆力的绝招
◎高分一定有方法
◎成绩提高的黄金法则
◎高考状元的高效学习方法
◎改变命运的学习方法
◎培养学生观察力的N种方法
◎中学生创新学习方法
◎作业太多有妙招
◎厌学一定有对策
◎怎样学出好成绩

◎中外名家散文精选
◎最优美的游记散文
◎最飘逸的抒情散文
◎最经典的精美散文
◎最唯美的诗歌散文
◎最经典的哲理散文
◎最温馨的情感散文
◎最感人的亲情散文
◎最感悟的心灵散文
◎最真实的伤感散文
◎最诗情画意的现代散文
◎最优美的田园散文

《学生健康成长必读书系》 散文系 共：12本

《学生健康成长必读书系》 名人系 共：9本

◎科学家的成长历程
◎政治家的成长历程
◎文学家的成长历程
◎艺术家的成长历程
◎音乐家的成长历程
◎军事家的成长历程
◎企业家的成长历程
◎传奇人物的成长历程
◎思想家的成长历程

《学生健康成长必读书系》 百科系 共：9本

◎植物世界
◎地球奥秘
◎昆虫王国
◎宇宙奥秘
◎海洋生物
◎科学探险
◎动物世界
◎万物由来之谜
◎失落文明的奇迹

学生量身打造的精品图书

◎青少年演讲口才
◎青少年心理健康
◎影响学生一生的100位世界名人
◎伟人和名人的少年时代
◎人格的力量
◎优秀学生必知的N种思维方式
◎杰出青少年要培养的N种心理素质
◎18岁以前一定要培养的N个好习惯
◎优秀学生必读的中外名著
◎优秀学生须知的N个礼仪
◎优秀学生必读的N封信
◎N个要让学生懂得的道理
◎优秀学生必读的N条人生哲理

《学生健康成长必读书系》 励志系　共：13本

◎寓意深刻的寓言故事
◎跌宕起伏的成败故事
◎温馨感人的亲情故事
◎青春飞扬的校园故事
◎波澜壮阔的人生故事
◎千奇百怪的民间故事
◎超越时空的童话故事
◎耐人深思的成语故事
◎耐人深思的法制故事
◎超凡脱俗的科幻故事
◎惊险刺激的悬幻故事
◎引人入胜的探险故事
◎挑战智慧的侦探故事
◎刻骨铭心的灾难故事
◎智慧人生的哲理故事

《学生健康成长必读书系》 故事系　共：15本

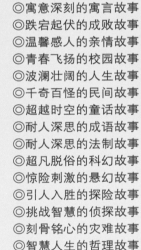

《学生健康成长必读书系》 感恩系

共：14本

◎感恩父亲，父爱如山　　◎感恩生活，回味一生
◎感恩老师，师恩难忘　　◎感恩自然，学会宽容
◎感恩对手，学会坚强　　◎感恩故乡，难忘乡情
◎感恩朋友，知音难忘　　◎学会施恩，懂得感恩
◎感恩兄弟，血脉相连　　◎感恩爱情，永恒回忆
◎感恩生命，价值人生　　◎学会感恩，懂得分享
◎感恩社会，大爱无言　　◎感恩母爱，母爱似海

图书在版编目（CIP）数据

地球奥秘 / 王凡编著 . 一长春：吉林大学出版社，
2010.1

（学生健康成长必读书系·百科系）

ISBN 978-7-5601-5397-1

Ⅰ . ①地…　Ⅱ . ①王…　Ⅲ . ①地球－青少年读物

Ⅳ . ① P183-49

中国版本图书馆 CIP 数据核字（2010）第 017116 号

敬　启

　　本书的选编，参阅了一些报刊著述和图片。由于联系上的困难，部分入选作品的作者（译者），未能取得联系，谨致深深的谦意，敬请原作者（译者）见到本书后，及时与出版社联系，以便我们按照国家有关规定支付稿酬并赠送样书。

地球奥秘

王 凡 编著

责任编辑：王世林　　　　　　　　封面设计：安丰文化

吉林大学出版社出版、发行　　　　大厂回族自治县正兴印务有限公司　印刷

开本：787×1092 毫米　1/16　　　2010 年 4 月第 1 版

印张：20　字数：250 千字　　　　2014 年 7 月第 2 次印刷

ISBN 978-7-5601-5397-1　　　　　定价：45.00 元

社址：长春市明德路 421 号　邮编：130021

发行部电话：0431-88499826

网址：http://www.jlup.com.cn

E-mail:jlup@mail.jlu.edu.cn